全球科技创新中心：理论与实践

杜德斌 著

上海科学技术出版社

图书在版编目（CIP）数据

全球科技创新中心 ：理论与实践 / 杜德斌著. -- 上海 ：上海科学技术出版社，2024.2
ISBN 978-7-5478-6480-7

Ⅰ. ①全… Ⅱ. ①杜… Ⅲ. ①科技中心－建设－研究－世界 Ⅳ. ①G321

中国国家版本馆CIP数据核字(2024)第005614号

全球科技创新中心：理论与实践
杜德斌　著

上海世纪出版(集团)有限公司
上　海　科　学　技　术　出　版　社　出版、发行
(上海市闵行区号景路159弄A座9F-10F)
邮政编码 201101　www.sstp.cn
上海光扬印务有限公司印刷
开本 787×1092　1/16　印张 19.75
字数 280 千字
2024年2月第1版　2024年2月第1次印刷
ISBN 978-7-5478-6480-7/F·46
定价：99.00元

序

如果要选择一个词来表达当今中国各级决策者的雄心抱负，可能没有比“创新”更合适的了。“创新”作为中国目前发展的一项新使命和新愿景，深深地激励着全国上下各级的决策者。长期以来，中国很多地方政府沉迷于将城市建设成为各种大大小小的“世界城市”。然而近十年来，建设“全球科技创新中心”迅速风靡神州大地，成为国家和地方发展议程中的首要任务。虽然我国各级领导的规划与决策正经历前所未有的“创新转向”，但是我相信极少决策者有足够信心宣称自己知道“全球科技创新中心”的本质和态势。什么样的城市才有资格成为“全球科技创新中心”？“全球科技创新中心”是如何形成、集聚和演化的？为什么某些城市比其他城市更有创新力？“全球科技创新中心”究竟由什么构成？这些中心是靠什么内外力量所驱动？“全球科技创新中心”是在怎样的基础上发展壮大并具有全球影响力？“全球科技创新中心”的发展模式、过程和路径有哪些？中国城市与欧美城市相比在科技创新方面差距在哪里？中国科技创新的优势和劣势是什么？未来中国“全球科技创新中心”发展将面临哪些新的机遇和挑战？不容置疑，这些问题对中国以创新为导向的发展议程至关重要，但在国内外从未得到系统解答。杜德斌教授及其团队在本书中对这些问题进行了精辟的阐述。

本书的主要目的是从理论和实践上对“全球科技创新中心”的发展模式和空间分布进行系统阐述和详尽解析。鉴于“科技创新”主题的重要性，来自不同学科、持有不同观点的学者已经出版了大量的相关论著和文章，这并不奇怪。然而，现有的文献大概可分成两类：要么是对创新现象的高深理论探讨，要么是主观臆断的政策建议。杜教授及其团队在本书中所做的是超越现有文献，用一种全新的方法来系统表述和解释“全球科技创新中心”的发展模式和过程，成功地将复杂而深奥的议题变得通俗易懂，呈现在读者面前的是一个引人入胜、耳目一新的有趣而易懂之剧本：故事情节一幕紧接一幕，从概念化和理论化的解读，到将“全球科技创新中心”系统拆解为其功能特征与构成要素、发展机制、支撑环境、多样化路径和空间分布，再到来自美国、欧洲、日本和中国的实际案例。所有章节均配有数据分析，并与现有研究相对比。本书真正与众不同之处，在于系统地回答了“全球科技创新中心”究竟由什么要素构成，其形成机制和驱动力是什么，为何某些城市比其他城市更具创新性，科技创新中心发展成败的关键原因何在，我们可以从中汲取哪些重要的经验教训，以及我们可以采取哪些措施来更高效地推动我国科技创新中心建设。这些真知灼见无疑对关注科技创新的各级决策者、规划师、专业人士和企业家们都十分宝贵。杜教授及其团队为我们呈献了一本构思精巧、内容翔实、影响深远的里程碑力作，可喜可贺！

本书不仅对关注科技创新的决策者和实践者极具参考价值，而且也是一部具有理论深度、激发思维的学术著作。从概念和理论上讲，本书呈现了新的观点和素材，对科技创新研究中的流行观点与假设提出批评和挑战。如果我们认真和批判性地思考一下，就会发现当前的科技创新范式是建立在三种广为流行的信念或基本假设之上的。首先，大家普遍认为重大科技突破乃是举全国之力攻关的结果，第二次世界大战期间美国的“曼哈顿计划”和 20 世纪 60 年代中国的“两弹一星工程”就是例证。在这种观点看来，科技领域的巨大障碍总是可以通过国家的巨额投入而轻松克服，中国目前的芯片生产瓶颈也不例外。杜教授及其团队是从批判性角度出发，勇敢挑战这种流行观点的先锋。本书以详尽的理论和实践案例充分说明：科技创新不是街上自动售货机里用来解渴的饮料，可以通过插入硬币触碰按钮就能轻而易举获得，也不是用于快速充饥的速食面，只要加点开水就可以立即享用。相反，科技创新是一个逐步演化、耗费时间的密集型知识生产和交流的过程，由一系列因素所产生，包括人才的集聚和互动，企业、大学和研究机构的集群，法律、金融、社会服务和风险资本的支撑，最重要的是，需要一个大力鼓励和推崇“打破常规思维”的地方文化和环境。当然，科技创新也并非神秘莫测、难以捉摸、虚无缥缈的使命。正如杜教授在本书中所展示的：科技创新在北美和欧洲可以梦想成真，在中国和东亚也同样可以实现。

学术界和公众普遍持有的第二种观点是：将科技创新视为一种不受区位、距离和地理因素影响的超时空现象。认为数字革命是科技进步的基础，它有效地压缩了空间距离，消除了边界和地理障碍，形成了一个全新的平坦、无边界的世界。在这个世界里，区位和距离不再是问题，地理也变得无关紧要。在这本书里，杜教授及其团队通过许多活生生的现实案例和丰富的经验证据，对这一普遍持有的观念提出质疑。与传统观点相反，“全球科技创新中心”并不是随处可见、超越地理空间的“无脚动物”。它们的产生与发展在地理上极不均衡而富有选择性，往往取决于在特定的时间和空间中的优势要素组合或汇聚。而且，“全球科技创新中心”的发展路径和空间轨迹，也因地域、环境和文化而异。

现有理论的第三种观点认为，科技创新通常都是由核心国家的重大发明扩散到边缘国家，即发展中国家只是北美和欧洲核心创新的接受者、消费者、追随者或采用者。杜教授在本书中展示的却是一幅远比现有理论假想更加复杂的“全球科技创新中心”真实图景。正如本书在第九章所展示的，中国并不仅仅是国外新技术的被动跟随者和接受者。在某些特定领域，中国的科技创新可以而且已经与欧美同行并驾齐驱甚至有所超越。中国的“全球科技创新中心”发展如此迅猛，已经明显削弱了美国、欧洲和日本长期占据的主导地位。

能为这本具有里程碑意义的著作作序，我深感荣幸。本书对“全球科技创新中心”发展模式、过程、路径及其地理表征等内容进行学术探索，对地方、国家和全球科技创新发展有极大的理论和实用价值。我深知目前已有大量相关出版物，但鲜有能够像杜教授及其团队这样采用全面、深刻、扎实、实用的方式，深入浅出地系统阐述“全球科技创新中心”这个复杂而精彩的故事。我相信这一部具有开创性和前瞻性的著作，将极大地推进科技创新理论的研究，同时对中国乃至世界的“全球科技创新中心”的发展实践产生深远影响。

林初昇(George C.S. Lin)
香港大学地理学讲席教授
英国社会科学院院士

Preface

If we were to identify one single word that can best characterize the ambition and aspiration of current Chinese decision-makers across the country, there is probably no better choice than "innovation" (创新) — a new mission and vision so powerfully inspiring literally all policy makers of the entire state apparatus. For a long while, Chinese municipal governments were obsessed with a romantic imagination to transform Chinese cities into all kinds of "world cities" big and small. In the recent decade, a new mandate quickly taking on top priority of national and local developmental agenda has been to build "global scientific and technological innovation centers" (全球科技创新中心). Despite the incredible currency and popularity of an "innovation-turn" in planning and policy formation, few Chinese decision-makers are confident enough to claim that they fully understand the nature and dynamics of "global scientific and technological innovation centers". What would make a city qualified to be a "global scientific and technological innovation center"? How and why have "global scientific and technological innovation centers" come into being? How do they change over time and across space? Why are certain cities more innovative than others? What are the essential elements that constitute a genuine global scientific and technological innovation center? What are the internal and external forces responsible for the growth and transformation of "global scientific and technological innovation centers"? On what basis have "global scientific and technological innovation centers" developed themselves to reach the status of global significance? What are the patterns and processes as well as diverse pathways of the growth of "global scientific and technological innovation centers"? How do Chinese cities compare with their American and European counterparts in the growth and development of "global scientific and technological innovation centers"? What are our strengths and weaknesses and what are the new challenges and opportunities for the future development of "global scientific and technological innovation centers" in China? These are issues fundamental to the pursuit of China's innovation-oriented developmental agenda, but they have never been systematically addressed within and without China. These issues are eloquently elucidated by Professor Du Debin and his team in the book introduced here.

The purpose of this book is essentially to provide a theoretical interpretation and empirical identification of the growth and spatial distribution of "global scientific and technological innovation centers". In contrast to what has already been written extensively domestically and internationally, this book is distinctive by its innovative approach intended to make a complicated and sophisticated subject easily readable and comprehensible. Given the significance of the subject concerning scientific and technological innovation, it is no surprise that voluminous books and articles have already been published by numerous scholars from various disciplines and holding different perspectives. Yet the extant literature currently available is dominated by either some highly sophisticated theoretical elaboration of innovation as a phenomenon or other kind of subjective and opinionized policy prescriptions. What Professor Du and his team have done in this book is to go beyond extant literature and examine, document and explain the pattern and process of the growth of global scientific and technological innovation centers using a novel and innovative approach. Readers are presented with an interesting and easily comprehensible drama with a number of inter-related episodes ranging from conceptualization and theorization to the unpacking of the systems of global scientific and technological innovation centers into their constitutive elements, growth mechanism, supporting environments, diverse pathways, location and spatial distribution and actual experiences of cases from the US, Europe, Japan and China. All chapters are invariably illustrated with the results of data analysis and contrasted with the arguments of other researchers. What really set this book apart from others are the insights about what constitute global scientific and technological innovation centers, how and why they have come into being, why some cities have become more innovative than others, what important lessons we can learn from the success or failure of available cases and what we can do to develop China's scientific and technological innovation centers more efficiently and effectively. Obviously, these insights are extremely valuable to not only decision-makers of all levels but also planners, professionals, practitioners and the business leaders of individual enterprises interested in scientific and technological innovation. Professor Du and his team should be congratulated for the production of an exceedingly well-conceived, extremely informative and incredibly impactful monograph to make timely and ground-breaking contributions.

Not only is the book extremely useful to the decision-makers and practitioners interested in scientific and technological innovation, but also an inspiring, provocative and illuminating scholarly piece of work challenging conventional wisdom and pushing forward the frontier of theoretical advancements. Conceptually and theoretically, this is a book highly innovative and significant because it has presented new evidence to challenge popular (mis) perceptions and wrongly held beliefs and assumptions in the studies of scientific and technological innovation. If we think carefully and critically, the current paradigm of scientific and technological innovation is built upon three popular beliefs or fundamental assumptions. First, it is widely believed that major scientific and technological breakthroughs are the results of the pre-targeted, well-planned, and large-scale concentrated investment of the state. The Manhattan Project of the US during World War II and China's "Two Bombs One Satellite Project" are exemplary of this belief in an instant outcome of breakthroughs in science and technology generated from concerted and concentrated investment of the state. In this view, formidable obstacles in science and technology can always be easily overcome by state's heavy investment, and the current bottlenecks involved in the production of computer chips in China should be no exception. Professor Du and his team are among the first to take a critical perspective and make courageous efforts challenging this popular (mis)perception.

As elucidated both theoretically and empirically here in this book, scientific and technological innovation is NOT a bottle of drink that can be easily taken out of a vending machine by inserting money and pressing the button or some instant noodles that can be served quickly when sufficient hot water is applied. Instead, scientific and technological innovation is an evolving and time-consuming process of intensive knowledge production and exchange shaped by a whole set of forces, including the concentration and interaction of talents; clustering of firms, universities and research institutions; availability of legal, financial and social services; provision of venture capital; and, above all, creation of a local culture and environment in which "thinking out of the box" is strongly encouraged, highly appreciated and widely promoted. But scientific and technological innovation is not a mysterious, elusive, unreachable and impossible mission either. As Professor Du and his team have demonstrated in this book, scientific and technological innovation can be and has been made possible not just in North America and Europe but in China and East Asia as well.

The second (mis)perception commonly shared among academics and the general public is to take scientific and technological innovation as essentially a footloose, placeless or as patial phenomenon independent of location, distance and geography. It is generally understood that digital revolution as the foundation of scientific and technological advancements has effectively compressed our small planet, reduced distance, removed borders and geographical barriers, and given rise to a new flat and borderless world in which location and distance no longer matter and geography becomes irrelevant. This popular (mis) perception is challenged by Professor Du and his team in this book with many interesting real-world cases and abundant empirical evidence. Contrary to conventional wisdom, global scientific and technological innovation centers are NOT some footloose and placeless animals that can be found anywhere and everywhere. Instead, they are geographically uneven and selective depending upon a special combination, assembly or conjuncture of some locally specific ingredients in the right place and at the right time. Moreover, the emerging geography of global scientific and technological innovation centers is characterized by diverse pathways and regional trajectories which are also place-specific, contextually sensitive and culturally contingent.

Finally, existing theory of scientific and technological innovation is based upon the premises that major innovation from the core shall diffuse into the periphery. In this view, developing countries always function as only the recipient, consumer, follower or adopter of the innovation coming from the core in North America and Europe. Professor Du and his team have made their pioneering efforts in this book to unfold and showcase a real picture of global scientific and technological innovation centers much more interesting and sophisticated than what is assumed in existing theory. As the book demonstrates (Chapter 9), China is not simply a passive follower and adopter of the new technology introduced from abroad. In many selective sectors, Chinese scientific and technological innovation can be and has been as significant as its American and European counterparts. Moreover, the growth of global scientific and technological innovation centers in China has been so dramatic that they have undermined and eroded the dominant position that has been held by the US, Europe and Japan for so long.

I am honored and privileged to provide a preface for this fabulous book that is, in my view, an outstanding milestone on the journey of scholarly enquiry into the patterns, processes, diverse pathways and emerging geography of the growth of global scientific and technological innovation centers—an issue central and fundamental to local, national and global developments. I am fully aware that there exist voluminous publications on scientific and technological innovation out there. However, very few has been able to tell the long and sophisticated story of global scientific and technological innovation centers with such a comprehensive coverage, theoretical insights, analytical strengths, and practical value as what is demonstrated in this book. This is a pioneering and cutting-edged piece of work that shall generate far-reaching impacts upon not only theoretical advancements but also practices and actions concerning the growth and transformation of global scientific and technological innovation centers in China and beyond.

George C.S. Lin
Chair Professor of Geography
The University of Hong Kong
Fellow of the Academy of Social Sciences (UK)

前 言

从创新驱动发展上升为国家战略，到建设具有全球影响力的科技创新中心，科技创新已越来越成为中国屹立于世界的关键支撑。现今世界，变局迭现，烽烟四起，有形的战争尚未平息，无形的贸易战、科技战、人才战愈演愈烈。在这样的大背景下，科技创新已成为国际战略博弈的主战场，全球科技创新中心不仅是一个国家综合实力的核心依托，也代表着一个国家在全球创新版图中的话语权和支配权，谁拥有最高等级的全球科技创新中心，谁就拥有在未来国际竞争中最大的战略优势。

从"全球科技创新中心"的概念萌起，至今已近十年。作为一个全新的概念，从理论构建，到实践指导，再到以实践经验丰富理论框架，需要思考、积淀、充实、反思、完善的反复磨砺。本人 2015 年出版的《全球科技创新中心：动力与模式》一书初步搭建了全球科技创新中心的研究框架，总结归纳出全球科技创新中心的一般规律，也概括性地描述世界主要科技创新中心的发展模式。时至今日，全球科技创新中心的理论研究已取得诸多进展，中国的全球科技创新中心建设也取得世界瞩目的成就；不管从理论层面，还是从实践角度，对全球科技创新中心进行更加全面系统地梳理与凝练，十分必要且十分重要。

本书的源起，是为了将本研究团队近年来的主要成果，在《全球科技创新中心：动力与模式》一书的基础上，整合成更有体系的全球科技创新中心理论研究内容，同时形成更有逻辑的全球科技创新中心案例分析框架。因此，基本保持了兴起背景-功能特征与构成要素-空间格局及演化趋势-核心要素-驱动要素-支撑要素-发展模式的逻辑结构，但在深度和广度上均有拓展，更加突出了系统性和网络化的特征，彰显出开放、合作、交流、共赢的创新生态系统在全球科技创新中心发展过程中的重要地位。此外，为展示全球科技创新中心的实践成果，将城市案例独立成章，资料更为翔实，行文更有条理。

全球科技创新中心的兴起背景，与知识经济息息相关，可以说，知识经济带来的科技变革，引领着城市功能转型，衍生了科技创新城市。科技创新城市作为一种全新的城市形态，在全球化的背景下，成为全球创新网络的节点。同时，也使全球创新活动高度集中在这些节点城市，不平衡的科技创新活动分布，造成了国家科技实力的差距，全球科技创新中心越来越成为一个国家科技实力的核心依托。正因为如此，全球城市发展格局正在重构，以纽约、伦敦为代表的传统全球经济中心正不断转向科技创新功能，而以北京、上海、深圳为代表的中国城市也抓住这一历史机遇，正在实现向全球科技创新中心的跨越。

科技创新中心是全球创新网络的高等级节点，当科技创新城市的影响力和支配力波及全球，它就成为全球科技创新中心。对全球科技创新中心概念内涵加以明确界定，才能进一步把握和理解全球科技创新中心的科学研究、技术创新、产业驱动、文化引领四大功能，功能支配性、结构层次性、空间集聚性、产业高端性、文化包容性五大特征，以及由核心要素、主体要素、环境要素相互作用的全球科技创新中心组织结构。科技创新中心的成长取决于各种创新要素之间的系统关系，全球科技创新中心是创新生态系统中最为突出、最为活跃的系统平台和空间载体。

人才始终是全球科技创新中心形成的核心要素，科技创新的发生不仅需要人才个体所提供的智力支撑，还高度依赖于人才集聚所产生的集体智慧。全球科技创新中心本质上就是全球人才集聚的中心。一个城市科技创新人才的持续流入和增长，在全球科技创新中心形成的过程中尤为重要。具备了科技化、国际化和年轻化的人才结构，全球科技创新中心才具有了源源不断地产出新的知识、技术和产品的核心动力。当今时代，科技创新人才的跨国流动和国际合作显得尤为重要，是全球科技创新中心不断集聚创新要素、扩大创新影响的途径和载体，是全球创新网络形成和壮大的关键动力。

全球科技创新中心的发展从根本上离不开大学、企业和政府等主体要素的驱动。世界一流大学是其形成的知识源头，能够不断聚集卓越人才、培养创新人才、产生新知识、衍生新企业；创新引擎企业是其成长的发动机，能够持续加大创新投入、贡献创新产出、孕育新兴业态、引领创新集群；而政府则为其发展提供规制保障，不但担负着规划创新蓝图、制定法律法规的重任，而且可以以直接投入引导科技创新方向，以优惠政策扶持企业发展。全球科技创新中心是大学、企业、政府三者共同驱动的结果，大学、企业与政府在全球科技创新中心发展过程中的协同互动，才是全球科技创新中心发展的持续动力。

任何创新人才和创新主体的活动都是在一定的创新环境中进行的。创新环境是由支撑创新活动的各种要素形成的综合体，创新文化、风险资本、创新基础设施和创新专业服务是其中关键性的支撑要素。创新文化体现了城市的活力与创造力，是诱发新思想、新知识的内在力量；风险资本是物化的企业家精神，为科技型初创企业的成长提供资金以及相关专业服务；创新基础设施是科技创新活动的物质保障，且具有汇聚高等级要素的平台功能；专业性服务是提高科技创新活动效率的润滑剂，也是知识与信息传输的重要媒介。全球科技创新中心的形成和发展就是创新人才、创新主体和创新环境相互作用的结果。

发现和总结全球科技创新中心的共性特征即发展模式，是研究制定全球科技创新中心发展战略的基础。对世界著名全球科技创新中心进行比较和综合分析，可以发现其个性和共性特征主要体现在发展动力、机构来源、产业构成三个维度：根据发展动力差异，可分为政府驱动型、大学驱动型、企业驱动型；根据机构来源差异，可分为外源型、混合型和内生型；根据产业构成差异，可分为综合型、高新型和传统型。然而，在全球科技创新中心城市的发展历程中，往往并非单一依靠一种动力，或者依靠一个产业，需要从发展动力、机构来源和产业构成三个维度综合考察，形成更为立体和直观的三维发展模式。

科技创新活动具有显著的区域集聚特征，区位是影响全球科技创新中心成长和发展的决定性因素。区位不同，城市成长为科技创新中心的路径就会不同，存在着政府扶持、市场导向、大学驱动等不同的成长动力差异。在全球范围内，科技创新中心的分布是不均衡的，对全球科技创新中心的评价结果显示，全球科技创新中心分布呈现显著的欧洲、北美和亚太三足鼎立格局，但高等级科技创新中心主要分布于北美和亚太地区，尤其集聚于美国和中国，虽然美国仍领跑全球科技创新中心建设，但中国科技创新中心已强势崛起。随着科技创新与合作全球化的不断深入，全球科技创新中心的网络结构已经形成，中美双中心的拓扑网络格局开始显现。

在全球科技创新中心三维发展模式的框架下，对北美、欧洲和亚太的代表性城市进行具体分析，选取硅谷、纽约、伦敦、东京，从发展动力、机构来源和产业类型三个维度考察这些城市的发展特征。在发展动力上，硅谷早已实现从大学和政府驱动向企业驱动的转换，纽约、伦敦和东京正在借助政府驱动实现从金融中心或工业中心向科技创新中心的转型升级；在机构来源上，硅谷、纽约、东京都具有典型的内生型特征，伦敦则兼具内生型与外源型的混合特征；在产业类型上，四个城市和地区均具有多样化特征，硅谷的高科技产业领先全球，纽约的制药和生物科技引领世界，东京的传统产业技术先进，伦敦的金融科技优势明显。

中国在建设全球科技创新中心的实践方面已迈出了坚实的步伐，北京、上海、深圳等中心城市已经具备了相当重要的国际影响力，在人才要素、主体要素、支撑要素等方面均显示出强大的基础实力。北京属于政府驱动＋机构内生＋科技服务业主导模式，硬件科技有待加强，服务能级有待提升；上海属于政府驱动＋混合机构＋多元化产业模式，需要加快培育创新引擎企业，着力提升本土创新能力；深圳属于市场驱动＋机构内生＋单一高新产业发展模式，科技产业类型有待拓展，基础研究能力有待加强。

新概念的提出和新理论的构建，并不能“一蹴而造圣人之域”，需要时间的打磨，需要实践的检验，需要成果的累积，需要经验的丰富，才能不断完善，臻于成熟。本书仍有许多未尽之处、未尽之言，谨以此作引玉之砖，期待更加丰盛的全球科技创新中心研究成果！十分感谢香港大学林初昇教授为本书作序！感谢祝影博士为本书整理和提供素材！感谢段德忠、张仁开、侯纯光、桂钦昌、胡曙虹、杨凡、何舜辉、肖刚等老师和郭卫东、张强、苏晗、于英杰、李希雅、喻思齐、丁浚峰、李祺祥、陈毓玲等同学为本书和相关研究做出的贡献！也感谢该领域的研究者和实践者为全球科技创新中心建设的辛勤付出！

杜德斌

2023 年 10 月

目 录

第一章

全球科技创新中心的兴起

21 世纪以来，知识化与全球化正在重塑世界城市功能，重构全球科技和经济版图，加速形成全球创新网络(GIN)。全球科技创新中心是全球创新网络中的枢纽性节点城市，代表着所在国家在世界分工体系中所能达到的最大高度。当前，世界百年变局加速演进，新一轮科技革命和产业变革深入发展，国际力量对比深刻调整，经济全球化遭遇逆流，全球产业链、供应链面临重塑，大国权力竞争更加激烈，科技创新成为国际战略博弈的主战场。积极谋划建设全球科技创新中心成为各国应对新一轮科技革命挑战和增强国家竞争力的重要举措。

第一节　知识经济孕育科技创新城市

知识经济是与农业经济、工业经济相对应的一个概念，是人类社会进入计算机信息时代后出现的一种先进的经济形态，指以科学技术为核心，建立在知识和信息的生产、分配、使用基础上的经济[1]。随着知识经济的深入发展，科技创新的巨大潜力将进一步释放，科学和技术日益渗透到人类社会的各个方面，成为创造人类未来的主导力量。科技重塑经济发展模式的作用更加突出，科技经济融合的趋势更加明显，一些重大颠覆性技术创新促进传统技术和产品加速迭代，不断创造新需求、新业态、新产业，数字经济、智能经济、共享经济成为新的经济形态，进而塑造新的社会形态。未来 15 年，人类社会将加速向智能时代、太空时代、全息时代迈进[2]。知识经济蓬勃兴起的时代趋势，造就了世界范围内不断涌现的新兴科技创新城市。科技创新城市的出现是新一轮科技革命和知识经济发展的结果，这一伟大过程不仅改变了城市本身，也进一步促进了科技创新要素的空间集聚，极大地提高了科技创新的效率，加速了世界科技创新的发展步伐。

一、科技变革推动城市功能转型升级

一个城市的功能是指该城市在一定地域内的经济、社会发展中所发挥的作用和承担的分工，是城市对城市本身以外的区域在经济、政治、文化等方面所起的作用。一个城市具有多个功能，但不同功能的强度和影响范围各不相同，当其中一种功能占据主导时，该种功能就代表了城市的个性、特点和发展方向。不同历史时期的城市承载着不同的城市功能，随着时代进步，城市功能的内容和内涵也在不断变化。

工业革命之前，城市经济活动以围绕农业生产和生活资料相关的手工业为主，人们集中于城市主要是因为城市能为他们提供相对安全的住所和工作岗位，所以早期城市功能相对单一，基本功能以居住为主，以手工业生产和少量商业活动为辅。18 世纪 60 年代至 19 世纪中叶，以蒸汽机和自动纺织机为代表的科技和产业革命，开始了从工场手工业到机器大生产的变革，极大地提高了社会生产力，人类从手工时代进入了蒸汽时代，实现了生产机械化。随之而来的是，城市的主要功能转变为工业生产，以当时工业革命的中心城市曼彻斯特为典型代表，城市经济活动大多在机械化大生产的背景下开展，城市功能主要表现在工业和工业相关产品的生产、加工和制造。第二次世界大战特别是 20 世纪六七十年代以来，信息技术、生物工程、新能源、新材料技术取得重大突破和广泛应用，服务经济如通信信息、咨询、金融业和物流业迅速发展，城市的服务功能显著增强，城市作为服务中心在国家和区域中发挥着管理与协调职能，城市功能则集中表现在社会经济的服务和协调上，出现了诸如纽约、伦敦、巴黎等以金融、物流、贸易等为主导功能的服务型城市。进入 21 世纪以来，随着信息技术、人工智能技术的深入应用和加速突破，知识经济快速发展，人类社会生产生活的“科技化”趋势越发明显，城市不仅是一个服务型城市，更是一个以科技和创新为主要经济活动的创新型城市，科技创新成为推动城市经济社会发展的核心引擎，科技创新功能成为城市的主要功能，这类城市以美国的硅谷为典型代表(表 1.1)。

表 1.1　科技进步与城市功能及其内涵的历史演变

概念及内涵	历史时期			
	前工业化时期	工业化时期	后工业化时期	知识经济时期
基本功能	居住功能	生产、制造功能	管理、服务功能	科技创新功能
产业类型	手工业及简单商业	工业经济(第二产业)	服务经济(第三产业)	科技产业和创新经济(第四、第五产业)
生产产品	农业相关的产品及生活用品	物资、资产等实物型产品	咨询、金融、物流等服务型产品	知识、技术、创意等知识密集型产品
城市类型	手工业城市	工业城市	服务城市	创新城市
典型城市	佛罗伦萨	曼彻斯特	纽约	硅谷

在知识经济时代，科技不仅作为一个独立的要素直接融入生产力之中，而且日益广泛和深入地渗透到劳动者、劳动资料和劳动对象之中，科技与经济社会日趋融合，科技创新向产业转化的速度不断加快，高新技术产业迅猛发展。同时，随着科技的日趋复杂化和研发环节的逐步模块化，科技研发活动的独立化和产业化趋势日趋明显，科技研发正成为一种新的产业形态并不断壮大。高新技术产业和研发产业规模的不断扩大，使城市的功能正在发生根本性改变，科技创新日益成为城市的主导功能。从城市就业人口结构来看，科学家和工程师及其他从事科技创新及相关活动的劳动者队伍不断扩大，并逐步成为庞大的就业人群。科学家从自由的知识分子变成了企业雇员，科技创新的主要资源从少数人的聪明才智变成了整个社会系统。科技产业规模的扩大，不仅改变了城市的经济结构，也改变了城市的空间结构。自 20 世纪 50 年代斯

坦福工业园区诞生以来，各类科学园区或高技术园区在世界各地遍地开花，已成为城市最主要的土地利用类型之一。

二、城市功能转型衍生科技创新城市

城市的性质和类型取决于城市的主导功能。科技创新成为城市主导功能，改变了城市的性质，衍生出一种新的城市类型，即科技创新城市。作为知识经济时代的代表性城市类型，科技创新城市不仅以科技创新活动为主导功能，同时城市其他功能均围绕科技创新功能展开，为科技创新提供支持和服务，如金融功能（风险融资、贷款）、教育功能（培养人才）、流通功能（技术产品的交易）、文化功能（激发创意和创业精神）等，均主要服务于城市的科技创新活动。而在工业社会甚至后工业社会，城市的科技创新功能往往支撑并服务于其他诸如生产、加工、流通等功能，在诸多城市功能中处于附属和服务地位。

科技创新中心是一种全新的城市形态，该类城市具备了与其他城市全然不同的经济活动内容和经济发展方式，是一个以科学研究和技术创新为主要功能并集中了先进制造、文化、教育、金融等多种功能的城市。概而言之，这类城市具备三个特征：① 科技产业已经成为城市主导产业，占产业结构的比重优势明显，综合效益较高，与其他产业关联度高，对城市经济的驱动作用较大；② 科技产业的基本部分大于非基本部分[①]，即科技产业从城市外部获得的经济收入要大于从城市本身所获得经济收入，科技产业对区域经济的贡献率要高于对城市本身发展的贡献率，科技产业成为引领城市以外地区发展的主要推动力；③ 科技创新活动在城市经济非基本部分中占重要地位，即科技创新也是推动城市本身发展的主要动力，城市的许多非基本部门（如基础设施建设部门、金融部门、教育部门和文化部门）支持和服务于科技创新部门。

① 一个城市的全部经济活动，按照服务对象可分为两部分：一部分是为本城市的需要服务的，另一部分是为本城市以外的需要服务的。为外地服务的部分，是促城市以外为城市所创造收入的部分，它是城市得以存在和发展的基础，这一部分活动称为城市的基本活动部分。满足城市内部发展需要的经济活动则被称为城市的非基本活动部分，它随城市基本部分的发展而发展。

第二节　全球化催生全球科技创新中心

进入21世纪以来，随着全球化的深入发展和产业价值链的细化分解，创新资源越来越明显地突破组织的、地域的、国家的界限，在全球范围内自由流动，世界进入以创新要素全球流动为特征的开放创新时代。在此背景下，作为全球化主导力量的跨国公司，在全球范围内布局研发机构和构建研发网络，实现全球创新资源优化配置。跨国公司的全球技术创新网络与以大学为主导的全球知识创新网络及全球地方创新系统叠加耦合，交织成一体化的全球创新网络。在全球创新网络中，一些国际地理区位优越、产业基础较好、创新环境优良的城市能够更多更广地集聚全球创新要素，成为网络中的节点城市。节点城市利用网络通道不断吸纳外部资源并对外输出其影响，当其集聚和辐射力超越国界并影响全球时，便成为全球科技创新中心。因此，全球科技创新中心的兴起，实质上是城市科技创新功能国际化并形成全球影响力的过程。

一、全球化促进全球创新资源的优化配置

科技进步推动了全球化的进程，全球化也加速了创新要素在全球范围的流动，带动了科技全球化的发展。科技全球化的本质是科技创新资源的全球配置，即按照比较优势原则在世界范围内配置研发资源，以获得科技创新活动收益的最大化。

作为世界经济发动机和全球科技创新活动的主体，跨国公司不仅垄断着全球绝大部分的科技创新资源，也是科技全球化的主导力量，其研发活动的全球化是当代科技全球化的核心内容。跨国公司研发全球化也就是其研发活动跨越国家和地区界限、在全球范围内组织研发资源、转移研发产出的过程。到海外设立研发机构和从事创新活动是跨国公司研发全球化最主要和最直接的表现。跨国公司海外研发活动的增长导致研发资金在全球范围内的加速流动。据美国经济分析局（BEA）的数据，2019年外国控股跨国公司在美分支机

构的研发支出达到714亿美元，外国控股公司在美研发支出占美国商业研发总额的比例达到15.8%，远高于其就业和增加值所占的份额[3]。

跨国公司通过海外研发活动将世界各国纳入其全球一体化的统筹之中，在全球范围内有效配置创新资源，使得世界各国的科技活动无一例外地成为全球创新体系的有机组成部分。

二、从跨国公司全球研发网络到全球创新网络

跨国公司海外研发活动的不断发展，逐步形成一体化的全球研发网络。对于单个公司而言，随着海外研发机构业务规模的扩大和海外研发机构数量的增多，跨国公司的全球研发体系会渐趋完整，它们在地域上分布于世界各地，在功能上分工明确，与全球销售网络、全球生产网络一起构成跨国公司全球化一体化网络的重要组成部分[4]。这种单个跨国公司研发组织结构在全球的地理分布和空间表现，就构成了跨国公司全球技术创新网络的基本骨架。多个单体公司研发全球化的空间组织在全球不同地域叠加，从而形成跨国公司的全球技术创新网络[5]。跨国公司的全球研发网络与以大学为核心的全球知识创新网络在全球地域空间上耦合，并与地方创新系统结合起来，就构成了复杂的全球创新网络。

全球创新网络是以跨国公司创新活动密集区域为节点，以公司组织渠道和区域能量交换为连线，在全球范围内组成的紧密联系、开放互动的地域空间系统。它由实体网络和虚拟网络组成。实体网络是整个创新网络赖以存在的物质骨架，包括国家和地区在跨国公司创新全球化中的区域分工、等级体系、创新活动规模，以及立体交通网络、信息网络及其他基础设施网络等，同时公司网络、社会网络、组织网络等也包含在其中。随着信息和互联网技术的不断发展，创新活动日益突破空间距离的限制，从而使虚拟创新组织和创新网络成为全球创新活动不可或缺且日渐重要的一部分。跨国公司及其他创新组织通过互联网和其他工具，将有能力有愿望参与科学研究和技术开发的机构连接起来，实现一对一、一对多、多对多、多对一的交流，通过柔性组织在最大范围进行优化组合，实现资源的互利和共享。虚拟网络与实体网络的交叠，实现了不同地域、不同企业之间的创新合作，形成完整、系统的一体

化全球创新网络。

三、全球科技创新中心：全球创新网络中的节点城市

在全球创新网络中，各国(地区)因自身科技实力和全球化程度的差异，处于不同的位置，有着不同的能级。在一个国家的内部，创新资源和创新活动的分布同样是不均衡的，一些创新资源和创新活动相对集中的城市则成长为全球创新网络的节点城市。

全球创新网络的节点城市，其大小和等级取决于地域化和国际流两种力量的共同作用[6]。这两种力量以不同的方式影响创新要素的集聚与扩散。地域化力量代表的是当地科技创新能力和经济基础，它是一种空间内聚力，改变和影响着全球创新要素的分布。而国际流则代表各种创新要素跨时空流动的力量，是一种空间通达力。国际流越频繁，地方发展的开放度就越高，创新要素的可获得性和创新成果的外溢性就越强。全球性流动的创新要素在一些基础较好的高地域化地区"黏结"起来，集聚成为全球创新网络中的重要节点，这样的节点城市就有可能发展成为全球科技创新中心。

全球科技创新中心作为全球创新网络中的重要节点，并非仅仅是凭借密集的创新资源和大量的创新产出形成的。创新是一个开放的、互动的、交流的系统性活动，科技创新中心通过与全球创新网络中的其他节点建立起联系，一方面在全球范围内吸纳创新资源，另一方面也通过网络向全球输出影响，其集聚和辐射功能的强弱决定它在网络中的能量和能级。只有"吸纳"的集聚力和"辐射"的扩散力表现得强大且均衡，全球科技创新中心才能在全球创新网络中处于真正的支配性地位。

第三节　国家科技实力的核心依托

全球科技创新中心的形成是城市科技创新功能的辐射范围超越国界、波及全球的过程。当今世界，科技创新已成为提高综合国力的关键支撑，成为社会生产方式和生活方式变革进步的强大引领。全球科技创新中心，特

别是高等级全球科技创新中心，是一个国家综合科技实力的集中体现和核心依托。

一、全球科技创新活动分布的不平衡性

如前所述，不同城市由于地理区位、资源禀赋、发展基础和历史积淀等条件的不同，一些区位优势明显、产业发展基础较好、创新环境优良的城市相较其他城市集聚更多的全球创新要素，因而成为全球创新网络中的重要节点，而其他广大地区则被置于创新网络之外，成为创新活动的边缘区甚至荒漠区。因此，创新资源的集聚和科技创新活动的空间分布，无论在全球尺度或地区尺度上，都是极度不平衡的，它们高度集中在全球少数地区或城市，犹如“钉子”般高高凸起(The Spiky World of Innovation)，成为所在国家科技创新发展核心依托。例如，东京集中了日本约30%的高等院校和40%的大学生，拥有全日本1/3的研究和文化机构，专利合作协定(PCT)产出占日本的50%，占世界的10%。硅谷①以不到美国1%的人口创造了全美12%的专利产出，吸引了全美超过40%和全世界14%的风险投资。纽约集聚了全美10% 的博士学位获得者、10%的美国国家科学院院士以及近40万名科学家和工程师，每年高校毕业生人数占全国的10%左右。伦敦集中了英国1/3的高等院校和科研机构，每年高校毕业学生约占全国的40%。布鲁金斯学会的罗斯韦尔(J. Rothwell)对经合组织(OECD)的数据进行了分析，发现城市和大都市区在全球创新的产生中占据压倒性优势，世界专利申请中超过93%是由人口数量占世界人口23%的大都市地区创造的，其中，东京、圣何塞、纽约、波士顿、神奈川县(日本)、深圳(中国)、大阪、圣迭戈、洛杉矶和首尔十个都市区仅占全球人口的2%，却拥有全球24% 的专利申请者，而圣何塞、纽约、波士顿、圣迭戈、洛杉矶五个美国大都市区仅占世界人口的1%，但占据了世界专利申请量

① 硅谷(Silicon Valley)并非一个独立的行政地域单元，关于其地域范围，主要有两种界定，一是以圣何塞为中心的旧金山湾区(San Francisco Bay Area)南部地区，包括圣克拉拉县、圣马特奥县及邻近的阿拉梅达县和圣克鲁兹县的部分地区，总面积约为4 802平方千米，2020年人口300万；二是以旧金山-圣何塞为中心的整个旧金山湾区，面积18 088平方千米，2020年人口776万。本书中多次出现“硅谷”，所指范围并不完全一致，请读者注意。

的12%[7]。

从全球科技发展的既有格局看，在较长时期内，高端要素向发达国家相对集中的趋势仍难以逆转，发达国家主导全球创新的局面仍将持续。发达国家仍将是全球科技的主要源头、人才高地和全球创新的核心地带。但由于全球化的到来，创新要素的跨国流动呈现新的特征，创新要素沿特定通道流动、在特定节点驻留必然造就一批新的科技创新中心，从而推动全球创新环境、格局的重大变化以及科技多极化格局的加速形成。在这场汹涌澎湃的时代变革中，以中国为代表的亚洲新兴工业经济体（NIEs）处于第三次工业革命和科技浪潮的活化区，在以中心—外围二元结构为特征的全球创新空间里，正逐步从外围地带向次核心与核心地带挺进，发达国家的科技领先优势日趋减弱，致使全球创新格局出现从“西强东弱”向“东升西降”转变。

二、打造全球科技创新中心提升国家综合实力

全球科技创新中心是一个国家综合科技实力的代表，谁拥有21世纪的世界级的科技创新中心，谁就能最大程度吸引全球创新要素，从而在国际竞争中获得战略主动权。因此，积极谋划建设全球科技创新中心、最大程度集聚国际创新要素以提升自身实力，成为许多国家和地区应对新一轮科技革命和增强国家竞争力的重要举措。例如，纽约、伦敦、新加坡、东京、首尔等大都市先后提出了建设全球或区域创新中心的目标，并出台了相应的战略规划。其中，尤以纽约和伦敦最具代表性。

世界金融中心纽约，早在2002年就宣布要打造“创新之都”和美国“东部硅谷”。2009年，纽约市政府发布《多元化城市：纽约经济多样化项目》，其核心是扶持对城市未来经济增长至关重要的企业创新活动，制定吸引及留住顶级人才的各类政策。政府重点发展生物技术、信息通信技术等具有明显增长潜力的高科技产业，并提出了许多切实可行的扶持措施。2010年，纽约市政府进一步提出，要把纽约打造成新一代的科技创新中心。为此，政府利用土地与资金吸引高新技术与应用科技水平一流的院校与研究所进驻；还推出一系列减税政策，刺激中小企业的产生和成长。政府一系列政策的出台，很快取得了明显的效果。据纽约城市未来中心的统计，2005—2010年，纽约高新技术从业

人员数量年均增长接近 30%，科技劳动力的增幅比同期全市劳动力增幅快 10 倍多；2007—2011 年，纽约签署的风险投资协议数量增长了近 1/3。纽约成功吸引了微软、谷歌、雅虎、3COM 等世界知名公司，辉瑞、百时美施贵宝、Barr、博士伦、强生、惠氏等全球著名的生物医药企业已将总部或研发机构设在纽约或邻近的新泽西州，苹果、台积电等世界芯片巨头也纷纷在纽约建厂，全球最大的移动互联网芯片基地已经落户这里。与此同时，作为纽约经济增长的主要引擎，位于曼哈顿岛的“硅巷”①也焕发出新的生机。据纽约市劳工部门统计，2007—2012 年，“硅巷”互联网以及应用技术企业工作岗位的增长率为 28%，而同期出版业和制造业分别萎缩了 15%和 29%。风险投资方面的记录显示，2007—2011 年，“硅巷”风投交易量上涨 32%，而包括硅谷在内的美国其他 6 个高技术产业聚集区的同期交易量都呈现下跌态势。纽约近 20 年的转型取得了突出的成就，城市实力不断提升，据 2012 年 Startup Genome 的《创业生态系统报告》，纽约的综合排名仅居世界第五位，而在 2022 年最新发布的报告中纽约已升至第二位，与伦敦并列。由科尼尔发布的《全球城市综合排名》侧重于城市的综合影响力，自 2017 年开始至今，纽约一直稳居第一，显示了强大的城市综合实力。

英国于 2010 年启动实施了“英国科技城”的国家战略，试图将东伦敦地区打造为世界一流的国际技术中心。为此，政府已投入了 4 亿英镑以支持科技城的发展。2013 年，政府启动“天狼星计划”，旨在为创业者提供创业资金与优秀培训资源。该计划要求创业团队必须两人以上，且成员一半必须是非英国居民，借此吸引更多优秀的国际人才。此外，伦敦政府为优秀的科技创业人才提供免雇主担保签证。强有力的政策和资金支持，使伦敦的科技创新功能得到极大提升，城市综合实力持续增强。澳大利亚 2thinknow 的 2015 年和 2016—2017 年全球创新城市排行榜中，伦敦全球排名升至第一位。Startup Genome 发布的报告显示，在过去几年里，伦敦的排名不断上升，从 2012 年首次发布排名时的第八位逐年进步，直到攀升至 2021 年的第二位。科尔尼《全

① 纽约高科技产业的俗称，因主要集中在曼哈顿高楼区，故称硅巷(Silicon Alley)，主要产业包括互联网、新媒体、信息通信、数字媒体、软件开发、生物技术、游戏设计、金融技术等。目前，纽约在高科技领域就业人数超过 30 万人。

球城市综合排名》显示，2016 年伦敦城市综合影响力位居全球第一，之后虽被纽约超越，但一直处于第二位；而在《全球城市潜力排名》中，伦敦则自 2019 年起连续 4 年摘得桂冠，蝉联榜首。根据伦敦发展促进署和 Dealroom 的数据，自 2015 年以来，伦敦已成为全球最具影响力的科技创新中心之一，2020 年伦敦对影响力科技初创企业的风险投资比 2015 年增长了近 8 倍，而同期整个欧洲的投资仅增长了 3.1 倍[8]。英国各科技公司仅在 2020 年就吸引了至少 150 亿美元的投资，比德国和法国两国吸引到的科技投资总额还多。其中，伦敦科技公司募资额约 105 亿美元，占英国总科技融资额的 70%，占欧洲总科技融资额(431 亿美元)的四分之一，远超 2017 年的 70 亿美元和 2018 年的 59 亿美元，并接近 2019 年所创下的 107 亿美元筹资纪录。根据 Dealroom 的数据，仅在 2021 年前 7 个月，伦敦的科技初创企业就取得了高达 133 亿美元的融资，该数字已经超过了 2020 年全年的 109 亿美元，占到整个欧洲的五分之一。作为欧洲“独角兽”之都，伦敦还孕育了一批全球发展最快的科技公司，2020 年拥有 43 家独角兽公司，预计未来总共会有 81 家科技独角兽公司把总部设在伦敦[9]。

三、中国孕育全球科技创新中心发展的历史机遇和潜力

任何科技创新中心的兴起都是时间和空间因素交互作用的结果。迄今人类历史上共发生过 5 个波次的创新资源跨国大转移，每次转移都会在新的区位造就新的科技创新中心，并引起国际间的大国消长和霸权更迭。例如，从 18 世纪晚期开始，法国迅猛吸收英国先进科技成果，极大地推动了自身重工业发展，使其崛起为“日不落帝国”之后的第二个全球性帝国[10]。当前，亚洲正处于新一轮科技浪潮的活化地带，在全球生产网络中的枢纽地位已经确立并将继续巩固，在世界经济空间体系中正从边缘向核心区域过渡，包括创新资源在内的全球高级要素正呈现出系统性东移的趋势。在此背景下，未来的亚洲必将诞生一批世界级的科技创新中心，甚至一两个足以与伦敦、纽约相抗衡的全球城市，从而重构世界政治经济和科技版图[11]。

作为亚洲第一大国和世界第二经济大国，中国具有无与伦比的战略优势，这不仅在于其人口、面积和位居亚洲核心的位置，更重要的是中国有着海量的

科技人力资源、极富活力的经济体系和不断壮大的市场规模。中国每年的经济增量占全球经济增量的30%，规模经济所带来的竞争优势足以压倒世界市场中任何挑战性力量。正是源于这些优势，近20年来跨国公司纷纷以中国为核心构建其区域乃至全球价值链。在亚洲新兴工业化国家中，只有中国更具备孕育像硅谷那样的科技创新中心所需的资源丰度和市场深度。可以预见的是，未来亚洲新一批的科技创新中心必然主要产生在中国[11]。

改革开放40多年里，中国科学技术实现了巨大飞跃，已经成为具有全球影响力科技大国，诸多领域从无到有、从有到优，重大科技成果竞相涌现，整体创新能力大幅提升，科技发展水平不断攀升。从2001年到2022年，中国研发投入占国内生产总值的比例从1%升至2.5%，科技进步贡献率从39%升至70%以上，已跨入创新型国家的行列。世界知识产权组织（WIPO）发布的《2022年全球创新指数报告》中，中国位居第十一位。中国基础研究取得重大发展，在一些重要领域和方向取得一大批重大原创成果，如量子密钥分发、铁基超导、聚集诱导发光、中微子研究、干细胞研究、克隆猴、系列空间科学实验卫星等，有的已经与世界先进水平处于并行阶段，有的甚至开始领跑。载人航天与探月、北斗导航、载人深潜、大型客机、国产航母、高铁等一大批重大创新成就，使中国在事关国家全局和长远发展的科技战略制高点上占据了主动。5G移动通信、超级计算、特高压输变电等都处于世界领先水平，语音识别、新能源汽车、第三代核电等也进入世界前列[2]。中国拥有门类最为齐全的工业体系，2010年起高技术产品出口额就位居世界第一，国内发明专利申请量也位居世界第一，产业创新能力持续提升，涌现出华为等一批具有世界影响力的高科技企业。

在中国加速崛起和科技创新实力加快提升的过程中，上海、北京、深圳等中心城市因其区位条件相对优越而成为全国科技创新要素最为集中和创新活动最为活跃的地区，同时已成为跨国公司全球研发网络中关键节点和重要枢纽，具备了一定的国际影响力，这些都为进一步形成全球创新网络中具有广泛影响力的全球科技创新中心奠定了坚实的基础。《2020中国硬科技创新白皮书》发布了现阶段中国城市硬科技创新排名，北京硬科技指数为84.04，遥遥领先，上海、深圳为第二梯队，硬科技指数分别为50.48、42.92。2021年科尼尔

《全球城市综合排名》(GCI)中,中国有3个城市(北京、香港、上海)进入全球前十;2021年2thinknow全球创新城市指数中,上海、北京、深圳位列支配型全球创新城市,位于第一等级,分别排在15、19、26位;2022年Startup Genome的报告中,北京、上海、深圳分别排名第5、8、23名。这些均表明,中国具有孕育全球科技创新中心的坚实基础与强大实力。

四、中国城市正加速向全球科技创新中心迈进

面对日趋激烈的国际竞争和新科技革命浪潮,处在和平崛起关键时期的中国,客观上需要一批高级别的科技创新中心来引领未来百年发展,确立并巩固自身在未来世界经济体系中的支配地位。早在2013年10月,习近平总书记在中共中央政治局第九次集体学习时,就希望中关村加快向具有全球影响力的科技创新中心进军,为全国实施创新驱动发展战略发挥示范引领作用。2014年5月,他在上海考察时,希望上海始终立足国内、放眼全球,着力实施创新驱动发展战略,加快向具有全球影响力的科技创新中心进军。2016年5月30日,习近平总书记在全国科技创新大会、两院院士大会、中国科协第九次全国代表大会上进一步指出,要尊重科技创新的区域集聚规律,因地制宜探索差异化的创新发展路径,加快打造具有全球影响力的科技创新中心,建设若干具有强大带动力的创新型城市和区域创新中心。上海、北京、深圳、武汉、广州、西安、杭州等城市先后提出建设具有全球或国际影响力的科技创新中心的战略目标。建设一批具有全球影响力的科技创新中心,既是中国建设世界科技强国的内在要求,也是各地实现创新驱动、转型发展的必然选择。

2016年9月,北京市政府发布了《北京市"十三五"时期加强全国科技创新中心建设规划》,提出要引领创新方向,抢占国际竞争制高点,打造全球创新网络关键枢纽,全力建设具有全球影响力的科技创新中心,努力打造全球原始创新的策源地。同月,国务院印发《北京加强全国科技创新中心建设总体方案》。近年来,北京不断夯实科技创新根基,"十三五"期间,围绕信息技术、生命科学等重点领域,建设了量子信息科学研究院、脑科学中心、智源人工智能研究院等5家新型研究机构,集聚了一批世界顶尖科学家。北京已经拥有包括超算中心、全球算力500强的超级计算机以及凤凰工程、高能同步辐射光源等一批

大科学基础设施。《自然》杂志“自然指数-科研城市”中，北京的科研产出连续3年全球第一。2020年9月19日，施普林格·自然与清华大学联合发布的《全球科技创新中心指数2020》显示，北京在全球科技创新中心中位列第5。世界知识产权组织《全球创新指数2020》显示，北京位列全球科技集群第4位，初步成为具有全球影响力的科技创新中心。北京之所以能成为具有全球影响力的科技创新中心，得益于改革开放的政策推动和作为大国之都的资源优势，同时也得益于这些年北京推出的一系列改革攻坚举措。比如，通过发布实施“科创30条”，出台《北京市促进科技成果转化条例》《北京市优化营商环境条例》等法规，打造全球首屈一指的创新生态。世界银行《全球营商环境报告2020》显示，北京评分名列全球第28位，超过东京。独角兽企业在京数量达79家，居全球独角兽城市榜单第3位。2021年1月，科技部、北京市会同20余个国家部门研究编制了《“十四五”北京国际科技创新中心建设战略行动计划》，提出到2025年，北京国际科技创新中心基本形成；到2035年，北京国际科技创新中心创新力、竞争力、辐射力全球领先，形成国际人才的高地，切实支撑中国建设科技强国。

2015年5月，上海市委市政府发布了《关于加快建设具有全球影响力的科技创新中心的意见》，开启了全面推进科技创新中心建设的伟大征程。上海坚持科技创新与制度创新双轮驱动、自主创新与开放创新相得益彰、创新功能与城市功能一体建设，科创中心建设取得进展，总体架构基本形成，城市科技创新实力和国际影响力加速提升，科技创新中心战略实现良好开局。2016年，国务院授权上海先行先试的10项改革举措，目前已基本落地。其中，创新创业普惠税制、股权激励机制等改革举措已在全国复制推广。与此同时，上海还在政府创新管理、科技成果转移转化、收益分配、创新投入等6个方面开展改革探索，先后发布9个政策文件、160多项自主改革举措和70多个配套办法，极大优化了整座城市的创业环境和创新氛围。2018年3月，上海市委市政府发布《关于进一步深化科技体制机制改革增强科技创新中心策源能力的意见》（简称科改“25条”），标志着上海科创中心建设由1.0版向2.0版迈进[12]，进入了从量的积累向质的飞跃、从点的突破向系统能力提升的新阶段。上海瞄准世界科技前沿，不断增强原始创新能力，加快科技创新前瞻布局。2020年1月

20 日，上海市十五届人大三次会议表决通过了被誉为“上海科技创新中心建设基本法”的《上海市推进科技创新中心建设条例》，于 2020 年 5 月 1 日起施行。这是国内首部科创中心建设的“基本法”，意味着上海科创中心建设法治保障框架基本形成。根据上海市经济信息中心发布的《全球科技创新中心评估报告 2021》，在全球近 200 个主要创新城市或都市圈中，上海排名第 9，首次进入前 10。这反映出上海科创中心的集中度和显示度不断提升，尤其是创新资源集聚力、科技成果影响力、创新环境吸引力、新兴产业引领力、区域辐射带动力等“五力”持续增强。

按照《粤港澳大湾区发展规划纲要》建设“具有全球影响力的国际科技创新中心”定位，深圳正大力提升城市科技创新能力。2018 年以来，深圳相继出台了《深圳经济特区国家自主创新示范区条例》《深圳市关于加强基础科学研究的实施办法》《深圳经济特区科技创新促进条例》等系列政策、法规和文件，强力推动科技创新工作。《深圳市科技创新“十四五”规划》明确提出，到 2025 年，原始创新能力实现较大提升，关键核心技术攻关取得重要突破，产业创新能力跻身世界一流，高新技术产业整体迈向中高端，建成现代化国际化创新型城市，成为粤港澳大湾区国际科技创新中心的重要引擎。规划还提出，要重点建设光明科学城、河套深港科技创新合作区、前海深港现代服务业合作区、西丽湖国际科教城等四个国家重大战略平台和科技创新极核，着力发展高水平实验室体系和科研机构、高水平研究型大学和世界级科技领军企业群等国家战略科技力量。2022 年 12 月，深圳市委七届六次全会进一步提出，着力打造新兴产业创新引擎、科技创新策源高地、协同创新教育高地、世界重要人才中心和全球创新生态枢纽，并且提出了要在未来三年内迈入全球十大科技创新中心行列的宏伟目标。

2021 年《中华人民共和国国民经济和社会发展第十四个五年规划和 2035 年远景目标纲要》明确提出：支持北京、上海、粤港澳大湾区形成国际科技创新中心，建设北京怀柔、上海张江、大湾区、安徽合肥综合性国家科学中心，支持有条件的地方建设区域科技创新中心。中国城市正在坚定地向科技创新中心的建设目标迈进。

参考文献

[1] 余世仁.知识经济与科技创新.探索，1998，6：26－28.
[2] 杜德斌，段德忠.中美科技竞争力评估报告(2022).上海：上海科学技术出版社，2022：2－13.
[3] Bureau of Economic Analysis of U.S. Department of Commerce. Activities of U.S. affiliates of foreign multinational enterprises in 2019. Chronicling 100 Years of the U.S. Economy，Volume 101，Number 9，September 2021. https://apps.bea.gov/scb/issues/2021/09-september/pdf/0921-affiliates.pdf.
[4] 杜德斌.跨国公司 R&D 全球化的区位模式研究.上海：复旦大学出版社，2001.
[5] 祝影.全球研发网络：跨国公司研发全球化的空间结构研究.北京：经济管理出版社，2007.
[6] Storper M. The regional world：territorial development in a global economy. New York：Guilford Press，1997.
[7] Florida R. The spiky world of innovation—metro areas generate 93 percent of the world's patented inventions. https://www.bloomberg.com/news/articles/2012-04-03/the-spiky-world-of-innovation，April 3，2012.
[8] Cao E.伦敦——全球发展最快的影响力科技中心.动点科技，2020－12－09.
[9] The future UK tech built-Tech Nation Report 2021. https://technation.io/report2021/.
[10] 杜德斌.上海孕育科技创新中心的历史机遇与实力基础.文汇报，2014－9－15.
[11] 杜德斌.大洗牌前夜：第 5 次创新资源跨国大转移看亚洲.东方早报，2014－10－14.
[12] 杜德斌.科创中心建设：从 1.0 版向 2.0 版迈进.文汇报，2019－9－16.

第二章

全球科技创新中心的功能特征与构成要素

在全球化背景下，全球创新网络在世界范围内不断扩张与耦合，加速了全球创新资源的国际流动，极大地改变了创新资源的空间配置格局，并促使网络中的一些节点区域成长为创新能级高、对外辐射功能强劲的全球科技创新中心。作为人类新知识、新技术和新产业的策源地，全球科技创新中心是伴随着科技创新的不断突破而逐步发展起来的，是世界科学研究的重镇和技术创新的源头，对全球创新活动、产业发展和文化进步具有强大的影响力和辐射力。

第一节　全球科技创新中心的概念与内涵

“全球科技创新中心”作为一个崭新概念，学术界对其内在演化机理的认识尚不完善。在早期的研究中，与其类似的提法已经很多，如世界科学中心、全球技术创新中心、技术成长中心、国际研发中心等。这些概念与提法意思相近，且都揭示了全球科技创新活动在少数特定区域集聚的现象，但其各自的内涵及其关注的空间属性存在明显的差异。

一、概念源起

关于全球科技创新中心及相关概念的讨论包含了国家和城市两个层面的

含义。从国际上看，关于国家层面的相关概念，最早可追溯到1959年英国学者贝尔纳(J. D. Bernal, 1901—1971)在《历史上的科学》一书中提出的“世界科学活动中心”，他首次提出并描绘了科学活动中心在世界范围内随时间转移的现象[1]。受贝尔纳的启发，日本神户大学科学史家汤浅光朝(1962)用定量化的成果指标来界定“科学活动中心”的范畴，认为当一个国家在一定时段内的科学成果数超过全世界科学成果总数的25%，则该国在此时段内就成为世界科学中心，该国保持为世界科学中心的时段为其科学兴隆期[2]。此后，这些概念和提法被国内外许多学者引用或加以延伸，相继提出世界科学中心、世界科技中心等概念[3~5]。就其本质而言，这些概念和提法所描述的都是不同时期科技创新活动在世界范围内的空间非均衡分布问题。当时，世界科技中心或世界科学中心都是以“单极”的形式出现的。从空间属性来看，它们所关注的空间单元通常落在国家层面，指在特定时期科技领先的国家，如14—15世纪欧洲文艺复兴时期的意大利，18—19世纪工业革命时期的英国、法国和德国以及20世纪以来的美国等。从关注的内涵看，它们侧重科学研究层面，包括社会科学能力、新思潮、新理念等，强调科学的发展对国家的科技地位形成的作用。这一时期学者们并没有对世界科技活动中心进行明确定义，其对现象的描述多于对机理的剖析。

关于城市层面的相关概念始于20世纪80年代。随着硅谷、波士顿、慕尼黑和班加罗尔等一批具有世界影响力的科技活动中心或高新技术产业中心的异军突起，学者们对科技活动的空间异质性问题的关注开始从国家层面下移到次国家(sub-national)的区域或城市层面，因此提出了创新中心城市、创新枢纽区域等相关概念。在国际上，《连线》(*Wired*)杂志在2000年最早提出了“全球技术创新中心(global hubs of technological innovation)”的概念，并通过对政府、企业界、媒体等专业人士的咨询，按四个指标评选出46个全球技术创新中心(表2.1)。这四个评价指标是：当地高校和研究机构培养有技能工人或开发新技术的能力；能提供专业技术和带来经济稳定的企业和跨国公司；人们创办风险企业的积极性；能使好点子成功进入市场的风险资本的可获得性。这项研究一经发布即在世界范围内引起众多城市政府、企业界和学术界的广泛关注。联合国《2001年人类发展报告》对该项成果进行了评介，并在此基础上提出了"技术成长中心"(technology growth hubs)的概念[6],指众多研究机构、创业型企业和风险投资集聚在一起的地区。

表 2.1　2000 年《连线》杂志评选的 46 个全球技术创新中心

排序	城市或地区	得分	排序	城市或地区	得分
1	硅谷(美国)	16	24	新竹(中国台湾)	11
2	波士顿(美国)	15	25	奥卢(芬兰)	10
3	斯德哥尔摩—基斯塔(瑞典)	15	26	巴登—符腾堡(德国)	10
4	以色列	15	27	弗吉尼亚(美国)	10
5	赫尔辛基(芬兰)	14	28	墨尔本(澳大利亚)	10
6	伦敦(英国)	14	29	泰晤士河谷(英国)	10
7	罗利—达勒姆—查伯尔希尔(美国)	14	30	巴黎(法国)	9
8	奥斯汀(美国)	13	31	昆士兰(澳大利亚)	9
9	班加罗尔(印度)	13	32	圣保罗(巴西)	9
10	旧金山(美国)	13	33	香港(中国)	9
11	台北(中国台湾)	13	34	芝加哥(美国)	9
12	阿尔伯克基(美国)	12	35	格拉斯哥—爱丁堡(英国)	8
13	都柏林(爱尔兰)	12	36	吉隆坡(马来西亚)	8
14	剑桥(英国)	12	37	坎皮纳斯(巴西)	8
15	蒙特利尔(加拿大)	12	38	仁川(韩国)	8
16	纽约(美国)	12	39	萨克森(德国)	8
17	西雅图(美国)	12	40	圣菲(美国)	8
18	巴伐利亚(德国)	11	41	索非亚·安蒂波利斯(法国)	8
19	东京(日本)	11	42	盐湖城(美国)	8
20	佛兰德斯(比利时)	11	43	新加坡	7
21	京都(日本)	11	44	特隆赫姆(挪威)	6
22	洛杉矶(美国)	11	45	盖扎莱(突尼斯)	4
23	马尔默(瑞典)—哥本哈根(丹麦)	11	46	豪登(南非)	4

资料来源:参考文献[6]。

2007 年,澳大利亚智库 2thinknow 发布了《全球最具创新力 100 城市》(Top 100 World's Most Innovative Cities),从文化资产、产业与基础设施、网

络化市场三大维度界定创新城市，并将全球125个创新城市细分为支配型(Nexus)、枢纽型(Hub)、节点型(Node)、影响型(Influencer)、潜力型(Upstart)五个等级。2017年，2thinknow的考察对象增加到全球500个城市，城市等级简化为支配型、枢纽型、节点型、潜力型四个等级①。

在国内，黄鲁成等较早提出“国际研发中心”(International R&D hub)的概念，认为国际研发中心是国际研发资源与活动的聚集区域，可以集聚大量的高成长公司，带动周边地区经济的发展[7]。杜德斌于2005年提出“国际产业研发中心”(International manufacturing R&D hub)的概念，认为“国际产业研发中心”是指一个城市或地区集聚众多的跨国公司全球性和区域性的研发机构，因而成为世界新产品和新技术的创新源地[8]。此外，一些学者还提出了产业研发枢纽[9]、科技创新城市[10]、国际研发城市[11]等概念。这些概念侧重技术创新层面，强调企业的技术创新能力和创新氛围对区域技术发展和产业发展的影响，从严格意义上讲，与全球科技创新中心的内涵都存在一定差别，但在一定程度上反映出全球创新活动发展的新趋势及其空间集聚特征，对定义“全球科技创新中心”具有重要参考价值。

二、内涵界定

在前期研究成果的基础上，杜德斌较早提出了“全球科技创新中心”[12]这一概念，将其定义为科技创新资源密集、科技创新活动集中、科技创新实力雄厚、科技成果辐射范围广大，从而在全球价值链中发挥价值增值功能并占据领导和支配地位的城市或地区。简单地说，就是当一个城市的科技创新活动的影响波及全球，成为引领世界科技-产业范式变革的源头之时就成为“全球科技创新中心”[13]。在此基础上，对全球科技创新中心的内涵、功能、构成要素、组织结构以及空间特征、发展类型等进行了系统性探讨[14~15]，并从实践层面探讨了上海建设全球科技创新中心的战略路径[16~17]，最终形成关于全球科技

① 支配型被界定为全球排名居前的城市，枢纽型为在关键领域创新的挑战者城市，节点型则是在许多创新领域具有全球竞争力的城市，潜力型尚未具有全球竞争力，但正在向节点城市迈进。参见2thinknow. Innovation Cities™ Index. https://innovation-cities.com/reference/innovation-cities-indexes/indexes-all-years/。

创新中心的首部理论著作，较为全面地梳理和归纳了全球科技创新中心的功能内涵、构成要素、空间分布、发展模式等[18]。很快，“全球科技创新中心”这一概念被学术界广泛接受，更多的学者将研究视野投向全球科技创新中心的科学内涵和实践问题[19～21]。

全球科技创新中心是全球范围内少数能级最高的科技创新城市，是全球创新网络中的枢纽性节点城市。其内涵的核心是科学研究、技术开发和产业创新三者在某一地域空间上的有机结合，即它同时是知识创造、技术创新和产业创新的策源地。因此，全球科技创新中心仍是一个地理概念，是拥有特定的地域空间范围的城市或城市群，全球科技创新要素与科技创新成果在该区域的持续集聚和不断扩散是其显著的空间特质。正如《全球科技创新中心指数2020》所定义的，全球科技创新中心是科学中心、创新高地和创新生态融合发展的全球城市[22]。

全球科技创新中心要求该区域在全球创新网络上占据较高地位，在吸收全球创新资源的同时能进行科技创新的高效产出[23]。在全球创新网络这个巨大的流动空间里，全球科技创新中心是全球创新要素的集聚地和全球创新活动的空间载体和网络节点，其在网络中的能级与地位由地域化的“集聚力”来决定，其网络关系与辐射范围由国际流的“扩散力”来决定。在全球化力量作用下，与科技创新密切相关的人才、资金、信息等诸多要素日益聚集到少数地理位置优越、产业基础厚实、创新环境优良的地区，这些地区（城市）在全球创新网络中网络地位不断提升、网络关系日益密切，持续孵化产出重大科技成果，驱动新兴产业成长壮大，同时继续吸纳外部创新要素，并在科技、经济与文化等方面输出影响，所聚集的能量逐渐辐射全球，从而形成全球科技创新中心。

全球科技创新中心是全球创新网络中能级最高的科技创新城市[24]。在科技创新城市中，科学技术不单单是作为一种生产力要素存在，而是与劳动者、生产方式、生产对象等深度结合，科技创新向产业转化速度不断加快，产学研深度融合，成为以科技创新为核心功能，吸引并支撑先进制造、文化、教育、金融等多种功能的新型城市，在这种功能结构中，科技创新产生新知识新技术，从而催生新的产业部门，驱动产业结构转型升级。而当一个科技创新城市的科技创新活动的影响波及全球，成为引领世界科技产业范式变革的源头之时就成为“全球科技创新中心”。

第二节　全球科技创新中心的主要功能

科技创新包含了科学、技术和创新三个方面，这三者既有区别，又有联系。从社会活动来说，科技创新包含了科学研究、技术开发和产业创新三个过程。就其对社会的作用或功能来说，科技创新则指向经济、政治、文化、社会的各个领域。作为世界创新空间的极化区域，全球科技创新中心不仅是世界新知识、新技术、新产品和新产业的策源地，而且是世界先进文化和先进制度的引领者，是人类文明进步的主要推动者。全球科技创新中心的主要功能涵盖了科学研究、技术创新、产业驱动和文化引领四大领域。

一、科学研究功能

科学研究是指科研主体（主要是大学和科研机构）利用特定科研手段和装备，通过调查、实验、试制等一系列活动探寻和认识客观事物内在本质和运动规律，为创造发明新产品和新技术提供理论依据的过程。创新资源在空间上的高度集聚和产学研的高度一体化使全球科技创新中心往往成为世界上创新氛围最浓厚、创新生态最适宜的区域。这里的大学和科研机构不仅拥有全球顶尖科学家和国际一流科研团队，还拥有先进的科研基础设施、研究平台以及持续稳定的基础性投入，集人才培养与知识创新功能为一体，因此成为世界新知识和新思想产生的重要源地，是世界重要的科学研究中心。

全球科技创新中心作为世界科学研究的主阵地，具有如下典型特征。其一，科研实力强大，拥有一批划时代意义的科学成果；科研设施设备一流，在国际大科学项目中扮演重要角色。其二，高端人才汇聚，拥有全球顶尖的科研领军人物和国际一流水平的科研团队，且其领先的研究水平会持续吸引世界各地优秀人才云集，并形成良性循环。其三，具有良好的学术氛围，研究领域往往处于世界相关学科和技术领域的最高端，代表着科学研究的国际前沿，引领着当代科技或学科的发展，并不断衍生新的学科领域或方向。

二、技术创新功能

技术创新是指创新主体(主要是企业)在知识创新的基础上产生大量新技术,并通过产品创新、市场创新和管理创新带动世界产业变革的过程。全球科技创新中心作为各种技术创新要素集聚的高地,汇聚了全球智力、技术、人才、信息、资金等优质创新资源,在众多本地创新企业以及跨国公司的推动下,成为全球新技术、新产品、新产业的创新发展增长极。

全球科技创新中心作为全球技术创新的策源地,具有如下典型特征。其一,集聚了大量世界著名的科技企业和传统企业的技术研发中心,新创企业(Startups)和中小科技企业活跃。例如硅谷云集了7 000多家高新技术公司的总部,其中世界排名前100家高新技术公司总部有1/5集中在这里。其二,具有良好的创新创业文化氛围,吸引了世界各地的多样化的创新人才,包括具有创新精神的创业人才、专业的技术人才、创新管理人才和风险投资者等。其三,创新投入和产出高。拥有高额的创新投入规模(如研发经费投入规模和研发人员规模),同时具有相应较高的创新产出(如专利总量、高新技术产业产值),是众多新技术、新产品的发源地,世界产业变革的策源地。

三、产业驱动功能

产业驱动是指技术对产业发展和产业结构升级的推动作用。全球科技创新中心强大的知识生产和技术创新功能,决定了其在全球产业范式变革中的主导地位。驱动产业发展既是科技创新活动的出发点,也是科技创新活动的目的和归宿。

一则,科学研究和技术开发产生出的新知识、新技术能够催生新的产业部门,驱动产业结构转型升级。技术进步改变要素组合模式,导致分工深化、产业迂回度提高、中间环节增加、附加价值增大,不断形成新产品、新业态和新产业。在此过程中,不仅原有产业和产业部门被逐步分解,形成新的产业和产业部门,而且由于新产品、新工艺、新材料、新能源、新技术的出现,还会创造新的生产活动领域,形成新的产业部门。良好的科技、教育环境和适宜科技创新的文化、创新制度催生出大量的新创企业,推动着科技产业发展,使其成为世界新产业的策源地。

二则，新技术、新工艺能够改造传统产业，驱动产业组织模式的升级转型。新技术在创立新的产业和部门的同时，也必然要求对原有的产业和产业部门进行改造，赋予传统产业以新的内涵和面貌。新技术驱动传统产业转型的方式包括：用新的技术、工艺、装备改造原有产业，提高其技术水平，促进原有生产部门的产品结构升级和技术结构升级；通过促进企业的购并联合或建立企业战略联盟等组织创新手段提高产业整合度等，对传统产业进行组织结构升级；使用新技术转变管理模式，促进企业进行管理和体制的转型，对传统产业进行管理结构升级。

四、文化引领功能

作为时代先进生产范式的代表，全球科技创新中心对世界文化的形成有着引领、示范和塑造的作用。

首先，科技创新中心拥有最具包容力的创造性文化，其中隐含的人本主义理念赋予了这种文化以超强道德感召力，使这种文化成为具有某种时代性、进步性特征的先进文化。

其次，科技创新的灵魂在于科学文化，而科学文化构成了世界先进文化的基石与先导。科学的世界观、方法论形成了先进文化的基础框架，科学的创新理念、价值取向代表了先进文化的活跃前沿。科学总是不断开拓新的疆界，利用已知，创造新知。在此过程中，以科学的知识、方法、思想不断丰富完善人的世界观，并产生新的价值观念，绝对化、确定性逐步让位于相对性、不确定性，等级对立观念逐步为包容、对话所取代。另外，科学理论、科学知识的使用价值本身就蕴涵了强烈的人文关怀，科学家在实证求真的过程中表现出的思想情操和高尚人格，本身就是人文精神的瑰宝。

最后，科学技术不断塑造人类新的生产方式和生活方式，而实践的变革必然重构时代主流价值观。文化是人们在社会生产实践中逐步形成的知识体系、价值观念、生存方式等构成的观念形态的复合体，是历史过程的积淀。任何重大技术变革都会通过影响人类的生产和生活，塑造着代表那个时代的创新精神、商业理念和消费时尚，从而引导人类价值观的嬗变和思想体系的演

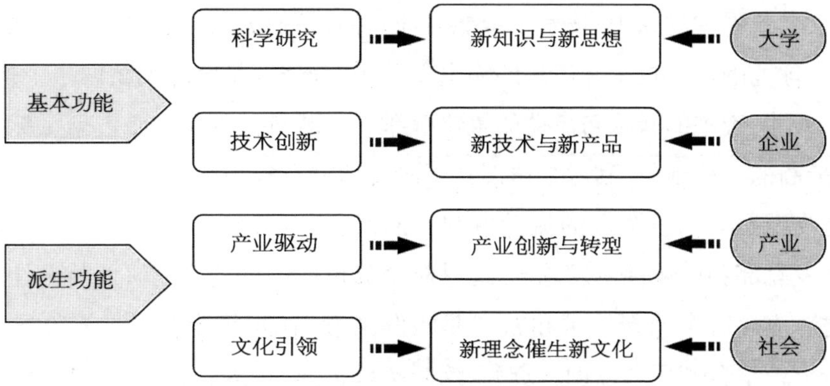

图 2.1　全球科技创新中心的功能

进。总之，全球科技创新中心通过在制度领域发展国家创新系统，在价值领域倡导求变精神，在生活领域满足人民不断增长的物质文化需要，从而深深地浸润和濡染人的心灵。

全球科技创新中心的四大功能具有由低级向高级不断推进和升华的内在逻辑关系。科学研究是技术创新的源头，技术创新促进产业变革和产业转型升级，文化引领则是科技进步和经济发展的必然结果。科学研究和技术创新是全球科技创新中心的两大基本功能，产业驱动和文化引领是全球科技创新中心的两大派生功能（图 2.1）。产业驱动功能是全球科技创新中心发展的根本目的，文化引领是科技和经济发展的最终结果，也是全球科技创新中心发展的最高境界。

第三节　全球科技创新中心的主要特征

目前世界上已有不少城市和区域具备全球科技创新中心的基本特征和功能，例如美国的硅谷、纽约，日本的东京，英国的伦敦等。根据以上定义及世界主要科技创新中心城市发展的实践，可以概括出全球科技创新中心的五个主要特征：功能支配性、结构层次性、空间集聚性、产业高端性和文化包容性。

一、功能支配性

全球科技创新中心是全球创新要素集聚最多、创新要素质量最高的城市，它不仅具备强大的知识、技术生产能力，同时具备强大的知识、技术输出能力。它向全球范围提供技术和产品的输出以及研发服务，是全球创新网络中技术、信息、人才、资本的联系与流动的重要枢纽。全球科技创新中心占据全球创新网络最高的结构地位，其对全球创新资源流动具有较强的引导、组织和控制能力，能支配全球创新资源的流动方向。同时，因为集聚了大量的跨国公司总部、研发总部和区域性研发总部，通过对全球价值链中的高端研发与设计环节的掌控，主导着全球新技术和新产业的发展方向，并且能够通过海外研发活动，全方位整合利用全球创新资源，控制全球资金、技术、人才和信息等创新要素流动方向，支配全球研发创新资源的空间配置格局。换言之，它不仅是“创新要素池”(resource pool)，而且还是创新要素流动的“控制阀”(controlling valve)。

二、结构层次性

全球科技创新中心因为汇聚众多高质量创新要素而成为创新能量巨大的“场源”，以各种创新要素流(资金流、技术流、信息流、人才流和物质流等)的流出与流入完成不同节点之间的能量交换，辐射和影响着全球市场。这些不同的场源之间存在一定的力量关系，从而造就了全球创新网络节点间的结构等级性。具体表现为不同等级的节点城市具有不同的支配地位，包括控制地位和从属地位。处于控制地位的节点城市，具有较高的创新能级，对外科技辐射范围广，创新要素输出规模大于流入规模；处于从属地位的节点城市，创新能级相对较低，对外科技辐射范围有限，创新要素输出规模小于要素流入规模。在功能上，高等级与低等级全球科技创新中心之间存在一定的分工。如在信息产业领域，全球许多不同城市之间具有明确的分工，美国硅谷掌握着信息产业的核心技术和标准，控制着产业链上游的芯片设计，而中国台湾、印度的班加罗尔等则掌握着产业中游的技术，承担着芯片制造的代工以及软件产业上游产品分解后的子模块开发和独立的嵌入式软件开发等技术。

三、空间集聚性

空间集聚性特征包括城市和区域两个层面的含义。在城市层面上，科技企业、大学与科研机构的空间分布具有群聚的倾向，往往在城市内部特定区域形成创新机构相对集中的创新集群。因受技术和知识溢出的地理邻近性规律支配，创新企业和机构倾向于以集群的形式存在，特别是具有产业关联性的上下游企业，创新活动的集群倾向更加明显。在各种创新主体中，大学特别是研究型大学处于科技创新的源头，是创新创业人才的摇篮。因此，许多城市的创新产业集群都是以大学为核心发展起来的，如美国硅谷、研究三角园区，中国北京中关村，等等。

在区域层面上，存在多个科技创新城市彼此共生、腹地交互重叠的现象。科技创新中心的空间成长条件与国际金融中心具有较大差别。金融中心在区域上具有一定排他性，而科技创新中心在空间上往往具有共生性，同一区域内可能形成多个科技创新中心，相互之间存在着某种良性的互动和学习关系。例如，美国《连线》杂志 2000 年评出的 46 个全球技术创新中心中，仅在西欧和北欧就集中了 16 个，北美集中了 14 个，其中美国东北部和五大湖地区 5 个，西海岸 4 个。

四、产业高端性

全球科技创新中心的技术先进性决定了其产业形态“高端化”和产业结构“高新化”的特征。

其一，产业形态的“高端化”，指通过技术革新，推动传统产业升级，使产业处于价值链高端，具有高附加值的特征。从产业链的角度来看，科技创新中心以高智力人力资本要素参与国际分工或全球分工，在全球分工体系中占据以高科技、高附加值、高智力密集性为特征的产业链“高端”节点。这些产业的高智力投入、易保密、难模仿的技术优势以及低竞争性的市场结构，造就了这些环节的高附加值和报酬递增的特征。例如德国从工业 1.0 到工业 4.0 的演进过程中，依靠技术革新，不断推动制造业去低端化，保持着高端制造业竞争优势，始终盘踞在制造业产业链中的高附加值环节。

其二，产业结构的“高新化”，指城市不断催生出新产业、新业态、新模式，推动产业结构不断优化升级，从低附加值产业向高附加值产业方向演进，始终以技术(知识)密集型的高新技术产业为主导。例如作为全球技术创新活跃区的硅谷，其产业发展一直围绕高新技术产业推进，从 20 世纪 50—60 年代的国防工业，60—70 年代的集成电路（IC）产业，70—90 年代的个人电脑产业，90 年代至 21 世纪初的网络和移动互联网产业，再到近年来异军突起的生物医药产业、新能源产业、人工智能产业等，始终以高新技术产业主导和引领全球产业结构的变革。

五、文化包容性

创新的原始动力不仅是科技，更来自文化。文化是孕育科技创新中心的母体，真正具有创新力的城市一定具有深厚的文化土壤，具有开放性、包容性和高度信任的文化特质。从美国的硅谷、纽约，中国的深圳，以色列的特拉维夫等创新城市的发展经验来看，它们均具有宽容失败、崇尚冒险、包容异质思维、激励草根精神的创新创业文化氛围，“人人创新”“草根创业”成为区域发展最为重要的文化基因。硅谷具有典型的包容性文化氛围，一方面体现在文化的多元性和对异己的包容，吸纳了来自全球不同文化背景的多样化人才与精英；另一方面体现在对失败的宽容，最大限度地尊重人、激发人的创新激情与活力，从而促进初创公司持续繁衍和高水平创新成果不断涌现。

第四节　全球科技创新中心的构成要素

全球科技创新中心本质上是多要素组成的区域创新系统。区域创新系统思想最早见于弗里曼（C. Freeman）的国家创新系统理论。弗里曼将国家创新系统分解为政府政策、企业研发活动、教育与培训以及产业结构四个构成要素，并特别强调企业集团在技术创新中的作用[25]。此后，其他学者也提出一些类似的国家创新系统模型。如纳尔逊（R. R. Nelson）认为国家创新系统包括制度、技术行为、大学和研究机构、政府机构四种要素[26]；伦德瓦尔（B-Å Lundvall）和帕特尔（P. Patel）提出的区域创新体系基本由企业、大学科研机构、教育部门及政府部门构成[27~28]。库克（P. Cook）把国家创新系统概念泛化为一般区域创新系统，指出区域创新系统主要是由在地理上相互分工与关联的生产企业、研究机构和高等教育机构等构成的区域性组织体系[29]。魏格

(H. Wiig)等在探讨区域创新系统的概念时,认为广义的区域创新系统应包括生产企业群、教育机构、研究机构、政府机构和服务机构[30]。埃茨科瓦茨(H. Etzkowit)和莱兹多夫(L. Leydesdorf)提出三螺旋理论(Triple Helix Model),用来分析在知识经济时代政府、产业和大学之间的新型互动关系,为区域创新系统结构研究提供了一个方法论意义上的有效工具[31]。

近年来,不少学者从生态学的视角探讨了城市和区域创新问题,创新生态系统的概念逐渐兴起。从目前的研究来看,创新生态系统的内部各子系统的划分并没有形成统一的结论,从最早将创新生态系统区分为创新主体和创新环境的"二分法"到"产业、高校、政府"创新组织结构三螺旋创新模式,再到四螺旋创新模式[32~33],甚至五螺旋创新模式[34],但从具体指标内涵上仍主要围绕创新主体(创新群落)、创新环境(创新条件)、创新资源三个方面[35]。创新系统的复杂性决定了单一要素并不能有效地促进知识增长与效率提升,联合互动、协同发展才是创新的必然。只有平衡发展、协同共生的系统生态,才能实现创新发展的最大化成效。创新生态系统描述的是一种状态,即新兴的区域产业集群已经形成了创新的"栖息地",主导产业以及相关的配套产业、支撑服务机构等不同主体、不同要素之间相互依赖、共生演进,就如同一个有机联系的生态系统[36]。创新生态系统概念的提出体现了创新研究范式的转变,即由关注系统中要素的构成向关注要素之间、系统与环境间的动态过程转变[37]。创新生态系统是指一个区间内各种创新群落之间及与创新环境之间,通过物质流、能量流、信息流的联结传导,形成共生竞合、动态演化的开放、复杂系统,具有多样共生性、自组织演化、开放式协同三个主要特征[38]。创新生态系统概念具有从国家、区域、城市到产业、企业的不同尺度的含义[39]。全球科技创新中心正是在城市或者区域尺度的创新生态系统,甚至可以说,创新生态系统的成熟程度决定着科技创新中心的发展高度。而重要的全球科技创新中心必定拥有热带雨林式成熟创新生态系统。全球科技创新中心并非一般的区域创新系统,而是一种进化到顶极状态的区域创新生态系统,它是多个因子共同作用、多层面相互叠置形成的结果。

从城市和区域创新生态系统来考察,全球科技创新中心的组成要素可归纳为三个要素层次,即核心层次、主体层次和支撑层次。核心层次是人才,属于最高层次的要素，它渗透到其他各个要素之中，是全球科技创新中心形成的关键要素。主体层次包括大学、企业和政府等三个要素，全球科技创新中心的形成需要若干世界一流大学的支撑，需要一批科技“引擎”企业的引领，需要一个奋发有为的政府的推动。支撑层次由影响科技创新中心发展的各种环境要素构成，主要包括创新文化、创新资本、创新基础设施和专业服务等(图 2.2)。

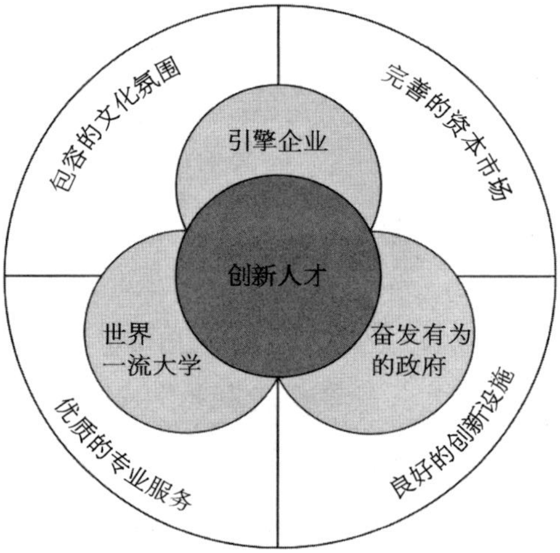

图 2.2 全球科技创新中心形成的要素构成体系

一、核心要素：人才

人才特别是高素质科技创新创业人才是全球科技创新中心形成的核心和关键，而其他创新主体要素和创新环境要素的功能都是以人才要素为核心展开的。人才作为科技创新活动的唯一执行者，始终贯穿于创新活动的全过程，直接参与新知识、新技术以及新产品创造过程中的每个环节。从具体类型看，人才包括一流的科学家和工程师、具有创业精神的企业家、创新资本投资者以及创新管理人才等，他们嵌入各类创新主体要素中，在创新系统中扮演着不同的角色、发挥不同的功能，从而推动城市科技创新活动的发展。其中，具有企业家精神的人才，即企业家，是创新战略的决策者、创新过程的管理者、创新风险的承担者和创新要素的组织者，在各种创新人才中居于核心和统帅地位。

科技创新活动是一项复杂性、专业性、系统性、有组织、有方法、有目标的高级智力活动。因此,全球科技创新中心人口构成的一个共同特征是高学历化。例如,2021 年,硅谷地区的旧金山市成人中,拥有学士学位的人口比例高达 35.1%,拥有研究生学历的比例达 24.1%;圣克拉拉县和圣马特奥县(即狭义的硅谷)成人中,拥有学士学位的人口比例达 28.2%,拥有研究生学历的比例达 25.2%;而美国全国成人中,拥有学士学位的人口比例只有 20.3%,拥有研究生学历的比例只有 12.8%[①]。这些高学历的人才绝大部分由本地大学供给,但也有大量来自海外的优秀人才,而且科技创新中心的能级越高,海外人才的比例越高。全球科技创新中心本质上也是全球人才集聚的中心。

二、主体要素:企业、大学与政府

创新主体是创新要素的组织体,在创新过程中发挥着决策、管理和平台功能。在区域创新理论中,库克的区域性组织体系与埃茨科瓦茨的三螺旋结构,都强调了企业、大学与政府三者的交互关系及其对区域创新系统的推动作用,因此,这三个要素可以称为全球科技创新中心形成和发展的驱动要素。

企业是科技创新的主体,是促进创新价值实现的关键。其中,科技引擎企业是科技创新中心形成的核心力量,对整个城市的科技创新活动具有带动和组织作用。当然,引擎企业的出现是以大量中小企业的存在为前提的。一个城市的创新活力主要来自大量中小企业的集聚,但只有从中小企业中成长出若干或一批世界级的引擎企业才是全球科技创新中心形成的标志。如果一个城市没有标志性的科技引擎企业,就不可能成为全球科技创新中心。引擎企业不仅集中了某一行业绝大部分的研发投入和产出,带动产业链上下游企业和相关配套产业或产业集群的发展,而且还是全球科技产业发展的风向标。引擎企业还是技术的"溢出"者,许多新技术和新企业的诞生都是来自它的"溢出"效应。甄别科技引擎企业有多种标准,如依据专家打分、投资者评价等。福布斯(Forbes)通过构建"创新溢价指数"(innovation premium),评定出"全球创新企业百强"(The World's Most Innovative Companies 2018)[②]。在这份

① 2023 Silicon Valley Index. https://jointventure.org/images/stories/pdf/index2023.pdf.

② The World's Most Innovative Companies 2018 Ranking. https://www.forbes.com/innovative-companies/list/2/#tab:rank.

榜单中，美国共有 51 家企业上榜，其中，硅谷拥有其中 14 家全球创新百强企业，且占据了前 10 强中的 8 个席位。此外，全球科技创新中心还是新创企业(Startups)的集聚地，并具有良好的新创企业生态系统。据《Kaufman 指数 2017》，新创企业活跃度最高的城市中，迈阿密、奥斯汀、洛杉矶、圣迭戈等也具有较高的科技创新活跃度，纽约、旧金山-圣何塞等全球科技创新中心顶级城市，新创企业活跃度也均在前 15 名内①。新创企业活跃度最高的美国城市，基本都是全球科技创新中心城市，在 2017—2022 年的全球新创企业生态系统排名中，硅谷、纽约、波士顿、洛杉矶、西雅图均入围前 10 强，连同华盛顿特区、圣迭戈、芝加哥，共有 8 个美国城市全球新创企业生态系统 20 强②。

大学，特别是世界一流大学，是人才培养的摇篮和科学研究特别是基础研究的主阵地，是城市创新氛围的塑造者。自 20 世纪 30 年代斯坦福大学的特曼(F. E. Terman)教授把创新引入大学以来，现代大学在技术实践和技术商业化方面发挥着重要作用，大学与产业界的联系日益紧密，创新和创业成为研究型大学的新使命。作为现代知识经济中基础知识和产业相关技术的重要源头，大学在创新过程中的地位有较快的提升，已成为国家、区域创新系统中影响创新形成、发展和扩散的关键机构性因素[40]。在全球科技创新中心的形成和发展中，世界一流大学具有科学研究、人才培养与集聚以及创业培育三大基本功能。人才培养是大学最基本的功能，如果把企业比作科技创新的发动机，大学就是发动机燃料的供应者。从全球范围来看，全球科技创新中心的形成往往离不开世界一流大学的支撑。世界一流大学的价值不仅仅在于创造新的知识或通过发明带来影响，还在于能够培养新一代的研究者与发明家，积累大量创新创业人才，同时凭借其领先的科研水平，吸引世界各地优秀人才的云集，并形成良性循环。

作为城市和区域发展中的能动性要素，政府是创新的直接投入者、创新发展蓝图的规划制者、创新政策和法律法规的制定者。在全球科技创新中的形

① 2017 The Kauffman Index Startup Activity: Metropolitan Area and City Trends. https://www.kauffman.org/wp-content/uploads/2019/09/2017_Kauffman_Index_startup_Activity_Metro_Report_Final.pdf.

② Key Insights from #GSER2022. https://startupgenome.com/report/gser2022.

成与发展过程中，政府的积极参与往往能在很大程度上决定城市未来的发展方向。在三螺旋模型中，政府是拥有优先特权的核心主体，对城市外部环境、内部要素以及产业研发活动本身都能产生重大影响，不仅主导着产业与大学之间的合作，为二者牵线搭桥，同时还提供相应的政策支持与协调引导。因此，它在全球科技创新中心的发展中扮演着宏观管理者和利益平衡者的角色。

全球科技创新中心是企业、大学、政府三者共同驱动的结果，三者的互动模式既不是单一的由政府主导的自上至下的改革，也不是自下至上的大学和企业的自发行为，而是一种三者彼此协同合作行为，它能使创新资源更有效地在各个主体之间流动，从而加速创新过程，提高创新效能。仅仅拥有硅谷的基本要素并不意味着就能创造出该地区的创新活力。事实证明，那种简单将创新要素规划在一起，认为“科学园区＋引进企业＋几所大学＝硅谷”的观念是十分肤浅的。创新要素仅仅在地理上集中而缺乏有效的互动机制，很难发挥“1＋1＋1＞3”的集聚效应而形成创新持续动力。从世界著名科技创新中心的形成与发展经验来看，企业、大学与政府作为区域创新系统中的创新主体，分别扮演着不同的角色，发挥着不同的功能作用，而这种功能作用的发挥取决于它们之间的良性互动过程，各主体彼此之间都存在相互依赖、协同发展的关系。

三、环境要素：文化、资本、设施及服务

创新环境要素构成了整个城市和区域创新活动的背景，是全球科技创新中心形成和发展的支撑。创新环境是创新高效运行的保证，它的作用通过对企业、大学和政府的影响而体现出来。创新环境涉及保证创新运行的各个方面，其中创新文化、创新资本市场、创新基础设施和创新专业服务尤为重要。

包容、开放的创新文化与科技创新活动是“鱼水关系”。科技创新是人运用智慧的创造性思维过程，且最终结果极具风险与不确定性。这就需要包容、开放的文化充分释放人的能动性，并给予人不断“试错”的机会。在这样的文化氛围中，科技创新与创业类的人才、企业和研究机构等才有更广阔的成长空间。

资本与劳动力是传统生产活动的核心要素，但是科技创新活动有其特殊

性，它更依赖于智力投资，因此，人才是核心要素，一般资本的重要性被弱化。或者说，对于科技创新与创业而言，一般资本无法满足其真实需求。而风险资本是知识资本和金融资本的结合，新思想、新点子的市场化和初创企业的成长需要风险资本或风险资本家的催化和引导。健全的风险资本市场更是全球科技创新中心形成的重要标志之一。

创新基础设施包含一切服务于科技创新活动的基础设施，如大型研究实验基地和科学仪器设备等科技基础设施，以及城市绿化、机场和城市通勤交通等公共基础设施等。创新基础设施不仅为科技创新活动提供必要的物质条件，而且还能通过人才汇聚效应推动科技创新中心的形成和发展。创新基础设施一般具有投资大、回报周期长和经济外部性等特点，这些特点决定了它应由政府主导规划和建设。

科技创新活动内生于专业化生产和分工深化过程之中，且受益于其他专业性服务的支撑。生产性服务业，如市场、管理、人力、财务、法律等咨询业和金融业是一般性生产活动都需要的，科技创新活动也不例外。而一些中介服务则是专属于开展科技创新活动的，包含高科技产业孵化器、创新服务平台等多种类型，它们可提供有关科技创新的全方位服务，对科技创新发展具有重要的推动作用。

当然，推动全球科技创新中心形成和发展的环境要素还包括许多方面，如规范的制度环境、完善的法制环境、怡人的生活环境等。全球科技创新中心的形成与发展是多类型科技创新要素共同作用的复杂过程，科技创新中心的成长更取决于各种创新环境要素共同形成的创新生态系统。

四、创新要素之间的系统关系

创新生态系统作为由多子系统融合交汇的复杂系统，彼此相互作用、动态协调是系统稳定可持续发展的关键[41]。与自然界的生态系统一样，位于区域或城市创新生态系统内的企业与其他的主体要素相互联系、相互制约，每一个主体都有其特定的位置与功能，并与其他主体建立了密切的联系。企业、大学、科研机构、中介机构和政府就是生物物种，而企业群、大学群以及由此形成的产业集群和创新集群就是生物种群，区域或城市创新系统的运行机理则主要体现在多样性、营养物质、主体间要素关联、新陈代谢、环境支撑和能量转换上[42]。鉴于全球科技创新中心往往拥有最为强大的科技创新功能，可以说，它是创新生态系统最为突出、最为活跃的系统平台和空间载体。从创新生态系统的视角，创新人才、创新驱动、创新环境三个要素系统对城市科技创新能力的贡献不仅仅是线性的作用，每一个要素系统的增强和优化会在一定程度上提升城市的科技创新功能，但是科技创新功能的强化不只是单个系统要素增强的结果，更不是几个要素系统的简单叠加，而是各个要素系统之间如同生态环境中物种之间、物种与环境之间一样交互协调的结果（图 2.3）[43]。

创新人才子系统，作为系统内各行各业经济社会活动的核心，维持着大学、企业、政府以及各类科技中介机构、专业服务机构的有效运行，这是全球科技创新中心的基底和本源；创新主体子系统，作为创新活动的主要承担者、参与者和保障者，企业、大学、政府以及集群是构建创新生态系统的核心驱动力量，是全球科技创新中心的主体和动力；创新环境子系统，作为创新主体和创新活动的平台和土壤，为创新提供阳光、水分和能量，是全球科技创新中心的支撑和保障。创新人才、创新主体、创新环境三个要素系统之间的耦合关系主要表现在：创新人才系统是推进城市科技创新的核心力量，是科技创新活动的直接执行者和服务者，创新主体要素和创新环境要素都必须以创新人才要

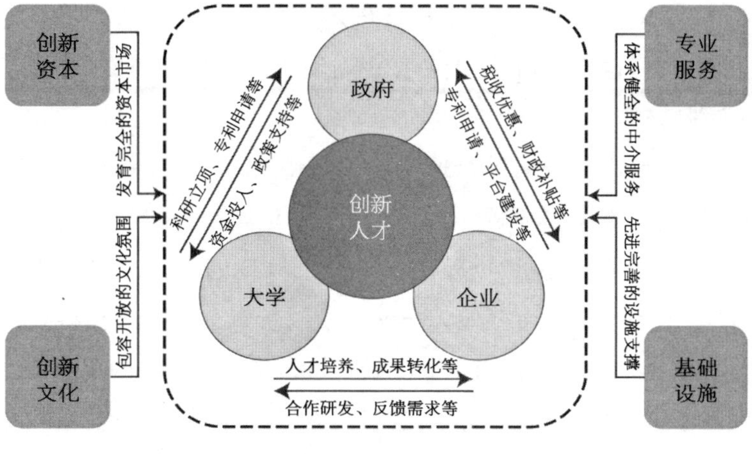

图 2.3　全球科技创新中心的创新生态系统构成

资料来源：参考文献[43]。

素为基础才能发挥功能；创新主体要素系统主导了科技创新，是创新人才系统发挥作用的场所，也是城市科技创新力的直接载体，同时系统内的科研机构及大学也为城市不断培养优质人才，并且其中政府的因素也是创新环境的维护者和创新氛围的塑造者；创新环境要素系统构成了整个城市创新活动的背景，支撑了创新人才要素系统和创新主体要素系统的上升。物质循环和能量流动在系统之间不断进行，保证系统及其内部生命体的持续成长，促进创新系统不断进化和健康发展，表现出创新主体的成长、创新成果的输出和创新能力的提高。

第五节　全球科技创新中心的测度与评价

一、全球科技创新中心的测度

如前所述，科技创新城市具有三个基本特征：① 科技产业成为主导产业；② 科技产业的基本部分大于非基本部分；③ 科技创新在城市经济活动非基本部分中占重要地位。这三个基本特征构成了判定一个城市是否为科技创新城市的必要条件，如果一个城市科技产业的基本部分大于非基本部分，科技创新产业已经成为第三大产业（主导产业），城市经济增长的驱动力有 50%来自科技创新，则可以认为该城市具备了科技创新的功能个性和基本特征。判别一个城市是否为科技创新城市，以及科技创新城市处于何种等级，有利于把握城市发展的阶段特征[10]。

要测度一个城市是否属于全球科技创新中心，可以从该城市科技创新活动的能量和流量两方面来判断。能量反映的是该城市科技创新活动的产出情况及其在世界上的地位；流量反映的是该城市科技创新产出服务范围的大小及影响程度。因为一个城市要成为全球科技创新中心，首先，其科技产出必须达到一定规模，并在世界上占有一席之地；其次，其科技活动的服务范围必须超越国界、服务全球市场。为简便起见，这里用城市科技创新国际影响指数来测度一个城市科技创新能量，用科技创新国际辐射指数来测度城市科技创新流量。

城市科技创新国际影响指数是指某个城市科技创新活动产品产出规模在

国际上的影响力和认知度，可以用一个城市的科技产出量占世界主要科技创新中心的科技创新产出平均值的相对值来测度：

$$Y=X/\mathrm{mean}(Z)$$

$$\mathrm{mean}(Z)=\frac{1}{n}\sum_{i=1}^{n}Z_i$$

式中：Y 代表某个城市科技创新活动的国际影响指数，X 为该城市科技产出量，mean(Z)为世界 n 个主要城市的科技创出量的平均值。科技产出指标 X、Z 可以用 PCT 专利注册量、国际论文发表量或其他国际间可比较的科技产出指标（如高技术产品出口值、对外技术贸易额等）加权求和计算。$Y>1$ 说明该城市科技创新活动的产出量达到世界主要科技创新中心城市的平均水平，值越大，说明该城市科技创新产出能力和影响力越强。

科技创新国际辐射指数是指一个城市的科技创新产品国际输出规模在全球科技创新活动中的控制力和竞争力。城市科技创新活动产品的对外输出规模和能力反映了城市科技创新功能在基本部分中的地位和作用，包括物质（各类高新技术产品）与非物质（各种科技开发、转让、咨询和服务）两个方面，可以用如下公式计算：

$$T=P/\mathrm{mean}(Q)$$

$$\mathrm{mean}(Q)=\frac{1}{n}\sum_{i=1}^{n}Q_i$$

式中：T 代表某城市科技创新产品国际辐射指数，P 为该城市科技产品对外输出值或国际合作量，mean(Q)为世界 n 个主要城市的科技创新产品的对外输出值或国际合作量 Q_i 的平均值。城市科技创新产品的对外输出值或国际合作量 P、Q_i 可以用高新技术产品出口额、国际技术转让额、PCT 专利国际合作量、国际论文国际合作量等复合指标加权求和测度。当 $T>1$ 说明该城市科技创新活动的国际辐射影响达到世界主要科技创新中心城市的平均水平，值越大，说明该城市科技创新的国际辐射能力越强。

一个城市是否成为全球科技创新中心需要同时满足以上两个指标的基本门槛值，即国际影响指数 $Y>1$，且国际辐射指数 $T>1$。一个城市的科技产出量、科技产品对外输出量或国际合作量通常是指该城市的总量。对某些高度专业化的科技创新城市而言，其科技产出总量和出口总量不一定超过世界主要城市的平均值，但某行业的科技创新在世界上可能具有重要影响，这样的城市可以用某行业的科技产出总量和对外输出量与世界主要城市同行业科技产出和输出量进行比较。然而，理论上对科技创新城市功能内涵的界定以及对全球科技创新中心的测度，目前在宏观层面上学界对科技创新城市的判定并没有统一的标准，绝大多数的学术论文和相关研究中对实证样本的选取都缺少对全球科技创新中心测度的甄别依据。目前比较通行的科技创新城市评价指数，在遴选样本城市时也大都没有划定科技创新城市的选取条件和筛选标准。在现有全球科技创新中心城市的具体评价实践中，受限于各国各地统计口径和统计范畴的差异，判别并甄选全球性科技创新中心同样存在一定难度，现实中更多地依据实际经验和已有的相关城市评价结果并依据行政区划边界来选择样本城市和区域。

二、全球科技创新中心的评价

如果说全球科技创新中心的测度是为了解决全球科技创新中心的判定标准问题，那么，全球科技创新中心的评价则是为了解决全球科技创新中心的能级比较问题。目前，国际上已有多家机构发布与全球科技创新中心有关的评估报告，如世界知识产权组织（WIPO）的《全球创新指数》、澳大利亚智库研究机构 2thinknow 的《城市创新指数》（*Innovation City Index*）、日本森纪念财团城市战略研究院的《全球城市实力指数》（*Global Power City Index*）、普华永道的《机遇之都》（*Cities of Opportunity*）、俄罗斯国家高等经济大学的《全球城市创新指数 2020》（*Global Cities Innovation Index 2020*，GCII）、清华大学和 *Nature Research* 的《国际科技创新中心指数》等。这些报告均通过建立指标体系对全球范围内主要城市的创新能力进行评估，从不同侧面刻画了全球科技创新中心的发展态势。但这些评估报告所设计的评估体系均没有很好地反映出全球科技创新中心的本质特征。如 2thinknow 的《城市创新指数》所设计的文化资产、人力与基础设施、网络化市场三个一级指标虽然涵盖了 162 个二级指标（表），但主要侧重评估城市的基础设计环境，尤其是城市文化环境，既没有反映城市科技创新能力指标，也没有反映城市科技创新全球影响力的指标。日本森纪念财团的《全球实力城市指数》关于城市创新的评价仅体现在“研发”维度，且重在评估城市科学研究和技术创新产出能力。WIPO 的《全球创新指数》仅依据 PCT 专利申请和科学论文发表两个指标，并不能真实反映城市科技创新能力，尤其是无法反映城市间不同产业的差异。清华大学和 Nature Research《国际科技创新中心指数》从科学研究、技术创新和创新环境三个维度评价了全球主要城市的创新能力，但缺乏对实体经济支撑的产业创新维度的考量，尤其是缺乏有关科技创新引领传统产业转型升级的评价指标。

全球科技创新中心是全球创新要素的聚集地和全球创新网络的核心枢纽，是由创新人才、创新主体和创新环境三要素构成的顶级城市或区域创新生态系统。除科学研究和技术创新这两大基本功能外，全球科技创新中心还具有产业驱动和文化引领这两大派生功能，其中尤其强调实体经济支撑的产业形态“高端化”和产业结构“高新化”。从全球科技创新中心的构成要素和核心功能来看，全球科技创新中心具有以下 5 个本质特征：

一是全球科技创新中心是创新资源的世界配置中枢，具有创新要素全球集聚力。配置全球创新资源是全球科技创新中心的基础优势，也是体现全球科技创新中心影响力和控制力的基本面。全球科技创新中心作为全球创新网络的核心枢纽，其典型特征就是具有强大的全球创新资源配置能力，各类型高层次科技创新人才、多渠道大规模创新投资和风险资本在此汇聚。

二是全球科技创新中心是基础研究的世界前沿阵地，具有科学研究全球引领力。科学研究是全球科技创新中心的基本功能。全球科技创新中心作为世界科学研究的主阵地，其典型特征就是拥有一批聚焦开展前沿科学基础研究的世界一流大学和科研机构，从而引领当代科技或学科的发展，并不断衍生新的学科领域或方向。

三是全球科技创新中心是前沿科技的世界生产源地，具有技术创新全球策源力。技术创新是全球科技创新中心成长的关键动力。全球科技创新中心作为世界技术创新的策源地，其典型特征就是集聚了大量世界顶级的科技企业和企业研发中心，持续涌现大批具有国际影响力的科技成果，是世界新技术、新产品的发源地。

四是全球科技创新中心是产业创新的世界战略高地，具有产业变革全球驱动力。全球科技创新中心的技术先进性决定了其产业形态“高端化”和产业结构“高新化”的特征。全球科技创新中心作为世界产业变革的主导地，其典型特征就是不断涌现新的企业、新兴产业和新型业态，以及传统产业的产品结构、技术结构、组织结构等不断转型升级，既是世界新产业的发源地，也是世界传统产业转型升级的样本地。

五是全球科技创新中心是创新生态的世界示范中心，具有创新环境全球支撑力。完善的创新环境支撑是全球科技创新中心形成的基础条件。作为时代先进生产范式的代表，全球科技创新中心对世界创新生态的形成有着引领、示范和塑造的作用，其成长基础要求城市具有雄厚的经济实力基础、优越的创新文化环境和高端科学交流平台等。

从上述 5 个特征出发，杜德斌等从创新要素全球集聚力、科学研究全球引领力、技术创新全球策源力、产业变革全球控制力和创新环境全球支撑力 5 个维度，构建了包括 14 个二级指标和 33 个三级指标的全球科技中心评估指标体系（表 2.2），对全球 130 个城市的科技创新发展水平进行科学测度，形成《全球科技创新中心发展指数 2022》（*Global S&T Innovation Center Index 2022*，GSTICI2022）[①]。33 个三级指标包括顶尖科技奖获得者人数（诺贝尔奖、菲尔兹奖、沃尔夫数学奖、普利兹克奖）、高被引科学家人数、研发人员规模、研发投入规模、外商研发投资、全球风险资本吸收量、世界一流高校数量、世界一流研究机构数量、国际权威论文发表量、高被引论文发表量、国际权威论文引用量、科学论文国际合作量、高被引论文国际引用量、全球知名研发企业数量、最具创新性企业数量、PCT 专利公布量、技术出口规模、知识产权贸易额、科技企业贸易额、PCT 专利国际合作量、前沿产业知名企业数量及销售额、传统产业知名企业数量及销售额、独角兽公司数量、城市（地区）生产总值、对外研发投资、国际航空客运量、宽带连接速度、国际化程度、全球顶尖科技期刊数量、国际科学组织总部数量、国际权威学术会议举办次数。评估结果显示，美

① 全球科技创新中心发展指数 2022.https://www.gisthinktank.com//upload/GSTICI2022.pdf。

国领跑全球科技创新中心建设，综合排名前100的全球科技创新中心，美国独占26席，更有13个进入前30强，旧金山-圣何塞是全球最为顶尖的全球科技创新中心；中国有20个城市进入全球综合前100，有5个城市进入前30，均仅次于美国。

表2.2 全球科技创新中心发展指数2022(GSTICI2022)评价指标体系

一级指标	一级指标权重	二级指标	二级指标权重	三级指标
创新要素全球集聚力	20%	顶尖创新人才	10.0%	顶尖科技奖获得者人数
				高被引科学家人数
				研发人员规模
		全球创新资金	10.0%	研发投入规模
				外商研发投资
				全球风险资本吸收量
科学研究全球引领力	20%	顶尖科研主体	8.0%	世界一流高校数量
				世界一流研究机构数量
		权威科研产出	6.5%	国际权威论文发表量
				高被引论文发表量
		国际科学合作	5.5%	国际权威论文引用量
				科学论文国际合作量
				高被引论文国际引用量
技术创新全球策源力	20%	创新引擎企业	7.0%	全球知名研发企业数量
				最具创新性企业数量
		前沿科技产出	10.5%	PCT专利公布量
				技术出口规模
				知识产权贸易额
				科技企业出口额
		国际技术合作	2.5%	PCT专利国际合作量

续 表

一级指标	一级指标权重	二级指标	二级指标权重	三级指标
产业变革全球控制力	20%	前沿产业发展	8.0%	前沿产业知名企业数量
				前沿产业知名企业销售额
		传统产业转型	7.0%	传统产业知名企业数量
				传统产业知名企业销售额
		创新创业活力	5.0%	独角兽公司数量
创新环境全球支撑力	20%	经济实力基础	7.0%	城市(地区)生产总值
				对外研发投资
		社会文化环境	6.0%	国际航空客运量
				宽带连接速度
				国际化程度
		学术交流平台	7.0%	全球顶尖科技期刊数量
				国际科学组织总部数量
				国际权威学术会议举办次数

资料来源：全球科技创新发展指数 2022.https://www.gisthinktank.com//upload/GSTICI2022.pdf。

参考文献

[1] 贝尔纳.历史上的科学.伍况甫、彭家礼，译.北京：科学出版社，1959.

[2] 汤浅光朝.科学活动中心的转移.赵红洲，译.科学与哲学(研究资料)，1979，2：53-73.

[3] 刘鹤玲.世界科学活动中心转移的综合环境分析.中国软科学，1998，6：52-57.

[4] 冯烨，梁立明.世界科学中心转移的时空特征及学科层次析因(上).科学学与科学技术管理，2000，21(5)：4-8.

[5] 黄新亮.世界科技中心转移的三大动力机制探讨.经济地理，2006，26(3)：434-437.

[6] 联合国开发计划署.2001 年人类发展报告：让技术为人类发展服务.北京：中国财政经济出版社，2001.

[7] 黄鲁成，李阳.国际 R&D 中心与北京的现状分析.科学学与科学技术管理，2004，7：12-16.

[8] 杜德斌，张仁开，祝影，等.上海创建国际产业研发中心的战略研究.科学学与科学技术管理，2005，26(4)：23-29.

[9] 王铮,杨念,何琼,等.IT产业研发枢纽形成条件研究及其应用.地理研究,2007,26(4):651-661.
[10] 胡晓辉,杜德斌.科技创新城市的功能内涵、评价体系及判定标准.经济地理,2011,31(10):1625-1629,1650.
[11] 黄亮,王馨竹,杜德斌,等.国际研发城市:概念、特征与功能内涵.城市发展研究,2014,21(2):29-34.
[12] 杜德斌.上海建设全球科技创新中心的路线图及实施建议.上海综合经济,2014,9:1-10.
[13] 杜德斌.上海建设全球科技创新中心的战略路径.科学发展,2015,1:93-97.
[14] 杜德斌,段德忠.全球科技创新中心的空间分布、发展类型及演化趋势.上海城市规划,2015,2:76-81.
[15] 杜德斌,何舜辉.全球科技创新中心的内涵、功能与组织结构.中国科技论坛,2016,2:10-15.
[16] 杜德斌.上海建设全球科技创新中心的战略思考.上海城市规划,2015,2:17-20、59.
[17] 杜德斌.对加快建成全球有影响力科技创新中心建设的思考.红旗文稿,2015,12:25-27.
[18] 杜德斌.全球科技创新中心:动力与模式.上海:上海人民出版社,2015.
[19] 李嫒.全球科技创新中心的内涵、特征与实现路径.未来与发展,2015,9:2-6.
[20] 张士运,王健,庞立艳,等.科技创新中心的功能与评价研究.世界科技研究与发展,2018,40(1):61-70.
[21] 安璐.全球科技创新中心:内涵、要素与发展方向.学术前沿,2020,6:6-15.
[22] 清华大学产业发展与环境治理研究中心,Nature Research Custom Media.全球科技创新中心指数2020.http://www.naturechina.com/public/upload/pdf/2020/12/28/5fe9970585552.pdf,2020-12-28.
[23] 邓丹青,杜群阳,冯李丹,等.全球科技创新中心评价指标体系探索——基于熵权TOPSIS的实证分析.科技管理研究,2019,14:48-56.
[24] 祝影,唐春光,孙锐,等.基于系统耦合的中国科技创新城市评价.科技管理研究,2019,24:30-39.
[25] Freeman C. Technology policy and economic performance: lessons from Japan. London: Pinter Publishers, 1987.
[26] Nelson R R. National innovation systems: a comparative analysis. London: Oxford University Press, 1993.
[27] Lundvall B. National systems of innovation: toward a theory of innovation and interactive learning. London: Pinter Publishers, 1992.
[28] Patel P, Pavitt K. National innovation systems: why they are important, and how they might be measured and compared. Economics of Innovation and New Technology, 1994, 3(1): 77-95.
[29] Cooke P. Regional innovation systems: competitive regulation in the new Europe.

Geoforum, 1992, 23(3): 365 - 382.

[30] Wiig H, Wood M. What comprises a regional innovation system? — an empirical study. Paper prepared for Regional Association Conference. "Regional Futures: Past and Present, East and West", Gothenburg, Sweden, 6 - 9th May 1995.

[31] Etzkowitz H, Leydesdorff L. The Triple Helix — University-Industry-Government relations: a laboratory for knowledge based economic development. New York: Rochester, 1995.

[32] 吴卫红，陈高翔，张爱美.基于状态空间模型的政产学研资协同创新四螺旋影响因素实证研究.科技进步与对策，2018，14：22 - 29.

[33] 吴菲菲，童奕铭，黄鲁成.中国高技术产业创新生态系统有机性评价：创新四螺旋视角.科技进步与对策，2020，5：67 - 76.

[34] 刘畅，李建华.五重螺旋创新生态系统协同创新机制研究.经济纵横，2019，3：122 - 128.

[35] 裴成轶.区域创新生态系统的评价：一个文献综述.时代金融，2018，2：114 - 115.

[36] 李锺文，威廉·米勒，玛格丽特·韩柯克，等.硅谷优势——创新与创业精神的栖息地.北京：人民出版社，2002.

[37] 曾国屏，苟尤钊，刘磊.从"创新系统"到"创新生态系统".科学学研究，2013，31(1)：4 - 12.

[38] 李万，常静，王敏杰，等.创新 3.0 与创新生态系统.科学学研究，2014，32(12)：3 - 12.

[39] 李万.构建创新生态系统的关键要素.学习时报，2020 - 6 - 24.

[40] Edquist C. Systems of innovation approaches — their emergence and characteristics// Edquist C. Systems of innovation: technologies, institutions and organizations. London: Pinter Publisher Ltd, 1997: 1 - 35.

[41] 董铠军，杨茂喜.浅析创新系统与创新生态系统.科技管理研究，2018，14：1 - 9.

[42] 薛军，张宇，汤琦.城市创新生态系统评价指标探索.中国科技资源导刊，2015，47(1)：42 - 48.

[43] 杜德斌，祝影.全球科技创新中心：构成要素与创新生态系统.科学，2022，74(4)：6 - 10.

第三章

全球科技创新中心形成的核心要素

佛罗里达(R. Florida)的"3T"理论认为,人才(talent)、技术(technology)和包容性(tolerance)是催生创新、促进区域创新发展的关键要素,三者紧密相连又相互促进[1]。其中,人才是科技创新活动的行为主体,是新知识的创造者、新技术的发明者、新产业的开拓者;技术是人才发挥作用的有效工具,同时也是人才从事科学技术劳动的结果,技术通过人才而发挥作用;包容性是指一个城市或地区文化的开放度和多样性,包容借由人的行为体现出来,并最终体现为对人的作用。可见,人才是创新诸要素中最能动、最核心的要素,全球科技创新中心本质上就是全球人才集聚的中心。

第一节 人才与科技创新活动

人永远是社会活动的主体,在不同的历史阶段,从原始社会、农业社会到工业社会,再到后工业社会,各种物质要素发挥着不同的作用,而人作为知识的载体始终发挥着主导作用。只有人可以存储知识并将这些知识运用于实践,实现知识与信息的生产、分配及应用,完成知识的积累与创新,并最终以知识为动力推进社会的发展。随着知识经济时代的到来,人类社会的知识化程度大幅提高,科技创新成为人类最重要的劳动活动。从其本质和属性来看,科技创新是一种高级的智能性活动，对人提出了更高的要求，而人才作为人类群体中较为杰出的一部分，在科技创新活动中发挥着核心作用。

一、人才及其个体与群体特征

人才是指在一定社会条件下，具有一定的专门知识和较高的技能，以自己的创造性劳动，在社会实践活动中能对社会发展、技术进步做出某种贡献的人[2]。人才的知识存量、知识结构、知识运用能力、应变能力和学习速度等整体素质水平都优于一般人，因而在获取、吸收、转移隐性和显性知识方面具有更强的能力，在某些领域具有较高的造诣，能进行一系列更为复杂的智力化劳动并为社会做出重要贡献。作为一种高智能性的活动，科技创新需要人才的知识、创造性、独立意志以及人才的潜能发挥，因而人才是推动科技创新发展的核心力量。优秀人才是创造力的实质来源，是新时代经济发展的重要战略资源。

从个体而言，人才普遍具有两大特质。一是创造性，它是人才最本质的特征，也是划分人才与非人才界限的基本标准。人类劳动按照其性质可分为模仿性劳动、重复性劳动和创造性劳动三种类型。前两种劳动以继承性为重要特征，第三种是在继承的基础上进行创造。一般人的劳动属于前两种，人才则是以创造性的劳动为主。人才能够基于前人的经验和成果，充分运用发挥其创造性的潜力，并贡献其独特的智力资源，推陈出新，推动创新实现和社会进步。二是自主性，人才具有较高的自我意识，有自己的个性和观点，能主动进行自我引导和自我管理，勇于追求，不断进取。

就群体而言，人才具有三大特征。一是稀缺性，人才具有高能力等特点，由于社会教育资源的有限性、人的先天禀赋及后天生存环境的差异，大多数人都未能达到他们的水平。社会经济的发展对人才有巨大需求，但人才存量有限，因此人才的稀缺是客观存在的事实。二是流动性，人才因为在某一领域有着较高的造诣，拥有较多的知识存量，会产生更多的增值，加之他们具有较高的成就欲，往往会跨组织、跨区域流动以谋求发展机会[3]。人才在不同区域间、不同专业领域内的流动，可以保持并激发其自身创造力。三是集聚性，人才在流动过程中总是往少数地区集聚，即总是向收益较高、环境较好的地方流动，并且遵循从“最高处”到“次高处”等依次聚集的规律。高水平的人才聚集会提高生产效率，这是因为人才之间的好胜心理作用会产生相互竞赛的氛围；同时，人才之间知识交流更快，新知识产生更加容易。人才之间也会以好的行为作为榜样，激励其他的行为人。

人才的本质更在于其杰出性。人才是人类群体中较为杰出的一部分，能够勇于向传统的理论、观念、范式和保守权威挑战，敢于突破束缚和局限，以独立的思考能力和科学的批判精神，大胆地进行科学设想，综合地运用各种手段和工具解决问题，不断产生各种形式的发现和发明，分散并降低创新的风险，推动成果的转化和应用，能适应科技创新活动的高智能的根本属性，从而不断向前推进科技创新活动。

二、科技创新活动的人才类型

科技创新是涉及范围极广的社会化活动，一般要经过基础研究、应用研究、技术开发、产品设计、试制改进、营销策划等多个环节[4]。因此，科技创新人才不仅包括科学研究和技术人才，也包括企业家人才、管理人才、高技能人才等等，他们都是科技创新过程中不可或缺的部分，不同类型的人才在科技创新的不同环节发挥不同的作用。

作为知识的生产者和技术的发明者，科学家和工程师等科研人才是科技创新活动链条中的上游人才。这里的科研人才主要是指科学研究和技术创新人才，他们是人才队伍中具有研发能力的特殊群体。科研人才是否能提供先进、成熟、适用和高效益的科研成果，直接影响科技创新活动的发展。科研人才一般具有强烈的科技创新意识、超前的科技创新观念、敏锐的科技创新观察力、丰富的科技创新想象力、扎实的学科基础知识和较深的专业造诣等方面特征[5]。在科技创新活动中，科研人才可以通过复杂的智力劳动突破现有理论和技术水平而做出新的科学发现和技术发明，提出新的理论和方法，产出大量科技创新成果。科研人才的发明和发现，为人类提供了新的知识，也为开拓新的生产力提供了理论基础。

企业家是科技创新人才队伍的重要组成部分，他们通常是科技创新活动的组织者和决策者。科技创新活动具有高度的风险性，特别是制度和组织创新更是阻力重重。企业家在企业中的独特地位，决定了企业的组织创新、管理创新、价值创新等冒险活动只能由企业家自身承担。企业家是否具有采用技术创新和不断提高企业产品竞争力的内在动力和信心，能否正确地对待技术创新采用过程中的技术风险和市场风险，能否敢于承受创新失败的风险，往往决定着科技创新成果产业化和商业化进程的快慢。

科技创新活动过程也离不开管理人才的组织管理，这是保证科技创新活动有序运转最为关键的要素。管理人才是科技创新活动的协调者，他们对科学技术的态度，他们的科学素质与领导艺术，直接影响科研人才潜能的发挥[6]。此外，科技创新活动涵盖的领域广泛，需要多种资源的有效配置，要发挥其最大创新绩效，也必须通过管理人才发挥主导作用来整合各类科技创新资源，驱动创新要素系统高效运转。

高技能人才，又称为“高级蓝领”或技师，通常是指生产和服务企业中，在一线从事那些技术含量大、劳动复杂程度高的工作的高级技术工人和技师[7]，他们是科技创新成果的现实转化者。高技能人才能够将科技知识应用到生产过程中，是实现技术从潜在向现实转化的关键一环。在科技创新的整个过程中，高技能人才处于生产制造的阶段，需要按照科研人员对产品的技术要求，操作机器设备，创造性地变革创新客体，制造出创新产品。科技成果只有通过高技能人才大规模生产出产品，才能真正转化为现实生产力，这就要求高技能人才必须清楚地了解自己的创新客体，掌握如何操作、使用机器设备等程序性知识，同时在工作中与科技人员积极沟通、努力合作，提出创新方案，才能高质量地完成对创新产品的继续创新，实现潜在技术向现实技术的转化。

在当今市场经济中，准确了解市场需求、有效推广产品也是科技创新的重要环节，市场营销人才也是科技创新活动必不可少的重要群体。市场营销也是一种创造性活动，它既是科研、生产投入的保障，又是把科研成果转化为经济效益的制高点。作为科技创新成果的重要推广者，市场营销人才需要对市场具有敏锐的观察力，深刻挖掘产品的内在价值属性，并适时寻找合适的市场契合点，根据契合点精心包装产品，将之推向市场，完成整个科技创新的链条。

此外，中介服务人才在有效降低创新创业风险、加速科技成果产业化进程中也发挥着不可替代的关键作用。中介服务人才是直接面向创新活动的知识型服务人才，能够为科技创新活动提供管理、技术、信息、人才、金融、法律等多方面的服务，在不同利益群体之间发挥桥梁和纽带作用，以服务推进创新价值链的进一步完善和提升。

总之，在科技创新活动的整个过程中，不论是知识和信息的生产、存储、使用或消费，还是相应过程中的技术、管理与决策等，都在根本上取决于各类各层次人才。在知识经济时代，人才已经替代自然资源和有形的劳动生产要素成为一个地区科技创新和经济增长的核心要素，特别是在全球科技创新中心发展过程中，人才的核心作用更为凸显。

第二节　人才集聚与全球科技创新中心的形成

努德福什（D. Nordfors）认为："一个有才智、有创造力的人善于发明；一个有认知智慧的集体能够创新。"[8]科技创新的发生不仅需要人才个体所提供的智力支撑，还高度依赖于人才集聚所产生的集体智慧。科技创新活动从其本质上说，是一种高度智能性的活动，是脑力驱动或知识密集型的活动，其发生与发展高度依赖知识和技能的积累、转移及充分运用。作为不同国家或地区间和不同专业领域内知识流动的重要载体，人才在地理空间上的集中能够产生较强的知识与信息累积效应。知识在传递的过程中，其有效性会因为时空的阻隔及传递者的理解表达差异而发生一定的衰减，尤其是难以用语言文字表达的隐性知识，要保证知识的有效传递，需要人与人之间的正式或非正式的面对面的交流与互动。因此，科技创新活动需要人才的高度集聚，以促进知识的积累、保证知识传递的有效性。由于科技创新活动的复杂性、预期不稳定性及市场需求的多样性，科技创新从过去线性模式向现在的非线性、网络化、复合模式转变，人才个体有限的知识存量和相对专一的研究方向难以满足科技创新活动各个环节的需要，而人才集聚所产生的交互作用则可以突破这种局限，降低科技创新的风险，提高创新的成功率[9]。总之，科技创新活动因其具有高度智能性、复杂性、不稳定性及市场需求的多样性而需要大量人才的高度集聚。

一、人才集聚的形成及效应

如前所述，流动性是人才重要的特征之一。人才一般均具有较高的成就欲，当原所在组织或区域无法满足其需求，无法发挥其自我效能，而获得更高薪水、更好职业发展前景、更多研究资助、能够与杰出研究人员共事以及使用高质量研究基础设施以提升自我价值的预期收益大于流动所需的心理成本和货币成本时，人才就会发生流动。一方面，人才流动使大量同类型或相关的人才在同一地理空间或某一行业形成聚集成为可能。另一方面，人才在地理空间上的集中可以有效降低人才的搜寻成本与交易成本，有利于人才知识积累和实现其自身价值，这使得人才集聚的形成具备了必要性。

人才数量的增长是一个量变的过程，简单的人才聚合还不足以对科技创新中心发展产生重要作用。人才集聚对于科技创新中心的意义在于它所产生的集聚效应。人才的集聚效应是人才聚集现象从量变到质变的转化，对科技创新中心的发展而言，人才集聚效应主要包括知识溢出效应、创新诱发效应、激励效应和“领头羊”效应。

大部分知识的本质是隐性的，通常称之为经验或直觉。隐性知识难以传递，人才集聚在一起，可以在面对面的接触中进行知识的碰撞，学习彼此的经验，使得隐性知识显性化，发生“溢出”并得以传播，从而产生知识溢出效应[10]。由于隐性知识难以传递，人只能在面对面的过程中领悟。人才的个体学习能力有差异，获得隐性知识的概率比显性知识低，因此隐性知识不具备广泛特征，反而表现为稀缺性。相对于对被众多人才所掌握的显性知识，基于隐性知识进行创新的难度相对较小、发生的概率更大，加上人才对知识的掌握有差异，会产生各种各样的创新表现，形成创新诱发效应，并大大降低创新风险。

人才集聚会产生群体性竞争，竞争无论是对失败者还是成功者都能产生激励作用。失败会刺激失败者群体总结经验，发现自身缺陷，努力提高自身的人力资本水平。胜利者群体为了继续保持竞争优势，也会产生激励，进一步努力提高自身实力。群体性竞争会提升聚集区人才群体的能力水平，提高人才资源的性价比。

人才的高度集聚区会集结若干极为优秀的人才，比如学术带头人或知名企业家等，他们的学识、经验、名望等可以吸引更多优秀人才的到来，从而形成“领头羊”效应。优秀人才在一个地区的集聚所形成的创新生态系统会进一步吸引更多的人才接踵而来，实现区域科技创新发展的良性循环。

二、人才集聚效应推动全球科技创新中心的形成

人才在城市或区域的高度集聚使其拥有丰富的人才资源而获得规模效应。这种规模效应可以有效地驱动人才集聚地的知识创新、技术创新和科技进步，增加科技创新产出，推动高技术产业的集聚与发展。统计显示，硅谷所在的旧金山湾区 25 岁以上人口中，拥有学士学位的占 50%，拥有研究生学位的占 20%，远高于美国全国 33%和 11%的平均水平①，是美国受教育程度最高的大都市地区。在这个面积只有 1.9 万平方千米、人口仅 700 多万的地区，汇聚了 50 多位诺贝尔奖获得者、上千名国家工程院和科学院院士、几万名工程师。大量高级人才的集聚产生人才资源的规模效应，因而孕育出惠普、英特尔、苹果、思科、甲骨文、谷歌、脸书等众多世界级的科技创新公司。

波士顿大都市区的人口学历构成与硅谷类似，25 岁及以上人口中，拥有研究生学历的也接近 20%。哈佛大学、麻省理工学院等世界著名高等学府和众多顶尖科研机构的存在，在为本地区输送大量人才的同时也吸引了全世界的高层次人才集聚于此，极大地推动了该地区的科技创新和高技术产业的发展。丰富的人才资源在波士顿产业转型的过程中也发挥了重要作用。第二次世界大战后，波士顿的制造业开始衰退，在向高技术产业转型的过程中，高度聚集的人才资源使该地区有足够的韧性来应对发展进程中的外部冲击，并能在经济结构转变过程中实现自我再造。丰富的人才资源在为高技术产业的发展提供直接智力支持的同时也吸引了大量公司来此投资，推动了波士顿高技术产业的集群发展，使得波士顿成为美国著名的科技创新城市。波士顿发达的高

① Bay Area Council Economic Institute. Economic Profile 2020: The Evolution of the Bay Area Higher Education System in the Wake of COVID - 19. http://www.bayareaeconomy.org/report/economic-profile-2020-the-evolution-of-the-bay-area-higher-education-system-in-the-wake-of-covid-19/.

等教育为该地区建立了丰厚的人力资本，世界一流的研究机构和企业的集聚，进一步对人才形成了更大的吸引。据统计，2010—2014 年波士顿就职于高新科技领域的雇员每年以 4.6%～6% 的增速逐年增加。2016 年，通用电气(GE)决定把公司总部迁至波士顿，其中一个重要原因是这里能够比较容易地吸引多元化科技人才[11]。

仲量联行(JLL)在 2019 年发布了一项基于 100 余个全球城市的研究，量化了这些城市的创新和人才优势，证实了人才集中度与城市创新能力的高度关联性。该项研究以高技术行业 FDI 投资、风险投资吸引力、研发经费、国际专利申请量测度的城市创新能力，以高等教育质量、人口教育程度、20～40 岁人口统计、高技术产业就业人数测度的人才集中度(talent concentration)各自评选出前 20 强城市①(表 3.1)。结果显示，既是创新能力前 20 强又是人才集中度前 20 强的城市有 12 个，重合度达到 60%。结果还显示，经济发展水平较高的美欧城市多数同时具有创新优势和人才优势，但亚太城市中只有属于传统发达国家城市的东京和悉尼同时具备这两种优势，而属于新兴国家的新加坡和首尔以及中国的北京、上海、深圳则是创新能力突出而人才集中度不足，主要表现为对国际人才的吸引力较弱。

表 3.1 仲量联行(JLL)2019 年创新能力和人才集中度全球前 20 强城市

	创新能力	人才集中度	两者重合度
美洲城市	7 个 旧金山(1)、圣何塞(6)、纽约(8)、波士顿(9)、洛杉矶(12)、西雅图(15)、多伦多(17)	8 个 旧金山(2)、华盛顿特区(3)、圣何塞(4)、西雅图(5)、波士顿(6)、奥斯汀(12)、丹佛(13)、纽约(17)	5 个城市两者均上榜 洛杉矶、多伦多相对于其创新能力人才集中度不足；华盛顿特区是创新经济中工作人员比例最大的城市之一——部分原因是联邦政府对高科技产品和服务的需求，奥斯汀、丹佛也是人才集中优于创新能力

① JLL. Innovation Geographies: Global Research 2019. https://www.jll.de/content/dam/jll-com/documents/pdf/research/emea/germany/de/jll-innovation-geographies-2019-final.pdf.

续　表

	创新能力	人才集中度	两者重合度
欧洲城市	6个 伦敦(5)、巴黎(7)、慕尼黑(13)、柏林(18)、阿姆斯特丹(19)、斯德哥尔摩(20)	9个 伦敦(1)、巴黎(8)、奥斯陆(9)、苏黎世(11)、赫尔辛基(14)、爱丁堡(15)、柏林(16)、斯德哥尔摩(18)、慕尼黑(20)	5个城市两者均上榜 阿姆斯特丹创新能力超过人才集中度，而奥斯陆、苏黎世、赫尔辛基、爱丁堡受益于一流大学和高素质劳动力，人才优势大于创新能力
亚太城市	7个 东京(2)、新加坡(3)、北京(4)、首尔(10)、上海(11)、深圳(14)、悉尼(16)	3个 悉尼(7)、墨尔本(10)、东京(19)	2个城市两者均上榜 新加坡、北京、首尔、上海、深圳人才集中度相对不高；墨尔本则是人才集中度超过创新能力

资料来源：JLL.Innovation Geographies：Global Research 2019. https://www.jll.de/content/dam/jll-com/documents/pdf/research/emea/germany/de/jll-innovation-geographies-2019-final.pdf。

三、人才流动与集聚促进全球科技创新中心能级提升

全球创新网络的形成需要地域化和国际流两种空间力量，地域化是基于集聚的空间内聚力，国际流是基于扩散的空间通达力[12]。创新要素正是通过这两种效应的共同作用在全球创新网络的节点城市之间流动、集聚、增强、扩散，要素的集聚和增强提升城市的创新实力，要素的扩散和流动增强城市的网络关联。人才是创新要素中最具流动性、最具创造力、最具放大增强效应的载体，人才国际流动和集聚是全球创新网络形成的基本力量，也是推动全球科技创新中心能级提升的动力源泉[13]。

随着全球化和信息化的不断深入，全球人才流动速度不断提升，地域化力量使全球范围内流动的人才在某些节点区域不断集聚，形成全球人才流动网络枢纽。在人才流量持续扩大的推动下，人才枢纽城市不仅形成了基于人才的生产中心、技术中心和服务中心等，还形成了服务人才的消费中心、交易中心等，引导资金流、信息流、物流等资源要素向城市流动和集聚，推动人才枢纽城市崛起成为新的全球城市[13]，不断提升全球科技创新中心的能级。

人才流动与人才集聚是两个相辅相成的过程。一个城市对全球人才的集

聚能力不仅取决于其自身对人才的吸引力，也取决于全球人才的流动频率。城市持续集聚的人才存量会增强城市的科技创新实力和经济活力，提升其在全球创新网络中的能级。而城市流入和流出的人才流量则与城市影响力和辐射力相关，流入大于流出带来存量累积，会进一步增强城市实力；流出大于流入则带来存量减少，会削弱城市实力。因此，一个城市科技创新人才的持续流入和增长的过程就是全球科技创新中心形成和不断壮大的过程。清华大学经济管理学院与 LinkedIn 从两个角度对数字人才的全球流动进行了研究：一是通过数字人才的流入流出比，反映不同城市的数字人才吸引力；二是通过城市群之间的数字人才流动情况，反映不同城市群在全球数字经济发展格局中扮演的角色。结果显示，数字人才吸引力最高的五个城市分别是都柏林、圣地亚哥(智利)、上海、深圳和班加罗尔。2016—2019 年，数字人才净流出的城市包括北京、费城、广州、巴尔的摩、伯明翰、南京和天津。城市群之间数字人才流动最频繁的是波士顿-华盛顿城市群与旧金山湾区之间，其次为中国的长三角城市群、京津冀城市群和粤港澳湾区三大区域之间。从数字人才流入态势来看，美国城市群人才流入相对集中，例如流入旧金山湾区的数字人才中 80%来自波士顿-华盛顿城市群，而欧洲和亚洲城市群人才的来源地则相对分散。从数字人才流出态势来看，波士顿-华盛顿城市群成为全球其他城市群最主要的数字人才来源地和目的地，辐射范围也最广；印度班加罗尔也正在成为国际数字人才的另一目标城市。在亚太地区，新加坡与中国城市群交流较为频繁，流向中国京津冀、长三角和粤港澳城市群的总和占 20%以上。报告还显示中国的京津冀、长三角和粤港澳三大城市群虽然数字人才占比相对较低，但近几年数字人才规模增长很快①。

第三节　全球科技创新中心的人才结构特征

高度集聚且结构合理的人才资源是全球科技创新中心形成和发展的核心

① 清华经管学院，LinkedIn.数字经济时代的创新城市和城市群发展：人才视角. 2019 - 11. http://economicgraph.linkedin.com/zh-cn/research/innovative-city-clusters-digital-economy/.

条件。与一般城市相比，全球科技创新中心的人才结构有其独特性。通过对一些案例的考察可以发现，人才类型的科技化、人才发展的国际化、人才队伍的年轻化是全球科技创新中心人才结构的三大主要特征。正是因为具备了科技化、国际化和年轻化的人才结构，全球科技创新中心才具有了源源不断地产出新的知识、技术和产品的核心动力。

一、科技化

人才类型结构的"科技化"，即科技创新人才在全球科技创新中心的人才队伍占主体地位，是全球科技创新中心人才结构的最基本特征。科技创新人才主要包括基础类研究人才、应用类研究人才、开发类研究人才和科技管理类人才，他们是新知识的创造者、新技术的发明者、新学科的创建者，是科技创新突破的开拓者，是科技创新的动力源泉。硅谷的人才结构就具有典型的科技化特征，这里集聚 100 多万名高科技人员，其中被誉为硅谷"栖息地"的圣何塞市，其高科技人员超过 30 万人。硅谷地区的创业公司有近 85%都是从事高技术行业，近年来新增高科技就业岗位数量占全年新增就业岗位总数量之比达 90%，其中近 50%的高科技初创企业集中在计算机系统设计和相关服务行业，而超过 1/4 的企业是从事互联网、电信和数据处理行业，并且这两个行业的企业新增高科技就业岗位占全年的 62%①。据 2021 年硅谷指数报告，该地区科技领域的劳动力比例高达 30%，仅 15 家大型科技公司的技术岗位就占该地区全部技术岗位的 38%②。

近年来，随着城市功能的转型，全球很多城市的人才结构都呈现明显的"科技化"趋势。纽约市高技术产业报告显示，2008 年金融危机之后纽约州的科技行业发展迅速，其中 80%集中在纽约市，增加了 57 000 多个工作岗位。自 2010 年始，纽约市高技术部门的增长远远快于其他私营部门，一定程度上

---

① Tian Luo, Amar Mann. Survival and Growth of Silicon Valley High-tech Businesses Born in 2000. Monthly Labor Review/U.S. Department of Labor, Bureau of Labor Statistics, Vol.134, No.9, September 2011, pp.16 - 31.

② The Silicon Valley Institute for Regional Studies. Silicon Valley Indicators. https://siliconvalleyindicators. org/data/people/talent-flows-diversity/migration-flows/selected-characteristics-of-new-silicon-valley-residents/.

降低了纽约对证券行业的依赖。到 2014 年，科技行业的工作岗位数量已超过 2000 年时期的峰值。2016 年，科技行业创造了 128 600 个工作岗位的新就业记录，2010—2016 年间增加 46 900 个工作岗位，增幅达 57%，增速超过其他私营部门的 3 倍多[①]。巴黎大区的从业人员以高素质为突出特征，2018 年在欧盟 28 国中，巴黎大区的科技从业人员数量以 404 000 人位居第一，根据巴黎大区商业机构和工作岗位部门细分情况，297 277 个公司机构在科学技术行业及其行政和支持服务领域提供了 921 497 个工作岗位，84 992 个公司机构在信息和通信行业提供了 391 249 个工作岗位[②]。

二、国际化

全球科技创新中心的人才国际化主要体现在两方面：一是人口构成的国际化，外国移民在总人口构成中占较高比例；二是科技创新与创业人才的国际化，来自海外的科学家、工程师和创业者的比重较高。

一些著名的全球科技创新中心，其人口结构的国际化程度都非常高。例如，硅谷地区（不包括旧金山市）2021 年外国出生人口比例达 39%，外国出生人口总量超过 116 万人，其中 64%来自亚洲、23%来自美洲、8%来自欧洲，来自中国、墨西哥和印度的外国出生人口数量最多，分别占 18%、15%、15%[③]。同年，作为硅谷核心的圣克拉拉县的外国出生人口占比更是高达 40%，圣马特奥县为 35%（表 3.2）。新加坡也是人才国际化程度很高的国家，2019 年新加坡常住外籍人士约 164.4 万人，占常住人口的 29.7%[④]；受疫情影响，2021 年 6 月非新加坡居民人口降至 147 万人，占常住人口比重减少到 27%[⑤]。

① Thomas P. DiNapoli, Kenneth B. Bleiwas. The Technology Sector in New York City. Office of the New York State Comptroller, September 2017. https://www.osc.state.ny.us/files/reports/osdc/pdf/report-4-2018.pdf.

② http://www.paris-region.com.cn/h-col-123.html.

③ 2023 Silicon Valley Index. https://jointventure.org/images/stories/pdf/index2023.

④ 胡曙虹，朱学彦，于新东. 国际化拉动新加坡科技创新迅猛发展的启示与建议. 研究与建议，2020，9. https://www.163.com/dy/article/FCDUESMC0511D98B.html.

⑤ Population in Brief 2021. https://www.population.gov.sg/files/media-centre/publications/Population-in-brief-2021.pdf.

表 3.2　2021 年圣克拉拉县和圣马特奥县外国出生人口构成

国家/地区	圣克拉拉县		圣马特奥县		合　计	
	数量（万人）	比例（%）	数量（万人）	比例（%）	数量（万人）	比例（%）
中国	13.7	18	5.2	20	19.0	19
墨西哥	11.9	16	3.4	13	15.3	15
印度	13.8	18	1.3	5	15.1	15
越南	10.1	13	0.5	2	10.6	10
菲律宾	4.9	6	4.2	16	9.1	9
其他亚洲地区	9.5	13	3.2	13	12.7	13
其他美洲地区	4.6	6	4.3	17	8.9	9
欧洲	5.4	7	2.7	9	8.1	8
非洲和大洋洲	1.9	2	0.8	3	2.7	3
在国外出生的人口总量	75.9	100	25.5	100	101.4	100
本地出生的人口总量	112.6		48.3		160.9	
人口总量	188.6		73.8		262.3	
在国外出生的人口比例		40.0		35.0		39.0

资料来源：The U.S. Census Bureau. https://www.census.gov/。

另一方面，全球科技创新中心高层次人才的国际化特征更加明显。例如，硅谷在科学、技术、工程和数学（Science, Technology, Engineering, Mathematics, STEM）领域的人才国际化程度非常高，而且这一特征还在持续强化。2021 年硅谷地区拥有学士学位及以上的科技工作者中有 70%是外国出生的，其中来自印度的占 27%，来自中国的占 15%，两者合计占 42%，而来自美国国内的仅占 30%。[①] 新加坡的科技人才也具有显著的国际化特征，《新加坡研发国家调查》报告显示，该国外籍科学家和工程师占科学家和工程师总人数的比重约为 29%，外籍研究科学家和工程师的数量从 2017 年的 10 565 增加到 2018 年的 10 878，增长了 3.0%，相对于 2008 年的 4 627 而言，年均增长率为 8.9%[②]。从

① 2023 Silicon Valley Index. https://jointventure.org/images/stories/pdf/index2023.

② National Research Found and Agency for Science, Technology and Research Singapore. National Survey of R&D in Singapore 2018. December 2019. https://www.a-star.edu.sg/docs/librariesprovider1/default-document-library/news-events/publications/national-survey-of-r-d-2018.pdf.

1990 年到 2018 年，新加坡外籍科学家和工程师的数量处于持续增长态势（图 3.1）。世界知识产权组织《2019 年全球创新指数》报告显示，新加坡在高等教育入境留学生人数从 2017 年的全球第 5 位上升至 2018 年的全球第 1 位。

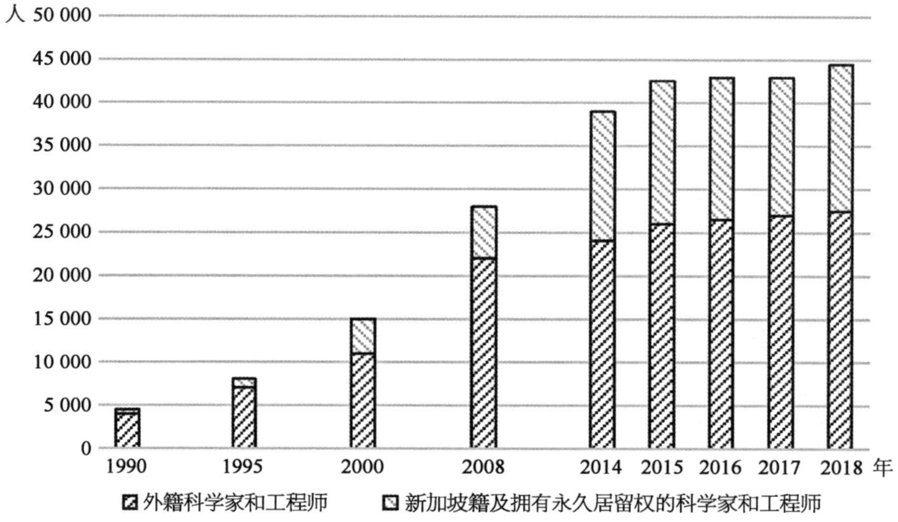

图 3.1　1990—2018 年新加坡外籍科学家和工程师的增长

资料来源：National Survey of R&D in Singapore 2018。

三、年轻化

从年龄层次来看，青年人才在全球科技创新中心的人才队伍构成中往往占有较高比例，是科技创新的主力军。科技创新活动通常具有高度的探索性、创新性、复杂性、风险性和市场超前性等特点，而年轻人朝气蓬勃、思维活跃、接受能力强，勇于尝试、敢于创新，这正是从事科技创新活动必不可少的个性品质，因此，作为科技创新活动集聚的全球科技创新中心也往往成为年轻人高度集聚的区域。

全球科技创新中心人才结构的年轻化主要体现在两个方面：一是总人口结构的年轻化。例如，硅谷就是一个就业人口年龄比较年轻化的地区。据统计，2019 年硅谷地区的人口中，年龄在 20～29 岁之间的人口所占比例为 56%，不仅高于美国平均水平（52%），也高于加州的平均水平（54%）（表 3.3）。

据《新加坡研发国家调查》2018 年报告，新加坡 36 246 名研究科学家和工程师中，未满 35 岁的占 44.1%，未满 45 岁的占 78.1%。与 2008 年的 54.9% 和 86.4%相比，这两个年龄段的人数比例有一定降幅，主要是因为总人数大幅增加，同时有更多的科学家和工程师进入到更高的年龄段(图 3.2)。

表 3.3　2019 年美国、加州和硅谷的人口年龄结构

年龄段	美　国		加　州		硅　谷	
<20	81 872 275	25%	9 935 560	25%	630 339	23%
20～39	88 775 414	27%	11 439 760	29%	792 406	29%
40～59	82 533 753	25%	9 970 747	25%	721 620	27%
60～79	62 319 378	19%	6 745 141	17%	446 841	17%
80+	12 738 703	4%	1 421 015	4%	103 219	4%
合　计	328 239 523	100%	39 512 223	100%	2 694 425	100%

资料来源：U.S. Census Bureau，2019 American Community Survey。

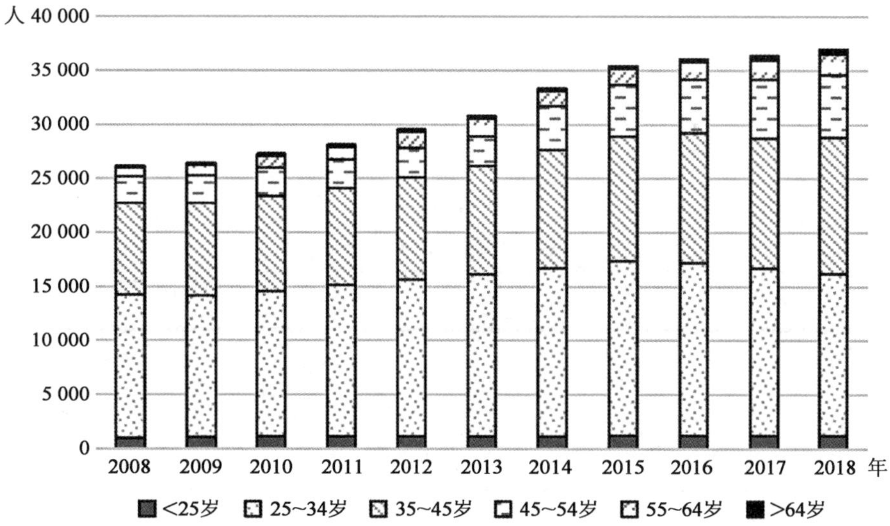

图 3.2　2008—2018 年新加坡外籍科学家和工程师的增长情况

资料来源：National Survey of R&D in Singapore 2018。

二是创业人才的年轻化。美国创业调查公司 Startup Genome 发布的《全球城市创业生态系统报告 2012》(*Startup Ecosystem Report 2012*)显示，作为全球“最佳”的创业生态系统，硅谷的创业者平均年龄是 34.1 岁，特拉维夫、纽约、洛杉矶、波士顿和班加罗尔的创业者平均年龄分别是36.2岁、32.6岁、32.6岁、36.8岁和37岁。硅谷地区的一些著名企业，如惠普、雅虎、甲骨文、谷歌、苹果、脸书、eBay、推特、YouTube、特斯拉汽车等，其创业者的年龄均在21～34岁之间(表3.4)。可见，成功的创业者多为年轻人。

表3.4　硅谷著名企业创始人年龄

公司名称	创始人	年　龄
惠普	戴维·帕卡德	27
	威廉·休利特	26
雅虎	杨致远	26
	大卫·费罗	28
甲骨文	拉里·埃里森	33
谷歌	拉里·佩奇	25
	谢尔盖·布林	24
苹果	史蒂夫·乔布斯	21
	斯蒂夫·沃兹尼亚克	26
脸书	马克·扎克伯格	25
eBay	皮埃尔·奥米迪亚	28
推特	杰克·多尔西	30
	比兹·斯通	32
	埃文·威廉姆斯	34
YouTube	陈士骏	27
	查德·赫利	28
	贾德·卡林姆	26
特斯拉汽车	伊隆·马斯克	32

资料来源：相关公司官网。

第四节　全球人才流动趋势与跨国科技合作

全球化和信息化使世界经济格局从“静态空间”转变为“流动空间”，被视为主导经济全球化的货物流和资金流正逐步被知识流、人才流取代[14]。人才作为科技创新活动的核心要素，对于全球科技创新中心的形成具有关键性作用。与其他创新要素不同，人具有主观意愿和自我意识，相比于其他创新要素而言，其集聚和流动受到理智和情感的支配，更具有自主性和能动性。

一、全球人才流动的历程与趋势

在知识经济时代，全球经济社会发展所需的各种资源越发频繁地跨越地理边界在“扁平的世界”内流动[15]。这些流动的因子不仅包括各国关注的矿产、能源、资本、信息和技术，更加包括作为第一资源的人才。高质量的人才跨越地理的流动影响和驱动着全球范围内的创新活动，正在重塑世界经济格局[16]。留学就业、技术移民、阶段性流动以及人才回流是目前国际人才流动的四大常见形式，涵盖了国际人才资源生产、流通、发展的全过程。人才的广泛流动性，促使全球范围内形成了统一的人才市场，加剧了各国之间的人才竞争，促进了资本的跨国流动，以人才资源为核心的全球价值链正在形成。

全球人才流动并非新现象，20 世纪 60 年代，由于大批的科学家、技术工人从欧洲流向美国，造成欧洲国家的恐慌，“人才外流”(brain drain)概念被首次提出，这种人才从外围国家向核心国家的单向流动，引发国家间人力资本的“零和博弈”(zero-sum game)[17]。近二十年来，由于交通运输技术和信息通信技术的快速发展造成的时空压缩效应，使得人才流动被更加复杂的双向或多向人才环流（brain circulation)模式取代[18]。从人才外流、人才回流(brain gain)到如今的人才环流，是全球人才流动的三个阶段，或者称之为三种人才流动模式。

人才环流是国际人才流动的新模式。人才外流和回流都是一种单向的趋势，人才环流则是一种周而复始的循环，不是一种单向的、永久性的回流或者外流[19]。人才环流理论的倡导者萨克森尼安(A. Saxenian)通过对美国加州硅谷的华裔和印度裔科技人才及其同母国的关系分析，发现高科技人才环流对移民输出国和输入国双方都有重要贡献[20]。

简单地说，过去人才是从不能承载他们的地方流入一些能够承载他们的地方；而人才环流状态却并不是简单的单向流动，而越来越多地呈现出双向甚至是多向流动[21]。例如华为公司有超过10万员工在海外工作，他们中有相当部分是在海外聘请的高管、外籍人才和海归人才，同时还有深圳总部派出的大量人才。伴随人才环流，人才流动虚拟化趋势日显，人才在地理空间的流动转向虚拟空间的流动，工作模式多变，可以进行全球化运作和工作外包等，人才柔性流动趋势不断加强。

二、全球人才流动网络的演化特征

全球人才跨国流动主要有三种方式：移民、留学和短期工作居留。吸引留学生是面向未来储备高端人才的重要方式。全球留学生总数从2001年的217.27万人迅速增长到2015年的460.67万人。巨大的流量变化意味着更加广泛和更加复杂的全球政治和经济关系网络。留学生高度集聚给欧美等主要留学目的地国带来了大量的人才和资本，提供了关键技术，促进和培育了新兴产业。因此，如何集聚更多世界各地优秀学子成为许多国家关注的重要问题。以亚洲、非洲、拉丁美洲为代表的发展中国家作为主要的留学生来源国正经历着“人才流失”，如何实现“人才环流”成为这些国家关注的焦点[16]。

对2001—2015年全球留学生数据的社会网络分析结果显示，全球人才流动网络规模迅速扩大，全球流动的人才数量和人才流动路径都在迅速增加，各国在人才交流上联系越来越密切[22]。然而，全球人才流动网络仍然呈现两极分化的局面，少量枢纽型国家控制着全球人才流动网络，呈现出典型的“金字塔结构”特征，表明仅有少数国家或地区能成为全球人才流动的主要目的地国，绝大多数国家吸纳人才的能力较低；同时也只有少数国家是全球主要的人才来源国，其余大多数国家派出的人才数量较少。

全球人才流动网络具有显著的空间异质性，基本呈“东向西，南到北”的地理格局，即来自广大亚洲国家的人才向西流向北美和西欧地区，来自南方广大发展中国家的人才向北流向少数发达国家。2001年，中国、韩国、日本和印度是全球主要的人才来源国，在全球人才流动网络中占据主导位置。美国和西欧国家是全球人才的主要吸纳国，其中美国是全球人才流动网络中最大的核心国家。2015年，国际人才流动的区域化趋势逐渐显现，亚洲特别是东亚国家作为人才吸纳国的角色逐渐上升，美国和西欧国家吸纳的人才数量占比逐渐下降，但中国依然是全球最大的人才来源国，美国依然是全球最大的人才吸纳国。

全球人才流动网络核心—边缘结构显著，各圈层间具有明显的更迭过程。根据网络中各国或地区的关系模式和关系强度，可以将各国或地区划分为核心、强半边缘、弱半边缘和边缘四类。如图 3.3 所示，2001 年，美国、英国、德国、法国属于全球人才流动网络的核心国家，占据全球人才流动网络的核心位置；2015 年各圈层间发生了明显的更迭，中国从强半边缘国家迅速成长为核心国家，与美国共同组成全球人才流动网络的双核心。这种拓扑结构分化，与世界经济格局基本一致，全球人才流动网络具有显著的核心—边缘结构特征，核心国家之间存在较强的关系流，边缘国家彼此间联系较弱，其人才主要流向了核心国家和半边缘国家。

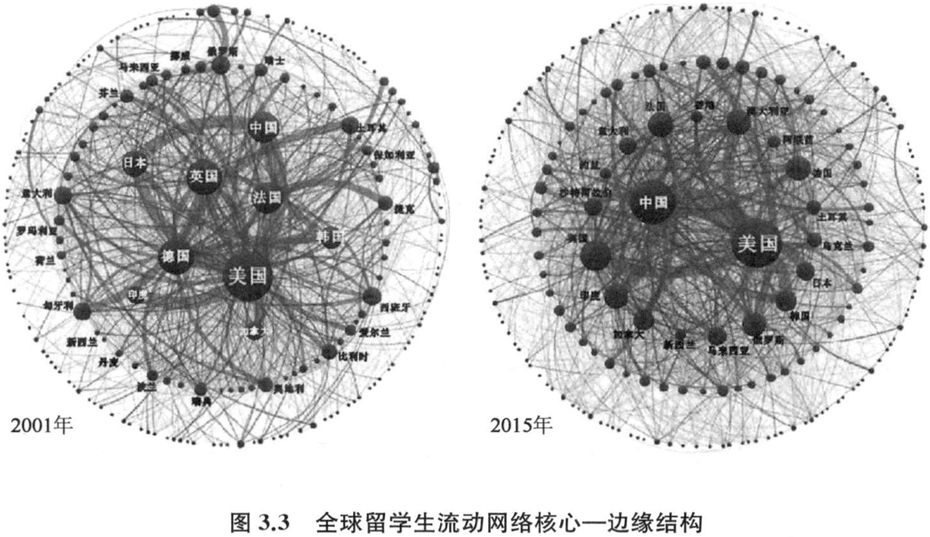

图 3.3　全球留学生流动网络核心—边缘结构

资料来源：参考文献[22]。

美国作为全球人才流动网络的核心国家，从世界各地吸纳的留学生人数持续增加，近年每年都超过 100 万人。根据 2021 年国际教育协会 IIE Open Doors 数据统计报告，拥有国际学生人数最多的前 10 所高校分别是：纽约大学(纽约)、东北大学(芝加哥)、哥伦比亚大学(纽约)、南加州大学(洛杉矶)、亚利桑那州立大学(凤凰城)、伊利诺伊大学香槟分校(芝加哥)、加州大学圣迭戈分校(圣迭戈)、波士顿大学(波士顿)、普渡大学(拉法叶)、加州大学洛杉矶分校(洛杉矶)。从这些学校所在城市可以看出,热门的学校往往是位于热门的城市,如纽约、洛杉矶、波士顿、芝加哥等,都是全球著名的科技创新城市。

英国作为世界教育强国,虽然在全球人才网络中从 2001 年的核心国家降至 2015 年的强边缘国家,但仍处于重要的枢纽地位。据英国高等教育统计局(HESA)的数据,2021/2022 年度,在英国攻读学位的国际学生人数接近 68 万,比上一年度增长了 12.3%,接受国际学生人数最多的十所大学分别是伦敦大学学院(24 145 名)、曼彻斯特大学(18 170 名)、爱丁堡大学(18 050 名)、格拉斯哥大学(17 390 名)、伦敦国王学院(17 155 名)、考文垂大学(15 565 名)、赫特福德大学(13 230 名)、阿尔斯特大学(12 045 名)、帝国理工学院(11 320 名)[①]。这些大学所在的城市也都是重要的科技创新中心城市。

日本是亚洲最为重要的全球人才流动节点国家。日本学生支援机构(JASSO)数据显示,截止到 2019 年 5 月,有 116 094 位国际学生在东京地区学习,占日本国际学生总数的 37.2%,是第二名大阪府的 4.4 倍,东京和大阪两地的国际留学生占日本留学生总数的 45.6%。而东京和大阪都是 2021 年 2thinknow 全球创新城市指数报告中处于支配性等级(Nexus)等级的日本城市。

无论是作为人才来源国还是留学目的地,中国在全球人才流动网络中的地位正在不断提升,并表现出从人才外流到人才回流的人才国际流动趋势。教育部数据显示,从 1978 年到 2019 年底,出国留学人员中已有 447.34 万人在海外院校毕业,其中有 327.23 万人在完成学业后选择回国发展。智联招聘发布的《2020 中国海归就业创业调查报告》显示,海归期望工作地的前三位的城市分别为北京、上海及深圳,均为一线城市,同时它们也是现有海归最多的城市。同时,海归户籍所在地前三位也是北京、上海、深圳,说明这三个城市既是出国留学生最多的城市,也是海归最期望回国工作的地点。这三个城市也是海外人才最为集中的中国城市,在全球人才流动网络的人才流入和流出上

① 英国高等教育统计局(HESA).https://www.hesa.ac.uk/data-and-analysis/students/.

都占据枢纽地位。

三、科技人才的跨国流动与国际合作

全球化的一个重要特征是多重网络的重叠和融合。而人是文化的载体和知识的拥有者，人口迁移网络则是产生创新的知识流动、交叉传播、交流和协作的重要渠道。因此，人口迁移导致知识流动和文化交流[23]。技能突出的创新人才在国际和区域间流动是国际科技创新中心之间人际联系的重要内容。这种流动性可以通过加强这些创新网络，进一步激励创新向国际扩散[24]。国际留学生被视为各国相互联系和交流的重要途径。事实上，知识流动和溢出是国际学生流动带来的重要结果[25]。综合来看，国际学生流动与全球知识溢出和科学合作密切相关，各国在国际学生流动网络中的位置与其在国际科学合作网络中的位置密切相关。

人才在跨国流动的过程中构建了密切的关系网络，这种“关系资本”极大地促进了国际科研合作。研究发现，全球科研合作网络与全球留学网络在结构上表现出高度的空间匹配性[26]。2001 年，全球留学生流动主要集中在美国与东亚、美国与欧洲之间，同期全球科研合作展示出类似的空间格局，美国是这一时期全球最大的留学目的地国，占全球总数的22.4%，全球 190 多个国家或地区在跨境人才培养方面与美国有直接关系。与此同时，美国也是与其他国家科研合作产出论文最多的国家，产生合作论文 17.6 万篇，全球 175 个国家或地区与美国有直接合作关系。德国在全球留学网络中的加权度中心性位居第 2 位，有 176 个国家或地区在跨境人才培养方面与德国有直接联系。同时，德国在全球科研合作网络中的加权度中心性也居全球第 2 位，全球 142 个国家或地区与德国有科研合作关系。英国、中国和法国在全球留学网络和全球科研合作网络中的加权度中心性和度中心性同样具有高度的匹配性。

2015 年，全球留学网络和科研合作网络的结构产生了新的变化，但两个网络间依然保持着高度的空间匹配性。中国是这一时期全球留学网络中加权度中心性最高的国家，流入和流出的国际学生总数达到 121.1 万人，占全球总数的 26.3%，全球 199 个国家或地区在高等教育方面与中国有直接联系。中国在全球科研合作网络中的位置如同它在全球留学网络中的位置一样，也在迅速提升，中国的论文合作量达到22.4万篇，仅次于美国、德国、法国，居世界第4位。在全球留学网络和全球科研合作网络的二元关系组中，可以发现相类似现象，美国和中国之间的学生流量达到31.3万人，居世界第1位，与之相对应，美国和中国的合作论文数量达到3.8万篇，也是全球第1位。这种现象也存在于英国与美国之间、德国与美国之间、加拿大和美国之间、法国和美国之间、德国和英国之间。

参考文献

[1] Florida R. The rise of the creative class.New York：Basic Books，2002.

[2] 赵刚，孙健.自主创新的人才战略.北京：科学出版社，2007.

[3] Fratesi U，Riggi M R. Does migration reduce regional disparities? the role of skill-selective flows. Review of Urban & Regional Development Studies，2007，19(1)：78－102.

[4] 代明，梁意敏，戴毅.创新链解构研究.科技进步与对策，2009，26(3)：157－160.

[5] 文魁，吴冬梅.激励创新.北京：经济管理出版社，2012.

[6] Hambrick D C，Geletkanycz M A. Fredrickson J W. Top executive commitment to the status quo：some tests of its determinants. Strategic Management Journal，1993，14(6)：401－418.

[7] 丁大建.高技能人才的短缺与价值评价错位.中国高教研究，2004，5：57－58.

[8] Nordfor D. What is innovation? Roots of Innovation，2009，14(11)：4－5.

[9] 张体勤，刘军，扬明海.知识型组织的人才集聚效应与集聚战略.理论学刊，2005，6：70－72.

[10] 张樨樨.中国人才集聚的理论分析与实证研究.北京：首都经济贸易大学出版社，2010.

[11] 廖明中，吴燕妮.国际科技创新中心的六大特征.深圳特区报，2019－7－9.

[12] 祝影.全球研发网络：跨国公司研发全球化的空间结构研究.北京：经济管理出版社，2007.

[13] 何勇，姜乾之，李凌.未来30年全球城市人才流动与集聚的趋势预测.中国人力资源开发，2015，1：75－80.

[14] 汪怿.构建全球人才枢纽：原因、内涵与策略.科学发展，2013，2：89－99.

[15] 杜德斌，冯春萍，李同升，等.世界经济地理.北京：高等教育出版社，2009.

[16] 侯纯光，杜德斌，刘承良，等.全球人才流动网络复杂性的时空演化——基于全球高校留学生流动数据.地理研究，2019，38(8)：18－32.

[17] 刘晔，沈建法，刘于琪.西方高端人才跨国流动研究述评.人文地理，2013，28(2)：7－12.

[18] 黄海刚.从人才流失到人才环流：国际高水平人才流动的转换.高等教育研究，2017，38(1)：90－97，104.

[19] 刘宏.人才环流与“抢人大战”：从运动型思维到常态化机制.人大国发院政策简报，

2018,12.

[20] Saxenian A. From brain drain to brain circulation: transnational communities and regional upgrading in India and China. Studies in comparative international development, 2005, 40(2): 35 - 61.

[21] 陈波.从人才流失到人才环流：一个理论模型.国际商务研究,2015,36(5):5 - 15.

[22] 侯纯光,杜德斌,刘承良,等.全球留学生留学网络时空演化及其影响因素.地理学报,2020,75(4):681 - 694.

[23] Breschi S, Lenzi C. The role of external linkages and gatekeepers for the renewal and expansion of US cities' knowledge base, 1990 - 2004. Regional Studies, 2014, 49(5): 782 - 797.

[24] Breschi S, Lissoni F, Miguelez E. Foreign-origin inventors in the USA: testing for diaspora and brain gain effects. Journal of Economic Geography, 2017, 17(5): 1009 - 1038.

[25] Börjesson M. The global space of international students in 2010. Journal of Ethnic and Migration Studies, 2017, 43(8): 1256 - 1275.

[26] Hou C G, Fan P L, Du D B, et al. Does international student mobility foster scientific collaboration? Evidence from a network analysis. Compare: A Journal of Comparative and International Education, 2022, 52(2): 327 - 344.

第四章

全球科技创新中心发展的驱动要素

埃茨科瓦茨（H. Etzkowit）和莱兹多夫（L. Leydesdorf）的“三螺旋”创新系统理论认为：大学、企业和政府是推动城市和区域创新发展的三大核心要素。如前所述，全球科技创新中心作为一种进化到顶极状态的区域创新系统，世界一流大学、创新引擎企业和有为的政府是其形成和发展的驱动要素，其中，世界一流大学是其发展的知识源头，创新引擎企业是其成长的发动机，政府则为其发展提供规制保障，三者交互作用，共同驱动全球科技创新中心向高等级发展进化。

第一节　世界一流大学：科技创新中心形成的知识源头

现代大学特别是世界一流大学，具有知识传授、科学研究和创新创业三大基本功能，世界上的一流大学，不但能够培养创新人才、产生新知识、衍生新企业，还聚集了大批社会知名的学者，成为广大知识精英的向往之地[1]，因而成为全球科技创新中心形成和发展的知识源头。事实上，全球科技创新中心往往都拥有若干世界一流大学。比照澳大利亚 2thinknow 的《2021 年全球城市创新指数排行榜》和《2021 年世界大学排名 100 强》，可以发现，排名前 15 位的全球创新城市中，有 14 个（地区）至少拥有 1 所世界一流大学（表 4.1）。而 2014 年的排行榜中，前 15 位全球创新城市拥有世界百强大学的仅有 11 个，这说明世界一流大学对全球科技创新中心的作用日益重要。其中，波士顿、旧金山-圣何塞、芝加哥、伦敦都拥有世界前 10 强的顶级大学。大波士顿地区聚集了哈佛大学、麻省理工学院、波士顿学院、波士顿大学、塔夫茨大学、布伦蒂斯大学、东北大学等 8 所世界名校，以及众多研究机构和其他 50 多所大专院校，众多高校形成的大学群落发挥着整体优势，是波士顿地区创新发展的重要支撑力量，使得波士顿地区成为世界上最成功的知识经济发源地之一[2]。硅谷地区集中了斯坦福大学、加州大学伯克利分校、加州大学旧金山分校、加州大学戴维斯分校、加州大学圣克鲁兹分校以及加州州立大学圣荷塞分校等，为硅谷注入了顶尖学术智能。大伦敦地区集中了英国近 1/3 的高等教育机构，包括剑桥大学、牛津大学、帝国理工学院等世界一流大学，这些大学拥有的世界级科学研究中心、技术中心和世界领先的创意与艺术中心，为大伦敦地区的创新发展提供了强有力的智力支持。

表 4.1　2021 年世界创新城市 15 强及其所拥有的世界一流大学(QS100 强)

创新城市排名	城市（地区）	QS 世界大学 100 强及排名
1	东　京	东京大学(24)、东京工业大学(56)
2	波士顿	麻省理工学院(1)、哈佛大学(3)
3	纽　约	康奈尔大学(18)、哥伦比亚大学(19)、纽约大学(35)
4	悉　尼	悉尼大学(40)、新南威尔士大学(44)
5	达拉斯-沃斯堡	得克萨斯大学奥斯汀分校
6	新加坡	新加坡国立大学(11)、南洋理工大学(13)
7	首　尔	首尔大学(37)、延世大学(85)、成均馆大学(88)
8	休斯敦	莱斯大学(89)
9	芝加哥	芝加哥大学(9)、西北大学(29)、伊利诺伊大学香槟分校(82)
10	巴　黎	巴黎文理研究大学(52)、巴黎综合理工学院(61)、索邦大学(83)
11	伦　敦	牛津大学(5)、剑桥大学(7)、帝国理工学院(8)、伦敦大学学院(10)、伦敦大学国王学院(31)、伦敦政治经济学院(49)
12	旧金山-圣何塞	斯坦福大学(2)、加州大学伯克利分校(30)

续　表

创新城市排名	城市（地区）	QS世界大学100强及排名
13	亚特兰大	佐治亚理工学院(80)
14	西雅图	华盛顿大学西雅图分校(72)
15	上　海	复旦大学(34)、上海交通大学(47)

注：括号内为大学排名。

资料来源：Innovation Cities™ Index 2021，www.innovation-cities.com；QS World University Rankings 2021，https://www.topuniversities.com/university-rankings/world-university-rankings/2021。

一、人才培养摇篮

世界一流大学优势学科门类齐全、人才荟萃、教学与科研结合密切并且国际交流广泛，吸引了大批优秀青年学子。培养杰出人才是世界一流大学的第一使命。青年大学生思维活跃，是新思想和创新的不竭来源，持续不断的录取和毕业过程，保证了新思想的输入和输出，使一流大学成为激发思想和创新的最佳场所。一流大学的基础研究实力雄厚，不仅通过课堂学习和科研实践能开发学生智能、培养创新能力和塑造探索精神，且往往拥有百年传承的教育理念和校园文化。例如，牛津大学致力于“实现学生的全面发展，不仅使其能够适应未来的职业，而且还能享受和创造自己的生活”；剑桥大学则是“在全面了解学生的基础上，为学生创造在专业知识、科学研究、兴趣爱好、逻辑思维等方面发展的条件，彻底实现全面发展的教育目标”。哈佛大学第24任校长普西(N. M. Pusey，1907—2001)曾说过，“一个人是否具有创造力，是一流人才和三流人才的分水岭”。

伦敦、纽约、波士顿、硅谷、慕尼黑、东京等著名创新城市的大学，均培养出了众多世界顶级杰出人才。以大学校友诺贝尔奖获得者数量为例，从1901年到2020年，大伦敦地区的剑桥大学、牛津大学、伦敦大学学院等9所高校共有118名校友获得了诺贝尔自然科学奖和诺贝尔经济学奖，其中仅剑桥、牛津两所大学校友诺贝尔奖得主就超过100人(除79名诺贝尔自然科学奖、10名诺贝尔经济学奖外，另含诺贝尔文学奖与和平奖12人)。剑桥大学是全世界校友获诺贝尔奖最多的大学，61人获诺贝尔自然科学奖，6人获诺贝尔经济学奖

(表 4.2)。美国纽约大都市区范围内的哥伦比亚大学、普林斯顿大学、耶鲁大学等世界一流大学校友中共有 127 人获得诺贝尔自然科学奖和诺贝尔经济学奖,其中哥伦比亚大学多达 40 人,普林斯顿大学 26 人,耶鲁大学 21 人,康奈尔大学 15 人。大波士顿地区的哈佛大学和麻省理工学院几乎包揽了该地区的全部诺贝尔奖获得者,哈佛大学 1901—2020 年共有 80 名校友获得诺贝尔奖(56 个诺贝尔自然科学奖、16 个诺贝尔经济学奖、1 个诺贝尔文学奖和 7 个诺贝尔和平奖),麻省理工学院获奖的校友人数也达到了 40 位(25 个诺贝尔自然科学奖、14 个诺贝尔经济学奖、1 个诺贝尔和平奖)。硅谷地区的加州大学伯克利分校、斯坦福大学共有 48 名校友获诺贝尔奖(34 个自然科学奖、13 个经济学奖、1 个文学奖),其中加州大学伯克利分校校友 26 人获诺贝尔自然科学奖,8 人获诺贝尔经济学奖。慕尼黑的慕尼黑大学和慕尼黑工业大学分别有 27 名、12 名校友获诺贝尔自然科学奖。作为亚洲最具创新活力的城市之一,东京科技创新能力的不断提升很大程度上得益于这里的数所著名大学提供的源源不断的优质创新人才。截至 2021 年,共有 28 名日本人(含美籍日裔日本人 3 名)获得诺贝尔奖,来自东京大学和东京工业大学的校友有 9 人获得奖项均为诺贝尔自然科学奖,其中有 7 人是 2000 年以后获得该奖项的。

表 4.2　1901—2020 年世界一流大学校友获得诺贝尔奖人数情况

城市(地区)	大　　学	诺贝尔自然科学奖	诺贝尔经济学奖
伦　敦	剑桥大学	61	6
	牛津大学	18	4
	伦敦大学学院	7	1
	伦敦国王学院	6	/
	帝国理工医学院	4	/
	伦敦玛丽王后大学	4	/
	格林尼治大学	1	/
	威斯敏斯特大学	1	/
	伦敦政治经济学院	/	5
	小　　计	102	16

续 表

城市(地区)	大　学	诺贝尔自然科学奖	诺贝尔经济学奖
慕尼黑	慕尼黑大学	27	/
	慕尼黑工业大学	12	/
	小　计	39	/
硅　谷	加州大学伯克利分校	26	8
	斯坦福大学	8	5
	小　计	34	13
纽　约	哥伦比亚大学	33	7
	普林斯顿大学	18	8
	耶鲁大学	15	6
	康奈尔大学	13	2
	纽约市立大学	12	2
	纽约大学	8	/
	洛克菲勒大学	3	/
	小　计	102	25
波士顿	哈佛大学	56	16
	麻省理工学院	25	14
	布兰迪斯大学	1	/
	塔夫茨大学	1	1
	小　计	83	31
东　京	东京大学	8	/
	东京工业大学	1	/
	小　计	9	/

注：表中纽约是指纽约大都市区；波士顿是指大波士顿，即马萨诸塞州紧靠波士顿的地区；硅谷是指旧金山湾区；伦敦是指大伦敦，即英格兰东南部区域；慕尼黑指慕尼黑市。

资料来源：https://www.nobelprize.org/。

世界一流大学培养的大量本科生、研究生是全球科技创新中心形成的人才来源。在硅谷地区，斯坦福大学和加州大学伯克利分校每年要向硅谷输送数千名科技创新人才。加州州立大学圣荷塞分校、加州大学圣克拉拉分校等培养出大量的优秀工程师，他们精通各种专业设计，善于把新想法转化为实际产品。此外，还有加州大学圣克鲁兹分校、丘陵学院（Foothill

College)、迪·安萨大学(De Anza College)和凤凰大学(University of Phoenix)等一流的专科院校培养了大批善于解决实际问题的技术人员。2021 年的一项调查显示,加州顶尖大学有近 1/3(32%)的毕业生受雇于谷歌、脸书、亚马逊、苹果、微软 5 家高科技公司,圣克拉拉大学毕业生拥有比斯坦福、伯克利和南加州大学毕业生更高的薪资,其中计算机工程专业学士学位毕业生的薪资最高[3]。

二、卓越人才集聚高地

世界一流大学之所以能够培养出大量优质人才,与其汇聚世界一流的智力资源和人才精英密切相关。美国的一流大学集聚了众多不同学科的学术领军者。为了提高学术生产力、获得良好的社会声誉,所有大学都在努力争取相对有限的办学资源,提升自身的比较优势。虽然没有绝对意义上"最好的大学",但一流大学具有一些共同的优势特征①。美国大学绩效评价中心(MUP)将一流研究型大学的卓越要素归纳为六大类:科研经费(总额和联邦资助数量)、捐赠收入(总资产和年度收入)、顶尖教师数量、授予博士学位数、博士后数量和高质量的本科生,并将其作为一流研究型大学绩效评价的重要指标[4]。其中,院士数量、教师获奖人次、授予博士学位数和博士后数量都能体现出一流大学对高端人才的引聚力。优秀的教师队伍是大学的核心要素,也是大学持续保持卓越的关键,而博士生培养、博士后数量则与科学研究成效高度相关,拥有更多博士生和博士后数量的大学往往获得的研究经费更多,学术发表也有较大比例提高。

当选院士是在原创性研究方面取得卓越成就的科学家,也是奠定美国科学领导地位的重要贡献者。入选科研机构的院士数量是衡量大学科研质量和总体实力的重要指标。根据 MUP 全美大学学术绩效 2020 年度统计报告,有 97%以上的院士来自那些获得联邦研究经费超过 4 000 万美元的研究型大学。其中,前 20 强研究型大学拥有院士数量的中间值从 1999 年的 70 名增长到

① Center for Measuring University Performance. The Top American Research Universities 2020 Annual Report. https://mup.umass.edu/sites/default/files/annual_report_2020.pdf.

2019 年的 120 名，历年排名前十的一流大学拥有的院士数量都超过 100 人，其中哈佛大学、斯坦福大学、麻省理工学院拥有的院士数位列前三，2019 年分别达到 428 人、336 人、283 人[①]。

MUP 评价体系中对教师获奖数量的数据统计来源包括诺贝尔奖、美国学术协会理事会奖项（ACLS）、富布赖特美国学者、拉斯克医学研究奖、麦克阿瑟基金会研究员等 20 多个有影响力的奖项，涵盖艺术、人文、科学、工程和健康等多个领域。根据历年的统计数据，获奖教师总数排名前三的大学分别是哈佛大学、斯坦福大学、密歇根大学安娜堡分校[②]。2019 年，哈佛大学、密歇根大学安娜堡分校、斯坦福大学获奖人数分别为 76 人、56 人和 51 人。

博士学位授予量也是衡量一流大学的关键指标。MUP2020 年度报告显示，虽然来自研究型大学授予博士学位的比例近十年来一直在降低，许多非研究型大学也培养了大量的博士，但顶尖研究型大学仍是培养博士生的主体。1999 年，美国排名前 40 的研究型大学授予的博士学位占美国博士学位授予总数的 62.9%，并在 2011 年达到 75%的峰值，此后开始下降，但基本稳定在 70%左右[③]。2019 年美国授予博士学位数量排名前三的是南加州大学、俄亥俄州立大学哥伦布分校、加州大学伯克利分校。

世界一流大学还培养了大批博士后科研人员。博士后已经成为各国科学研究的重要力量，尤其是在应用型的基础研究领域，博士后发挥了重要作用。数据显示，美国的博士后雇用机构呈不断集中化趋势，大学大约雇用了 80%的博士后，远高于政府机构的 13%和工业部门的 7%。其中，哈佛大学历年在博士后招收数量上遥遥领先于其他大学，2019 年该校雇用的博士后数量达 6 024 人，斯坦福大学以 2 304 人居第 2 位[④]。

---

① Center for Measuring University Performance. The Top American Research Universities 2020 Annual Report. https://mup.umass.edu/sites/default/files/annual_report_2020.pdf.

② 同上。

③ 同上。

④ National Academy of Sciences，National Academy of Engineering，and Institute of Medicine. Enhancing the Postdoctoral Experience for Scientists and Engineers：A Guide for Postdoctoral Scholars，Advisers，Institutions，Funding Organizations，and Disciplinary Societies. Washington，DC：The National Academies Press，2000.

表 4.3　美国前 25 所研究型大学的科研实力

大　学	研究经费		教　师		学术深造	
	2018 研究经费总额（亿美元）	2018 联邦研究经费（亿美元）	2018 院士数（人）	2019 教师获奖（人次）	2019 博士学位授予（人）	2018 博士后数量（人）
哥伦比亚大学	9.09	6.74	144	41	576	1 294
哈佛大学	10.67	5.79	428	76	771	6 024
麻省理工学院	8.94	4.77	283	30	687	1 413
斯坦福大学	11.06	6.86	336	51	770	2 304
杜克大学	11.54	6.44	76	22	651	671
约翰斯·霍普金斯大学	26.56	22.47	120	23	537	1 786
密歇根大学安娜堡分校	14.93	8.41	120	56	827	1 350
宾夕法尼亚大学	13.04	6.72	136	41	548	1 141
耶鲁大学	9.73	5.49	129	31	430	1 186
西北大学	7.76	4.65	53	30	518	920
加州大学洛杉矶分校	12.43	5.78	109	27	733	932
华盛顿大学西雅图分校	13.43	9.56	104	46	729	1 034
华盛顿大学圣路易斯分校	7.97	4.97	56	20	302	665
加州大学伯克利分校	7.48	3.25	237	45	881	1 208
南加州大学	8.55	4.88	44	23	917	450
明尼苏达大学双城分校	9.16	4.55	45	31	751	1 147
威斯康星大学麦迪逊分校	11.14	55.57	71	26	829	740
俄亥俄州立大学哥伦布分校	8.18	4.40	33	13	886	665
康奈尔大学	6.30	2.98	69	23	531	525
纽约大学	8.02	3.95	60	29	430	753
芝加哥大学	4.13	2.98	75	27	423	431
北卡罗来纳大学教堂山分校	10.94	6.82	38	26	514	743
加州大学圣迭戈分校	12.56	6.35	119	26	528	1 267
得克萨斯大学奥斯汀分校	6.18	3.87	69	19	873	452
普林斯顿大学	3.52	1.78	124	30	398	621
佐治亚理工学院	8.59	6.46	35	17	526	373

续 表

大 学	研究经费		教 师		学术深造	
	2018 研究经费总额（亿美元）	2018 联邦研究经费（亿美元）	2018 院士数（人）	2019 教师获奖（人次）	2019 博士学位授予（人）	2018 博士后数量（人）
得克萨斯农工大学	8.82	3.17	45	21	774	508
范德堡大学	7.02	4.57	34	21	319	492
宾夕法尼亚州立大学帕克分校	7.84	5.02	30	30	632	344
匹兹堡大学匹兹堡校区	9.96	6.43	29	20	391	718
诺特丹大学(圣母大学)	1.90	0.92	3	15	242	34
埃默里大学	6.93	3.93	33	15	246	540
普渡大学西拉法叶校区	5.36	2.30	28	28	730	424
加州大学戴维斯分校	7.75	3.55	48	20	546	885
伊利诺伊大学厄巴纳-香槟分校	6.10	3.40	50	32	814	423
加州理工学院	3.63	2.69	116	10	207	617
佛罗里达大学	8.31	3.41	27	13	750	664
亚利桑那州立大学	5.59	2.45	24	28	714	331
达特茅斯学院	2.88	1.40	15	13	100	151
莱斯大学	1.57	0.78	22	5	233	207
密歇根州立大学	6.74	3.16	15	19	562	559
马里兰大学帕克分校	5.29	3.52	27	17	612	474
弗吉尼亚大学	4.91	2.31	22	20	343	402
布朗大学	2.34	1.61	24	16	225	228
北卡罗来纳州立大学	4.98	2.14	24	20	574	499
罗格斯大学新布朗斯维克分校	6.66	3.31	38	17	744	290
卡耐基梅隆大学	3.18	1.82	41	12	322	224
加州大学圣巴巴拉分校	2.23	1.10	53	16	327	315

资料来源：Lombardi J V, Abbey C W, Craig D D, et al. The Top American Research Universities 2020 Annual Report, Center for Measuring University Performance, 2021。

世界一流大学的人才集聚功能还体现在能够凭借其卓越的教育质量和卓著的学术声誉，将世界范围内的优秀人才和潜质优秀人才吸引过来，而这些留学生毕业后也大多选择留在当地就业。因此，对当地科技和经济发展而言，世界一流大学实际上扮演了人才"收割机"的角色。美国是拥有世界一流大学最多的国家，也是吸纳世界一流人才最多的国家。统计显示，美国各大学从世界各地招收的留学生人数持续增加，近10年来每年超过100万人。不少研究型大学的留学生占比都在10%以上，如芝加哥大学、华盛顿大学、东北大学、加州大学圣迭戈分校、加州大学戴维斯分校、加州大学尔湾分校、埃默里大学等留学生比例都在15%以上，纽约大学、波士顿大学、卡耐基梅隆大学的留学生比例都在20%以上。从绝对人数来看，美国前40所研究型大学2020/2021学年的在校国际博士生人数达32.6万人，在校国际硕士生人数4.3万人，在校国际本科生人数约1.5万人，其中纽约大学、东北大学波士顿分校、哥伦比亚大学、南加州大学、亚利桑那州立大学坦佩分校、伊利诺伊大学香槟分校、加州大学圣迭戈分校、波士顿大学、普渡大学西拉法叶分校、加州大学洛杉矶分校的在校国际博士生人数都在1万名以上。据美国国家科学基金会统计，2020年美国S&E（Science and Engineering）领域授予外国留学生（temporary visa holders）博士学位人数达到16 003人，比2000年增长了101%，比2010年增长了37%；授予外国留学生的博士学位占美国每年S&E领域博士学位授予额的比例2007年达到41%，2010—2017年期间稳定在36%左右，2020年增加到39%，博士毕业后留在美国就业的外国留学生占比则从2010年的69%上升至2020年的73%①。2014—2020年，共有119 125名获得博士学位的外国留学生获得了留美工作签证，占同期在美国获得博士学位外国留学生人数72.2%。其中，共有40 277名获得博士学位的中国留学生获得留美工作签证，占同期在美国获得博士学位中国留学生人数80.7%；占同期获得留美工作签证外国博士人数的33.8%，占亚洲获得留美工作签证博士人数的51.8%②。

三、科学研究重镇

自19世纪初德国教育家威廉·冯·洪堡（Wilhelm von Humboldt）将科

① National Center for Science and Engineering Statistics, Directorate for Social, Behavioral and Economic Sciences, and National Science Foundation. Doctorate Recipients from U.S. Universities: 2020.

② National Center for Science and Engineering Statistics, Survey of Earned Doctorates.

学研究引入大学以来，现代大学，特别是研究型大学成为集知识传授和知识创造于一体的高等教育机构。世界一流大学不仅是世界杰出人才培养的摇篮，同时也是科学研究特别是基础研究的重镇和重大科技成果的诞生地。在美国，影响人类生活方式的重大科研成果中，70%诞生于高水平的研究型大学，例如发光二极管、条形码、晶体管、雷达、谷歌等产品和技术均来源于美国一流大学[5]。

从世界主要创新型国家的创新体系组织来看，大学是国家知识创新的核心主体，是全球科技创新中心形成的知识源头。大学是基础研究的最大执行主体，也是基础研究的最大产出者。以美国为例，大学承担的基础研究经费占美国基础研究经费总额的比重一直维持在 50%左右。2020 年，大学承担了 811 亿美元的研发经费，占美国当年研发支出总额的 11%。其中，大学承担的基础研究经费为 491 亿元，占美国当年全部基础研究经费的 47.8%，这些基础研究经费 50%以上来自政府。20 世纪 60 年代以来，美国大学基础研究的经费占其科研经费总额的比重一直在 60%以上，一些年份甚至接近 80%。从 1998 年到 2009 年，大学基础研究经费的占比一直维持在 75%左右，近些年这一比例略有下降，但仍然在 65%左右，2019 年为 63%①。这反映出大学的科研活动性质是以基础研究为主。根据美国国家科学基金会（NSF）的调查，2020 年财政，美国共有 916 所大学从事科研活动，研发经费总支出为 864.4 亿美元，其中前 50 所研究型大学的研发经费支出占比将近 60%。该财政年美国有 21 所大学的年度研发经费超过 10 亿美元，33 所大学的年度研发经费在 5 亿～10 亿美元，109 所大学的年度研发经费在 1 亿～5 亿美元。年度研发经费最多的是约翰·霍普金斯大学，达 31 亿美元。密歇根大学安娜堡分校和加州大学旧金山分校分别排名第二和第三，年度研发经费均超过 16 亿美元②。

科研论文是基础研究产出的主要形式，大学是科研论文产出的主要贡献者。2020 年，全球共发表论文 197.9 万篇，各国大学发表的论文数量达 182.8

① National Center for Science and Engineering Statistics. The State of U. S. Science and Engineering 2022. https://ncses.nsf.gov/pubs/nsb20221.

② National Center for Science and Engineering Statistics. Higher Education Research and Development: Fiscal Year 2020. https://ncses.nsf.gov/pubs/nsf22311.

万篇，占全部论文的 92.3%。世界主要国家大学产出的科研论文占各国科研论文总数比重都已超过 90%，而且总量和占比均呈不断上升之势。根据科睿唯安 Incites 数据库①，2020 年，美国大学发表科研论文 395 294 篇，占美国科研论文总数的 88%。其中大学在数学领域发表的论文更占美国论文总数的 95%，心理学占 93.6%，社会科学占 91.5%，神经科学与行为科学 91.2%，材料科学占 90.2%，药理学与毒物学是占比最低的学科为 72.2%。同年，中国大学发表科研论文 493 420 篇，占中国科研论文总数的 94.4%。其中大学在数学领域发表的论文更占中国论文总数的 98%，材料科学占 97.1%，经济学与商学占 97.1%，工程科学占 97.1%，计算机科学占 96.7%，空间科学是占比最低的学科，为 86.9%。从单个大学来看，哈佛大学是 2020 年全球第一大科研论文产出高校，高达 2.5 万篇。紧随其后的是中国科学院大学、上海交通大学、浙江大学和巴黎大学(表 4.4)。从城市和区域来看，伦敦地区的大学科研论文发文量超过 6 万篇，高被引论文 1 700 多篇，约占英国科研论文发文总量和高被引论文发文量的 1/3，其中伦敦大学学院、剑桥大学、牛津大学、帝国理工学院和伦敦国王学院等 5 所世界一流大学的科研论文和高被引论文均占伦敦地区的 80%以上。波士顿地区的大学科研论文发文量达 6 200 多篇，发表的高被引论文约 1 900 篇。其中，哈佛大学、哈佛医学院和麻省理工学院 3 所顶级大学的科研论文发文量和高被引发文量分别占波士顿地区大学的 70%和 82%以上。

表 4.4　2020 年全球科研论文产出前 30 强大学排名

大　学	论文数(篇)	国　家	高被引论文数(篇)
哈佛大学	25 567	美　国	830
中国科学院大学	23 085	中　国	311
上海交通大学	15 274	中　国	206
浙江大学	14 799	中　国	221
巴黎大学	14 159	法　国	319

① 科睿唯安 Incites 数据库中的 SCI－E 和 SSCI 索引，文献类型为 Article 和 Proceedings Paper。

续 表

大　　学	论文数(篇)	国　家	高被引论文数(篇)
多伦多大学	13 723	加拿大	357
伦敦大学学院	12 513	英　国	342
清华大学	12 087	中　国	289
中山大学	11 926	中　国	196
北京大学	11 833	中　国	218
圣保罗大学	11 627	巴　西	100
约翰斯·霍普金斯大学	11 478	美　国	300
密歇根大学	11 360	美　国	258
斯坦福大学	11 313	美　国	387
牛津大学	11 152	英　国	325
华中科技大学	10 669	中　国	324
复旦大学	10 252	中　国	178
中南大学	10 173	中　国	194
宾夕法尼亚大学	10 022	美　国	265
东京大学	9 957	日　本	152
巴黎萨克雷大学	9 872	法　国	225
华盛顿大学	9 714	美　国	337
四川大学	9 689	中　国	136
西安交通大学	9 618	中　国	134
剑桥大学	9 612	英　国	288
索邦大学	9 539	法　国	202
墨尔本大学	9 426	澳大利亚	175
悉尼大学	9 193	澳大利亚	213
首尔大学	9 158	韩　国	126
加州大学洛杉矶分校	8 984	美　国	210

数据来源：https://incites.clarivate.com/。

大学更是重大原始科技创新成果产出的源头。以代表基础研究重大原始创新成果的诺贝尔三大自然科学奖为例，自 1901 年该奖项设立以来，获奖者有 80%以上来自大学。其中，美国和日本的获奖者有 85%以上来自大学，英国为 77.8%，德国较低，但也超过半数(表 4.5)。从大学的分布来看，这些获奖的大学教授有将近80%来自排名前20位的世界一流大学(表4.6)。其中,获奖最多的10所大学分别是剑桥大学(40)、哈佛大学(39)、斯坦福大学(34)、哥伦比亚大学(31)、洛克菲勒大学(27)、芝加哥大学(25)、加州大学伯克利分校(25)、加州理工学院(22)、柏林洪堡大学(19)、普林斯顿大学(19)。从国家分布来看,这20所世界一流大学中,13所为美国大学,3所为英国大学,2所为德国大学,1所为法国大学。从城市或地区分布来看,纽约地区有4所(哥伦比亚大学、洛克菲勒大学、耶鲁大学、普林斯顿大学),大伦敦地区3所(剑桥大学、牛津大学、伦敦大学学院),硅谷地区2所(斯坦福大学和加州大学伯克利分校),波士顿地区1所(哈佛大学)。

表4.5 诺贝尔三大自然科学奖获奖者工作机构分布情况(1901—2022)

国家	总计	大学		科研机构		企业	
		数量	比例	数量	比例	数量	比例
整体	680	560	82.4%	113	16.6%	21	3.0%
美国	360	306	85.0%	48	13.3%	16	4.4%
英国	89	70	78.7%	19	21.3%	1	1.1%
德国	79	44	55.7%	35	11.3%	0	0.0%
日本	21	18	85.7%	2	9.5%	2	9.5%

注:以获奖者获奖时所在的单位统计,如果获奖者获奖时任职于多个机构,则每个机构各计1次,若同时任职于两个国家,则每个国家各计1次,不计权重。

资料来源:https://www.nobelprize.org/。

表4.6 获得诺贝尔奖最多的20所大学(1901—2022)

排序	学校	国家	城市	物理学	化学奖	生理或医学奖	总数
1	剑桥大学	英国	大伦敦	16	13	11	40
2	哈佛大学	美国	波士顿	12	11	16	39
3	斯坦福大学	美国	硅谷	16	10	8	34
4	哥伦比亚大学	美国	纽约	13	13	5	31
5	洛克菲勒大学	美国	纽约	0	6	21	27
6	芝加哥大学	美国	芝加哥	14	7	4	25
7	加州大学伯克利分校	美国	硅谷	14	5	6	25

续 表

排序	学　校	国家	城市	物理学	化学奖	生理或医学奖	总数
8	加州理工学院	美国	洛杉矶	9	6	7	22
9	柏林洪堡大学	德国	柏林	8	8	3	19
10	普林斯顿大学	美国	纽约	15	4	0	19
11	麻省理工学院	美国	波士顿	9	3	6	18
12	巴黎大学	法国	巴黎	9	4	4	17
13	康奈尔大学	美国	伊萨克	6	6	5	17
14	耶鲁大学	美国	纽约	4	5	7	16
15	约翰斯·霍普金斯大学	美国	巴尔的摩	3	2	9	14
16	华盛顿大学圣路易斯分校	美国	圣路易斯	1	1	11	13
17	慕尼黑大学	德国	慕尼黑	3	7	2	12
18	哥廷根大学	德国	哥廷根	3	6	3	12
19	牛津大学	英国	大伦敦	2	4	7	13
20	伦敦大学学院	英国	大伦敦	1	2	8	11

注：以获奖者获奖时所在的单位统计，如果获奖者获奖时任职于多个机构，则每个机构各计 1 次，不计权重。

资料来源：https://www.nobelprize.org/。

四、创新创业基地

现代大学以新的形式把研究与教学功能结合起来，还参与了科技成果的转化与应用、技术转让、科技服务、国际科技交流与合作等活动，成为新创企业，尤其是高科技新创企业形成的来源[6]。大学所创办的衍生企业，其形式主要有学生和教师创办的高技术企业、技术转让产生的企业、高校员工乃至高校持股的企业等。这些企业的诞生使得人才在高校和企业间频繁地流动，促进了科技知识理论与实践在更深层次的融合。美国斯坦福大学和麻省理工学院是“创业型”大学的典范。

斯坦福大学作为把知识转化生产力的典范，始终秉承“让学生获得成功，并直接受用终生”(to qualify its students for personal success, and direct usefulness in life)的办学宗旨，学校采取多种措施鼓励学生创新创业，如创立课堂、实验室与实地工作相结合的教学方式，帮助学生与周围社区、工商界和政府机关建立密切联系，注重发现学生中创业苗子并加以指导和资金扶持，帮学生代办专利申请等。在此类举措下，大学科研和教育与科技产业发展密切结合，大学与企业、政府融为一体，相得益彰，为硅谷的发展提供了无尽的知识源泉和不竭的动力。硅谷作为世界上第一个高科技地区，这个想法最初就是来源于斯坦福大学的特曼(F. E. Terman，1900—1982)教授。早在20世纪30年代，旧金山湾区还是一片十分落后的水果种植区，斯坦福大学尚是一所名不见经传的普通私立大学，学生毕业后大多选择到美国东部地区就业。为了改变当地经济的落后面貌，特曼教授鼓励他的学生毕业后在这里创立自己的公司而不是加入东部地区的大公司。最早听从他意见的两个学生是休特利(W. R. Hewlett，1913—2001)和帕卡德(D. Packard，1912—1996)。他们筹集了538美元，于1939年在大学附近一间租下的车库里创办了自己的公司——惠普公司(Hewlett-Packard，HP)，并在这里设计开发了他们的第一个产品声频振荡器。惠普公司是旧金山湾区第一家科技新创企业，这间车库因此被加州政府确定为“硅谷的诞生地”，特曼教授也因此被称为“硅谷之父”。此后，斯坦福大学的师生创新创业蔚然成风，20世纪50年代以来，硅谷地区迎来一波又一波的创业热潮。

据斯坦福大学伊斯利(C. E. Eesley)和米勒(W. F. Miller)统计，从1930年至2000年，由该校师生创办的企业接近4万家，每年产生的收益高达2.7万亿美元，共创造了540万个工作岗位，其中位于硅谷的惠普、思科、谷歌、雅虎、赛门铁克、安捷伦科技等6家著名高技术公司入选2011年《财富500强高技术企业排行榜》。风险投资家德雷帕(B. Draper)曾说：“硅谷从斯坦福开始真是幸运。我认为，没有斯坦福就不会有硅谷。”自20世纪50年代以来，硅谷虽然历经多次低谷与经济衰退，但每次都能凭借技术革新重获繁荣，并持续引领了半导体、个人电脑、互联网及绿色科技等革命性技术与新兴产业的交替发展，成为全球新技术、新产品、新工艺最为重要而且经久不衰的创新源地。从早期由斯坦福学生创办的惠普公司、瓦里安、杜比实验室，到20世纪80年代的太阳微系统(SUN)、硅图(SGI)、思科和90年代的英伟达、谷歌、雅虎、威睿，再到21世纪的特斯拉、字母公司、OpenAI等，斯坦福大学校友创办的企业一直是硅谷科技产业发展的旗帜(表4.7)。近年来斯坦福大学和加州大学伯克利分校的MBA和本科学位持有者创办的公司仍在持续增加，根据麦肯锡公司对 Pitchbook 的分析，在 2009—2017 年期间，斯坦福大学和加州大学伯克利分校的毕业生共创办了 2 948 家公司。

表 4.7 斯坦福大学校友在硅谷创办的部分企业(1939—2017)

公　司	成立时间	起源地	公　司	成立时间	起源地
惠普/HP	1939	帕洛阿尔托	谷歌	1998	山景城
瓦里安	1948	帕洛阿尔托	潘多拉电台	2000	奥克兰
乔氏商店	1958	蒙罗维亚	StubHub	2000	旧金山
杜比实验室	1965	旧金山	克拉里资本	2002	旧金山
盖璞	1969	旧金山	领英	2003	山景城
嘉信理财	1971	旧金山	特斯拉汽车	2003	帕洛阿尔托
太阳微系统	1981	圣塔克拉拉	YouTube	2005	圣布鲁诺
JLAB、信条软件	1981	山景城	TechCrunch	2005	旧金山
硅图	1981	山景城	Founders Fund	2005	旧金山
艺电公司	1982	红木城	Loopt	2005	山景城
赛普拉斯半导体	1982	圣何塞	Trulia	2005	旧金山
赛门铁克	1982	库比提诺	Workday	2005	普莱斯顿
财捷	1983	帕洛阿尔托	Sunrun	2007	旧金山
T/Maker	1983	山景城	Glassdoor	2007	旧金山
思科	1984	圣何塞	Cloudera	2008	圣克拉拉
贝宝	1988	圣何塞	Instagram	2010	旧金山
IDEO	1991	帕洛阿尔托	欧比海科技	2010	坎贝尔
英伟达	1993	圣塔克拉拉	Stitch Fix	2011	旧金山
雅虎	1994	桑尼维尔	Coursera Inc	2012	山景城
网讯	1995	圣何塞	Robinhood Markets	2013	门洛帕克
安捷伦科技	1999	帕洛阿尔托	Alphabet Inc	2015	山景城
Alta Partners	1996	旧金山	OpenAI	2015	旧金山
网飞	1997	洛斯阿托斯	Brex	2017	旧金山

资料来源：① Eesley C E, Miller W F. Stanford University's Economic Impact via Innovation and Entrepreneurship. Stanford University Press, 2012。

② 2000 年之后成立的公司根据各公司资料整理。

麻省理工学院的创业活动主要包括五个方面：教授咨询活动、与企业和政府签订研究合同、专利的许可与转让、创建新技术公司、创立风险投资公司等。学校设立的产业联络项目(The Industrial Liaison Program, ILP)服务平台和技术许可办公室(Technology Licensing Organization，TLO)，对促进科技成果产业化起到了重要作用。TLO 是全美开展大学专利使用转让最活跃的机构之一，与产业界、风险投资市场和企业家保持着长期的合作，在 20 世纪 80—90 年代，共有 167 家生物技术公司相继诞生于此，其中包括 Biogen、Genetics 研究所和 Genzyme 等当今的生物技术产业巨头[7]。麻省理工学院马丁信托服务中心 2009 年发布的报告《创业影响：MIT 的角色》显示，至 2006 年底，该校校友创办的公司存活 25 800 家，雇佣员工约 330 万人，年度收入近 2 万亿美元。其中有不少是世界著名的跨国企业，如通用汽车、英特尔、麦道、德州仪器、3COM、吉列、IDG、雷神公司等。

第二节　创新引擎企业：科技创新中心形成的发动机

创新是生产要素的重新组合，这一过程只能通过市场激励企业来完成[8]。企业作为城市科技创新的主体，不仅是城市创新资源的主要组织者和创新活动的主要执行者，更是推动城市经济增长和科技发展的“发动机”。世界著名科创中心发展的经验表明，一个具有全球影响力的科技创新中心是靠一批具有全球影响力的企业支撑起来的。这些具有全球影响力的企业是全球科创中心形成的“动力源”，因此被称为引擎企业。出现一批具有国际知名度和行业控制力的科技引擎企业是全球科创中心形成的主要标志。硅谷之所以成为全球最有影响力的科技创新中心，是因为这里培育出了惠普、英特尔、苹果、谷歌、思科、甲骨文、脸书、特斯拉等一大批世界级的科技创新引擎企业。根据 CompaniesMarketcap.com 发布的 2023 年全球市值最高的前 100 家科技企业(仅包括上市公司)，仅硅谷地区就占 36 家，每家企业的市值都在 200 亿美元以上，总市值超过 9 万亿美元，其中排名全球第一的苹果公司的市值高达 2.76 万亿美元(表 4.8)①。科技引

① 近年受疫情管制和税收等问题影响，特斯拉、甲骨文等一些高科技企业开始将总部从硅谷地区迁往得克萨斯州和佛罗里达州。参见 https://ceo-na.com/business/management-leadership/why-tech-billionaires-are-leaving-california-for-texas-and-florida/.

擎企业对科创中心的发展具有三个方面的重要作用：创新投入的主体力量、创新产出的主要贡献者和创新集群的引领者。

表 4.8 硅谷地区进入世界市值排名前 100 强的企业(2023 年)

排序	世界排名	公司名称	市值（亿美元）	排序	世界排名	公司名称	市值（亿美元）
1	1	苹果	27 550.4	19	37	拉姆研究	791.1
2	3	字母(谷歌)	15 602.1	20	41	贝宝	679.7
3	5	英伟达	7 732.0	21	42	Equinix	676.7
4	6	Meta	6 295.1	22	44	爱彼迎	658.5
5	7	特斯拉	5 709.5	23	46	新思科技	622.2
6	11	博通	2 844.5	24	48	铿腾	590.9
7	12	甲骨文	2 776.5	25	49	KLA	581.2
8	15	赛富时	2 059.5	26	52	帕洛阿尔托网络	570.9
9	16	思科	2 012.3	27	55	飞塔	546.7
10	17	AMD	1 704.1	28	58	威睿	538.8
11	18	奥多比	1 702.9	29	59	Workday	509.6
12	19	网飞	1 624.2	30	66	Arista	443.7
13	22	财捷	1 251.3	31	68	欧特克	430.2
14	23	英特尔	1 248.4	32	74	美满	390.6
15	26	高通	1 179.3	33	82	艺电	344.6
16	28	应用材料	1 072.9	34	91	惠普	300.9
17	29	ServiceNow	1 039.7	35	97	德科技	280.0
18	36	优步	792.9	36	100	Veev	264.9

资料来源：https://companiesmarketcap.com/tech/largest-tech-companies-by-market-cap/。

一、创新投入的主体力量

创新投入是指创新过程中全部人力和财力投入的总和。巨额的研发投入是保障城市可持续创新的前提。企业是科技创新的主体，是一个国家或城市研发投入的主要来源。从世界范围来看，企业研发投入一般都占到国家或城市研发总投入的 70%左右，而企业的研发投入又主要来自少数科技引擎企业。

《2022 欧盟工业研发投资记分牌》显示，2021 年全球研发 2 500 强企业的研发投入首次超过 1 万亿欧元，达 10 938.6 亿欧元，约占全球企业研发投入的

90%，占全球研发投入总额的比重超过 60%。这 2 500 家企业来自全球 41 个国家，在全球拥有 100 多家分支机构，其中来自美国的企业有 1 005 家，占 40.2%；中国企业 448 家，占 17.9%；欧盟企业 440 家，占 17.6%[①]。其中，前 20 强企业的研发投入达 2 654.9 亿欧元，占 2 500 强企业研发投入的比例超过 16.1%。这 2 500 家企业的研发投入有一半以上来自前 100 强企业。其中，研发投入超过 100 亿的企业有 11 家，字母公司排名第 1 位，研发投入高达 278.7 亿欧元；Meta 和微软排名第 2 位和第 3 位，研发投入均超过 200 亿欧元；中国的华为排名第 4 位，达 195.3 亿欧元；阿里巴巴和腾讯也跻身前 20 位，研发投入均超过 70 亿欧元(表 4.9)。前 20 家企业的研发投入接近 2 500 家企业研发投入总额的 1/4，平均研发强度超过 10%，Meta、罗氏、百时美施贵宝、默沙东和阿里斯康的研发强度均超过 20%。从国家分布来看，前 20 强企业中美国有 10 家，中国 3 家，德国和瑞士各 2 家，韩国、日本和英国各 1 家；从行业来看，制药和生物技术 7 家，软件和计算机服务 5 家，汽车及零部件 4 家，技术硬件与设备 3 家，电子与电气设备 1 家。

表 4.9　2021 年全球研发支出前 20 强企业

世界排名	企　业	国家	行业领域	研发（亿欧元）	销售额（亿欧元）	研发强度（%）
1	字母	美国	软件与计算机服务	278.7	2 274.7	12.3
2	Meta	美国	软件与计算机服务	217.7	1 041.2	20.9
3	微软	美国	软件与计算机服务	216.4	1 750.6	12.4
4	华为	中国	技术硬件与设备	195.3	1 217.9	16.0
5	苹果	美国	技术硬件与设备	193.5	3 229.9	6.0
6	三星	韩国	电子与电气设备	168.1	2 080.5	8.1
7	大众	德国	汽车及零部件	155.8	2 502.0	6.2
8	英特尔	美国	技术硬件与设备	134.1	697.7	19.2
9	罗氏	瑞士	制药与生物技术	132.6	607.5	21.8
10	强生	美国	制药与生物技术	129.9	828.0	15.7

① The 2022 EU Industrial R&D Investment Scoreboard. https://iri.jrc.ec.europa.eu/scoreboard/2022-eu-industrial-rd-investment-scoreboard/.

续 表

世界排名	企 业	国家	行业领域	研发（亿欧元）	销售额（亿欧元）	研发强度（%）
11	辉瑞	美国	制药与生物技术	102.4	717.7	14.3
12	百时美施贵宝	美国	制药与生物技术	92.8	409.5	22.7
13	默沙东	美国	制药与生物技术	91.3	430.0	21.2
14	梅赛德斯奔驰	德国	汽车及零部件	89.7	1 679.7	5.3
15	丰田	日本	汽车及零部件	86.9	2 425.9	3.6
16	诺华	瑞士	制药与生物技术	79.8	466.9	17.1
17	阿里巴巴	中国	软件与计算机服务	76.9	1 182.3	6.5
18	腾讯	中国	软件与计算机服务	71.9	776.3	9.3
19	阿里斯康	英国	制药与生物技术	71.1	330.4	21.5
20	通用汽车	美国	汽车及零部件	69.8	1 121.3	6.2
合计/平均	—	—	—	2 654.9	25 770.0	10.3

资料来源：The 2022 EU Industrial R&D Investment Scoreboard. https://iri.jrc.ec.europa.eu/scoreboard/2022-eu-industrial-rd-investment-scoreboard/。

从空间分布来看，世界研发 2 500 强企业高度集中于硅谷、东京、北京、波士顿、纽约、伦敦、巴黎、首尔、上海、深圳等科技创新城市。其中，硅谷所在的旧金山-圣何塞地区集中了 200 多家世界研发 2 500 强企业，研发投入超过 1 300 亿欧元，有 18 家企业进入世界研发 100 强（表 4.10），4 家企业进入全球研发 10 强，包括排名全球前两位的字母、Meta，第 5 位的苹果和第 8 位的英特尔。东京集中了 195 家，研发投入超过 700 亿欧元，本田、NTT、索尼、尼桑、日立、佳能等 8 家企业进入世界研发 100 强。北京集中了 120 多家，研发投入超过 400 亿欧元，中国建筑、百度、中国铁路、中国交建、中国铁建、美团、中国电建等 10 家企业进入世界研发 100 强。纽约大都市区集中了 100 多家，研发投入超过 500 亿欧元，强生、辉瑞、百时美施贵宝、默沙东、IBM（国际商用机器）、再生元（Regeneron）6 家企业位列世界研发 100 强。波士顿拥有的世界研发 2 500 强企业也超过 100 家，研发投入超过 200 亿欧元，福泰制药、雷神、博健（Biogen）、GE、美光 5 家企业位列世界研发 100 强。其他超过 50 家的城市还有伦敦、巴黎、首尔、大阪、上海、深圳。

表 4.10　全球拥有 3 家及以上世界研发 100 强企业的城市(2021 年)

城　市	公司(排名)
硅　谷	字母(1),Meta(2),苹果(5),英特尔(8),甲骨文(23),高通(25),思科(30),吉利德(40),英伟达(41),赛富时(49),威睿(63),AMD(69),特斯拉(80),奥多比(84),应用材料(89),网飞(96),西部数据(97),艺电(99)
北　京	中国建筑(34),百度(53),中国铁路(54),中国交建(56),中国铁建(62),美团(82),中国电建(85),中国中冶(91),中国石油(92),快手(94)
东　京	本田(24),NTT(31),索尼(39),尼桑(51),日立(66),佳能(86),第一三共(95),安斯泰来(100)
纽　约	强生(10),辉瑞(11),百时美施贵宝(12),默沙东(13),IBM(36),再生元(68)
波士顿	福泰制药(64),雷神(74),博健(87),GE(88),美光(78)
首　尔	三星(6),SK 海力士(57),LG 电子(65),现代汽车(79)
深　圳	华为(4),腾讯(18),中兴(70)

资料来源：The 2022 EU Industrial R&D Investment Scoreboard. https://iri.jrc.ec.europa.eu/scoreboard/2022-eu-industrial-rd-investment-scoreboard/。

二、创新产出的主要贡献者

对企业而言,创新产出的成果主要是专利,但创新的最终目的是技术的商业化应用和创新产品在市场上获得成功,所以,企业的销售收入可看作企业创新产出的最终结果。据世界知识产权组织(WIPO)统计,2021 年全球 PCT 专利申请量达 277 500 件,其中来自商业部门的占 87.1%,这一比例比 10 年前的 2011 年提高了 3.7%①,表明企业在技术创新中的主体地位得到进一步强化。

从国家分布来看,全球 PCT 专利申请主要来自中国、美国、日本、韩国和德国等少数国家,这 5 个国家的 2021 年申请量占世界的 78.4%。中国的 PCT 专利申请量已连续三年保持世界第一,2021 年达 69 540 件;美国 59 570 件,日本 50 260 件。从区域分布来看,全球 PCT 专利申请量高度集中在少数城市或

① WIPO. Patent Cooperation Treaty Yearly Review 2022: The International Patent System. https://www.wipo.int/edocs/pubdocs/en/wipo-pub-901-2022-en-patent-cooperation-treaty-yearly-review-2022.pdf.

大都市区，在世界范围内形成了东京-横滨、深圳-香港-广州、首尔、圣何塞-旧金山、大阪-神户-京都、北京、上海-苏州、圣迭戈、名古屋、波士顿-剑桥十大醒目的 PCT 专利集聚区。2016—2020 年，这 10 个城市或大都市区 PCT 专利申请量接近 50 万件，约占全球 PCT 专利申请量的 40%（表 4.11）。其中，东京-横滨大都市区的 PCT 申请量超过 12 万件，占全球的比例超过 10%；深圳-香港-广州的 PCT 申请量超过 9 万件，占全球的比例超过 8%。

表 4.11　全球十大 PCT 专利申请量集聚区

世界排名	城市或区域	国家	2016—2019 年 PCT 申请量(件)	占世界比例 (%)
1	东京-横滨	日本	122 526	10.7
2	深圳-香港-广州	中国	94 340	8.2
3	首　尔	韩国	46 273	4.0
4	圣何塞-旧金山	美国	42 884	3.7
5	大阪-神户-京都	日本	34 738	3.0
6	北　京	中国	32 016	2.8
7	上海-苏州	中国	22 869	2.0
8	圣迭戈	美国	19 363	1.7
9	名古屋	日本	18 623	1.6
10	波士顿-剑桥	美国	16 172	1.4
合计	—	—	449 803	39.2

资料来源：WIPO. Patent Cooperation Treaty Yearly Review 2022: The International Patent System。

从 PCT 专利申请机构来源来看，科技引擎企业是最主要的贡献者。WIPO 统计显示，2021 年全球 PCT 专利申请量排名前 50 企业的申请量达 60 930件，占全球 PCT 申请量的 22%。中国有 13 家企业的 PCT 专利申请量进入全球 50 强，包括华为、欧珀（OPPO）、京东方、平安科技、中兴、维沃（VIVO）、大疆、瑞声、武汉华星、深圳华星、腾讯、字节跳动和小米，这 13 家企业的 PCT 专利申请量达 20 018 件，占同年中国 PCT 专利申请量的 28.8%，其中仅华为一家的申请量即达 6 952 件，约占全国的 10%。华为的 PCT 专利申请量连续五年保持世界第一，2021 年的申请量比排名第二的美国高通公司多出3 000余件。美国有10家企业进入全球PCT专利申请量50强，依次为高通、惠普、微软、谷歌、3M、IBM、应用材料、美光、哈利伯顿和苹果。这10家企业2021年的PCT专利申请量达10 670件，占同年美国申请量的17.9%。日本有15家企业进入全球PCT专利申请量50强，包括三菱、索尼、松下、日本电信电话、NEC、富士胶片、日本电装(DENSO)、村田制作所、索尼半导体、NTT都科摩、京瓷、夏普、日东电工、日立和大金，2021年共申请PCT专利15 923件，占同年日本申请量的31.7%。韩国有4家企业进入全球前50强，包括三星电子、LG电子、LG化学、LG能源，2021年的PCT专利申请量共计7 298件，占同年韩国申请量的35.5%，其中三星电子的申请量占全国的14.8%。

从城市层面来看，科技引擎企业在创新产出中的“龙头”作用更加突出。进入全球PCT专利申请量前50的13家中国企业，有7家来自深圳，3家来自北京，东莞2家，武汉1家。深圳市PCT专利申请量排名前10的企业包括华为、平安科技、中兴、大疆、瑞声、深圳华星、腾讯、TCL华星、汇顶科技和金融壹账通。2021年深圳全市的PCT专利申请量为17 443件[①]，前10家企业的申请量为13 897件，占全国同年PCT专利申请量的20%，占深圳全市的80%，其中，华为的申请量即占全市的42.3%。日本进入全球PCT专利申请量前50的15企业中，有8家来自东京。2021年，东京排名前10企业的PCT专利申请量合计为12 086件，占日本PCT专利申请总量的24%，其中三菱的申请量即占日本全国的5.3%。硅谷地区PCT专利申请量前10企业包括惠普、谷歌、应用材料、苹果、脸书、拉姆研究(Lam Research)、英特尔、美国腾讯、Futurewei和思科，2021年PCT专利申请量达4 517件，约占美国PCT总量的13%，其中前4家位列美国PCT专利申请量前10强。韩国首尔PCT专利前10企业包括三星电子、LG电子、LG化学、LG能源、LG Innotek、KT&G、酷胖(Coupang)、三星SDI、LS电子、CJ集团，2021年合计申请PCT专利8 096件，占韩国PCT专利申请量的40%，其中三星电子的PCT专利申请量即占韩国的15%(表4.12)。

① 深圳市市场监督管理局.2021年深圳市专利申请量与授权量.2022-07-21. http://amr.sz.gov.cn/xxgk/qt/ztlm/sjfb/tjfx/cqsj/content/post_8773714.html.

表 4.12　世界部分城市 PCT 国际专利申请量前 10 强企业(2021 年)

深圳		东京		硅谷		首尔	
企业	PCT(件)	企业	PCT(件)	企业	PCT(件)	企业	PCT(件)
华为	6 952	三菱电机	2 673	惠普	1 485	三星电子	3 931
平安科技	1 564	索尼集团	1 789	谷歌	763	LG 电子	1 485
中兴	1 493	松下	1 741	应用材料	571	LG 化学	763
大疆	1 042	日本电讯电话	1 508	苹果	428	LG 能源	571
瑞声	679	NEC	1 350	脸书	253	LG Innotek	428
深圳华星	647	富士胶片	1 095	LAM 研究	237	KT&G	253
腾讯	511	NTT	713	英特尔	209	酷胖	237
TCL 华星	392	日立	474	腾讯(美国)	196	三星 SDI	209
汇顶	319	日立 ASTEMO	410	Futurewei	194	LS 电子	196
金融壹账通	298	东京电子	333	思科	181	CJ 集团	194
合计	13 897	合计	12 086	合计	4 517	合计	8 267

资料来源：WIPO Statistics Database。

三、创新集群的引领者

创新集群是指在某一产业领域内，一组交互作用的创新型企业和关联机构，因具有异质性和互补性而联系在一起并根植于某一特定地域而形成的一种地方性网络组织。新技术的诞生往往来自区域内公司的集聚而产生的“溢出”效应，各种技术先进的企业和初创企业在地理上的邻近加强和加快了产品开发过程。在创新集群的形成过程中，科技引擎企业是其中的“领头羊”，其他企业保持跟进状态，从而在一定地域空间内形成层次分明的创新企业群落。引擎企业对创新集群的引领作用固然重要，但是创新集群是由引擎企业和中小企业共同构成，引擎企业的存在并非孤立的，它是建立在与中小微企业互利共生的基础之上的。引擎企业与中小微企业之间通过正式或非正式的合作和信息流通，从而形成密切的创新关系网络。其中，引擎企业是创新网络的核心，除具有较大的研发投入和产出、拥有核心技术并主导行业发展外，对周边地区的开放性也很强，通过研发创新不断向市场推出新产品、新技术，同时也不断培养创新人才；中小企业作为引擎企业的供应商，通常也拥有细分领域的核心技术，成为企业创新网络中不可缺少的部分；初创企业多数由应届毕业生或辞职创业人员等创办，常常能发现市场上的空白领域，并通过出卖产品、技术、企业或上市等手段获得成长。

硅谷是世界上创新生态发育最成熟、创新集群最具多样性的地区，拥有比大多数城市更多的顶级企业。从 20 世纪 50 年代到目前，硅谷地区经历了数次大的技术变革，而每一次技术变革都会导致该地区新的创新集群的形成，在每一次的变革过程中，都会孕育新的引擎企业，成为新的产业和创新集群发展的引领者。硅谷在 20 世纪 50 年代及更早时期的发展过程中，惠普、瓦里安等公司对引领整个硅谷地区的发展具有重要作用。60 年代，从肖克利半导体实验室衍生出来的仙童公司繁衍变化出众多半导体公司，其中包括英特尔、AMD 等日后成为引领世界信息科技潮流的全球性公司，有力地推动了硅谷成为全球半导体的创新与生产中心。70 年代至 80 年代中期，以苹果公司为龙头的个人电脑产业在此阶段取得爆炸式增长，计算机产业取代半导体产业成为硅谷当时的主导创新产业集群。90 年代初，在一些网络开发公司的带领下，硅谷又成为互联网的产业集聚地，如网景、思科、雅虎、谷歌等成为这一时期经济发展的“领头羊”。随着移动互联网的发展，推特、脸书等企业成为新的时代弄潮儿。2010 年以后，硅谷迎来了新一波创业热潮，涌现出以 OpenAI、Stripe、Chime 为代表的一大批独角兽公司（估值超过 10 亿美元的公司）和十角兽公司（估值超过 100 亿的公司）。这些公司的出现，预示着硅谷正在引领一个以人工智能技术为核心的新时代的到来。

硅谷地区是世界上最具多样化的高新技术产业集聚区，已形成以互联网、半导体、计算机硬件、软件、电信行业为核心的 5 大创新集群。2021 年，硅谷前 150 强企业（SV150）中，以字母、META 为“领头羊”的互联网企业有 24 家，就业人数超过 36 万人，其中字母公司的就业人数接近 16 万人；以苹果为“领头羊”的计算机硬件企业有 12 家，就业人数超过 31 万人，其中苹果的就业人数超过 15 万人；以赛富时、奥多比等为“领头羊”的软件企业多达 45 家，就业人数超过 32 万人；以英特尔等企业为“领头羊”的半导体企业有 16 家，就业人数接近 26 万人，其中英特尔的就业人数超过 12 万人；以思科为“领头羊”的电信企业有9家，就业人数超过10万人，其中思科的就业人数接近8万人[①]。上述企业的就业人数约占硅谷前150强企业就业人数的85%以上。

第三节 奋发有为的政府：科技创新中心形成的规制保障

在全球科技创新中心的形成和发展过程中，政府的"有为"体现在多个方面，包括为城市的科技创新发展设计远景规划、选择创新路径以及制定相关政策、法律和法规等。从世界范围看，硅谷的诞生和发展、纽约和伦敦由国际经济中心向科技创新中心的转型、慕尼黑由传统工业向智能工业的升级，以及新兴市场化国家中新加坡、印度班加罗尔等全球科技创新城市的兴起，政府均扮演了十分重要的角色。

一、科技创新的直接投入者

政府作为科技创新的直接投入者，是推动城市和区域科技发展的重要力量。世界主要创新型国家的政府研发投入（包括中央或联邦政府和地方政府）占研发投入总额的比重一般保持在30%左右。以全球研发投入最大的美国为例，自20世纪50年代以来，联邦政府一直是美国研发资金的主要投入者（图4.1）。1953—1978年，联邦政府的研发投入占美国全部研发投入的比例一直在50%以上，在1964年联邦政府研发投入的占比曾高达66.8%，若加上地方政府的投入，则高达67.5%。此后，由于企业研发投入的快速增长，政府研发投入占比持续下降，直到2010年，政府研发投入占比仍然超过30%。2021年，美国全部研发投入达7 918.7亿美元，其中联邦政府的研发投入为1 533.2亿美元，非联邦政府研发投入58.6亿美元，两者合计占美国全部研发投入的比例超过20%（表4.13）。

---

① 2022 Fenwick-Bloomberg Law SV 150 List. https://www.fenwick.com/2022-fenwick-bloomberg-law-sv-150-list.

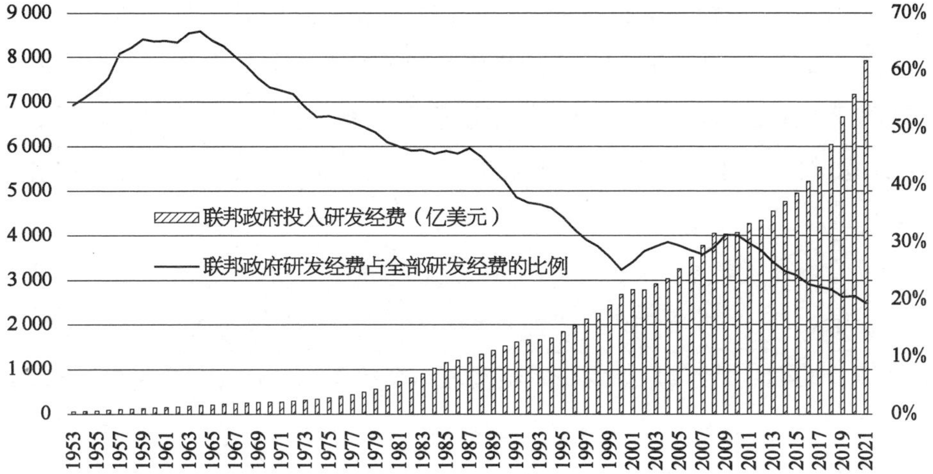

图 4.1　美国联邦政府研发投入额增长及占比变化

数据来源：https://ncses.nsf.gov/pubs/nsf23321/。

表 4.13　美国研发经费的来源构成(2021 年)

来　源	基础研究		应用研究		开发经费		全部研发经费	
	亿美元	占比	亿美元	占比	亿美元	占比	亿美元	占比
联邦政府	471.3	40.0%	447.2	31.10%	614.7	11.6%	1 533.2	19.4%
非联邦政府	30.5	2.6%	19.7	1.4%	8.3	0.2%	58.5	0.7%
企　业	427.5	36.3%	838.6	58.4%	4 611.1	87.1%	5 877.2	74.3%
高　校	144.6	12.3%	61.9	4.3%	24.2	0.5%	230.7	2.9%
非营利组织	103.5	8.8%	68.8	4.8%	36.9	0.7%	209.2	2.6%
合　计	1 177.5	100.0%	1 436.2	100.0%	5 295.2	100.0%	7 908.9	100.0%

数据来源：National Center for Science and Engineering Statistics，National Patterns of R&D Resources。

联邦政府一直是美国基础经费投入的最大来源。20 世纪 60—70 年代，联邦政府的基础研究投入占全部基础研究经费的比例曾超过 70%，20 世纪 90 年代下降到 60%以内，21 世纪初虽有所回升，但 2008 年金融危机以来出现明显下降的趋势。不过，目前联邦政府仍然是美国基础研究经费的最大投入者。2021 年，联邦政府投入基础研究的经费为 471.3 亿美元，占联邦政府研发投入经费的 31%，占美国全部基础研究经费投入的 40%。联邦政府虽然是基础研究的最大投入者，但绝大部分还是投向了应用研究和开发活动，而且呈不断加强之势。2021 年，联邦政府投入应用研究的经费为 447.2 亿美元，占联邦政府研发投入经费的 29%，占美国全部应用研发经费 31%；投入开发活动经费达 614.7 亿美元，占联邦政府研发投入经费的 40%，占全部开发活动经费中的比例接近 12%(表 4.13)。

从政府研发经费的执行部门来看，美国联邦政府的研发经费早期主要投向了企业，其次是联邦政府内部研发机构(图 4.2)。从 20 世纪 50 年代初到 60 年代末，联邦政府投给企业的研发经费占比都在 50%以上，1959 年接近 64%，70 年代以后，占比持续下降，2021 年为 20.7%。联邦政府投给政府内部研发机构的经费比例一直维持在 20%～30%，投给联邦政府资助研发机构(FFRDC，即广义美国国家实验室)、大学和其他(主要是非政府机构)都在持续增加。联邦政府投给美国国家实验室的经费占比由 20 世纪 50 年代的 10%提高到目前的 15%左右。联邦政府投给大学的研发经费增长最快，目前也是最大的部门。在 20 世纪 50 年代，联邦政府投给大学的研发经费占比不足 5%，之后持续增长，2010 年以后接近 30%。联邦政府对高校研发经费投入比

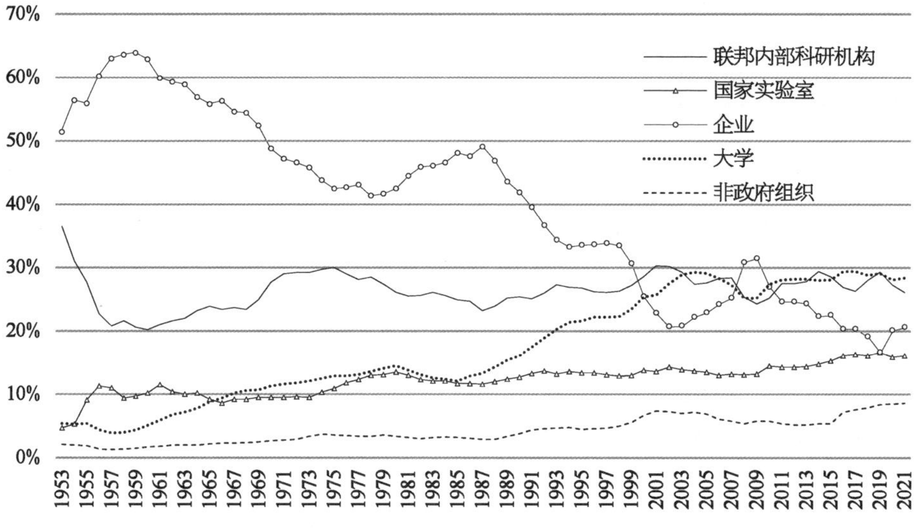

图 4.2　美国联邦政府研发经费执行部门结构变化

资料来源：National Center for Science and Engineering Statistics，Higher Education Research and Development Survey。

重的增加反映出基础研究在美国科技创新发展中作用的提升，因为大学是从事基础研究的主阵地。在 20 世纪 50 年代，美国基础研究经费的占比不足 10%，2000 年以后的许多年份都超过 18%，2010 年以后虽然有所下降，但 2021 年仍然在 15%左右。2021 年，美国联邦政府投给大学、联邦内部机构、企业和国家实验室的经费分别为 434.8 亿美元、400.4 亿美元、318.1 亿美元和 247.6 亿美元，占比分别为 28.4%、26.1%、20.7%和 16.1%。另外，还有一部分投给了非政府机构和非联邦政府机构，2021 年分别为 129.5 亿美元和 3 亿美元，前者占比达 8.4%，后者仅 0.2%①。

联邦政府一直是美国大学科研经费的主要来源。20 世纪 50 年代，联邦政府资助的科研经费占美国大学科研经费的比例在 50%以上，60 年代这一比例曾超过 70%，20 世纪 70 年代以后略有下降，到 2010 年仍然在 60%以上，2021 年约 55%(图 4.3)。联邦政府对大学的资助方式主要是通过竞争申请，以合同的方式进行的，这样使得联邦政府资助的科研经费主要集中在少数大学。美国共有 3 600 多所大学，但受联邦政府科研资助的高校只有 600 多所，其中 80%的科研资助经费集中在前 100 所大学。相当长时期以来，约翰·霍普金斯大学一直是获得联邦政府科研经费最多的大学，2021 年该校从联邦政府获得的科研经费为 27.75 亿美元，约占其全部科研经费的 87%。排在第 2 位和第 3 位的分别是华盛顿大学西雅图分校和密歇根大学安娜堡分校，2021 年两者从联邦政府获得的研发经费分别为 10.46 亿美元和 8.91 亿美元，占其全部科研经费的比例分别为 68.8%和 54.0%②。联邦政府对大学稳定充足的科研经费支持，使美国大学能够专注于基础研究，这是美国科技创新得以持续发展的不竭动力源泉[9]。

美国联邦政府投给联邦政府内部机构、国家实验室和企业的经费有 80%～90%用于应用研究和开发活动，只有 10%～20%用于基础研究。国家实验室用于基础研究的经费占比波动较大，在 20 世纪 50 年代和 60 年代上半期只有不到 20%，之后呈上升趋势，1991—2007 年间都在 40%上下，之后又开

---

① National Center for Science and Engineering Statistics, Higher Education Research and Development Survey.

② 同上。

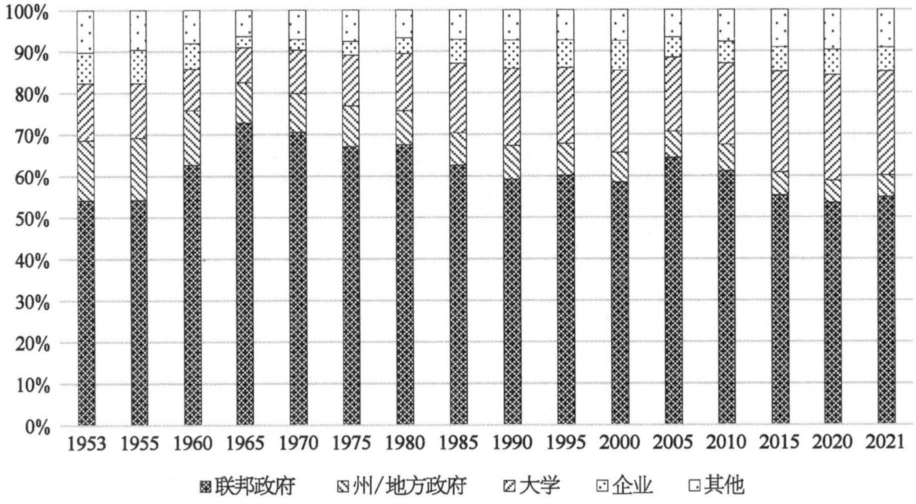

图 4.3　美国大学研发经费来源构成的变化

资料来源：National Center for Science and Engineering Statistics，Higher Education Research and Development Survey。

始下降，2020 年前后都只有 20%左右；应用研究和开发活动经费占比的变化态势正好与基础研究相反，2020 年前后两者各占 40%。国家实验室作为美国国家战略科技力量的重要组成部门，其经费使用结构的变化反映了国家战略导向的变化。在 20 世纪 50 年代和 60 年代初美苏太空竞争的高峰时期，国家实验室的经费更多用于新技术的开发；90 年代为冷战的结束，国家实验室则将更多力量投入基础研究。

联邦政府研发经费的执行机构，无论是大学和企业，还是国家实验室和联邦政府内部科研机构，都高度集中在少数科技创新中心城市。如，在硅谷地区，这里集中了斯坦福大学、加州大学伯克利分校、加州大学旧金山分校等著名研究型大学，拥有劳伦斯伯克利国家实验室、劳伦斯利弗莫尔实验室、SLAC 加速器国家实验室和桑迪亚国家实验室（旧金山湾区园区），还有美国宇航局的艾姆斯研究中心（Ames Research Center）、旧金山退伍军人事务部医疗中心、退伍军人事务部帕洛阿尔托医疗保健系统和联合基因组研究所等联邦政府内部科研机构。这些大学、国家实验室和联邦政府内部科研机构都是美国联邦政府研发经费的重要执行机构，如在 2021 年，上述 4 家国家实验室从联邦政府获取的研发经费超过 60 亿美元，斯坦福大学、加州大学旧金山分校、加州大学伯克利分校等几所研究大学从联邦政府获取的研究经费超过 20 亿美元，艾姆斯研究中心从联邦政府获取的研究经费超过 10 亿美元。毫无疑问，联邦政府的科研投入对硅谷地区的科技创新发展具有重要的推动作用。

二、创新发展蓝图的规划者

政府制定发展规划蓝图，是后进国家或地区科技创新发展的重要保障。班加罗尔的成功就应归功于政府的长远规划。20 世纪 80 年代印度政府就开始准备实行经济发展战略重点向信息技术产业转变，为尽快顺利地完成这一转变，1984 年印度电子部建立了软件开发局，负责计算机政策的实施。20 世纪 90 年代初印度政府制定了重点开发计算机软件的长远战略，并以此作为经济起飞的龙头。1998 年印度总理办公室专门成立了“国家信息技术特别工作组”。1999 年在内阁新设立了“信息技术部”，制定了加快发展印度信息产业的计划，并提出了信息技术产业的开发要建立在高起点之上的战略决策，主要是集合全国各方的力量为高科技产业的发展扫清障碍。

美国“研究三角园区”有很清晰的政府支持与规划的痕迹。“研究三角园区”成立以前，北卡罗来纳州的支柱产业是与农业相关的烟草业、纺织业和家具业，但是在 20 世纪 50 年代初，这三个行业都面临激烈竞争和急剧衰退的局面，当地失业率不断走高，居民收入连年下降。由于发展新兴产业能够增加就业，降低失业率，1956 年州政府牵头成立了研究三角园区委员会，研究如何吸引大批新兴行业企业进入，以促进北卡罗来纳州由传统农业迈进到以科技为主的现代化工业。在研究园区成立之初，政府就将其定位于以高技术为基础的现代工业研发。1959 年“研究三角园区”挂牌时，委员会把化学、纤维作为发展重点；20 世纪 60 年代中期后，电子业成了高新技术的代表；1965 年 IBM 公司加入后，园区进入快速成长阶段；20 世纪 80 年代，州政府进一步明确把微电子和生物工程视为最有前途的技术领域，并确定了集中于这些核心产业的“产业集群”发展战略。

硅谷的发展历程中也离不开政府的规划引导，政府在硅谷的基础设施建设和用地扩展规划方面发挥了重要作用。在硅谷，私营公司很少介入道路交通等公共投资，因而投资交通等基础设施建设、减少交通阻塞和交往隔阂是政府机构的重要职能；在硅谷扩展建设用地时，政府则负责协调各方利益，解决周围的社区、环保主义者和其他特殊利益组织提出的诸如空间、交通、濒临灭绝物种等问题；为帮助解决或缓解硅谷住房紧张局面，政府逐渐仿照新加坡等国的做法，直接介入到住房建设中来。此外，政府还在环境保护、能源提供等方面发挥积极的影响。

三、创新优惠政策和法律法规的制定者

保护创新投入及产出的法律、法规是创新发展的重要支撑。硅谷的成功，除人才、创业投资等因素外，也得益于政府为高技术发展建立和营造法律基础和法制环境。美国知识产权保护体系发展经历了 3 个阶段：建国之初到 20 世纪 30 年代，对专利的过度关注导致垄断；20 世纪 30 年代至 20 世纪 80 年代，反垄断排挤知识产权保护；20 世纪 80 年代至今，以信息技术引领的知识产权全球保护。美国宪法规定了保护知识产权的重要性，国会在建国不久的 1790 年通过了《专利商标法》，标志着美国专利制度的建立。迄今，美国已经基本建立起一套完整的知识产权法律体系，主要包括《专利商标法》《版权法》和《反不正当竞争法》等。

除了专利保护制度外，反垄断和不正当竞争也从制度上保证了高技术企业，尤其是新创企业得以在一个公平的竞争环境中成长。1890 年通过的《谢尔曼法》，是美国历史上第一部反垄断法，授权联邦政府以反垄断的形式控制、干预经济。依据该法，1956 年美国政府禁止 AT&T 从事通信以外的商业活动。同年，美国政府明令 IBM 以合理的价格转让打孔卡和计算机专利。在过去二十年间，包括微软在内的不少高技术企业都曾因为涉及垄断和不正当竞争而受到美国司法部的调查。企业并购也往往需要通过反垄断审查。

与美国高技术发展有关的法律还包括 1958 年的《小企业投资法》，授权政府通过提供优惠利率的投资，引导民间资本投向风险企业，促进美国风险投资业的发展。1978 年降低资本利得税和对机构投资者松绑，允许保险公司、养老

金和公司投入包括风险资本在内的高风险资产[10]。

更值得一提的是，1980 年通过的《拜杜法案》(Bayh-Dole Act)进一步放松对技术转移的限制，使产学合作跨出了一大步。过去，大学由联邦资助的研究产生的知识产权归联邦政府；而现在，这种知识产权归大学所有。大学能将其拥有的专利权授予有兴趣开发并能把产品推向市场的企业。大学甚至可以基于其拥有的知识产权投资初创公司并持股。《拜杜法案》颁布后，美国的研究型大学几乎马上开始设立技术转让办公室，其任务是确认可以申请专利的研究、为新发现的专利申请提供帮助及管理，并向对这些专利感兴趣的公司颁发许可。技术转让办公室在迅速将新发现的成果带给公众的同时也为大学创造新的收入来源。1974 年，斯坦福大学为 DNA 重组技术申请专利，并最终于 1980 年获得授权斯坦福教授利用该项专利成立了世界第一家现代生物技术企业——Genetech 公司。这一法案也成为包括中国在内的许多国家为发展高技术而建立相关法律环境竞相模仿的对象。

从班加罗尔的发展历程来看，印度政府制定的一系列法律和规定为信息技术和电子商务的发展提供了重要保障。政府对班加罗尔发展的政策扶持主要表现在财政支持、税收优惠和行业引导三个方面。政府把信息产业作为财政投入的重点行业，设立了软件产业发展风险基金，实行经费政策倾斜。1998 年政府提供了 10 亿卢比的金融风险基金，通过企业发展银行以低利率向软件公司发放贷款。2000 年瓦杰帕伊政府将科研投入从占国内生产总值的 0.86% 提高到 1%，在随后 5 年中更提高到 2%，并确立了在 10 年内实现“世界信息产业超级大国”的宏伟目标。在税收优惠方面，对投资于信息产业的国内外企业都免除进出口双重关税，全部产品都用于出口的软件商可免交所得税。此外，政府还规定，外商在印度信息产业中的股权份额可以高达 75%～100%。此外，政府还制定了一系列法律和规定来维护信息技术业和电子商务的发展，这在很大程度上也保护了企业和消费者的信息安全，为计算机信息纠纷的解决提供了法律规范。

纽约市政府为促进科技创新的发展，成立了科学技术与研究办公室并以此为基础构建了一系列项目中心，如战略目标研究中心、先进研究中心和地区技术发展中心等。除此之外，纽约的经济发展部、帝国区发展厅、技术办公室以及税务与财政部等部门一道制定了有利于企业进行技术研发活动的相关政策。纽约市政府在制定和实施相关鼓励研发的政策中突出了对大学和民间研究机构的创新激励，引导他们在选择研发创新领域时尽量与本地产业结构相一致，如鼓励他们在影像技术、生物技术、生物医药、军事电子、纳米技术及环境保护技术等方面开展研发活动(图 4.4)。

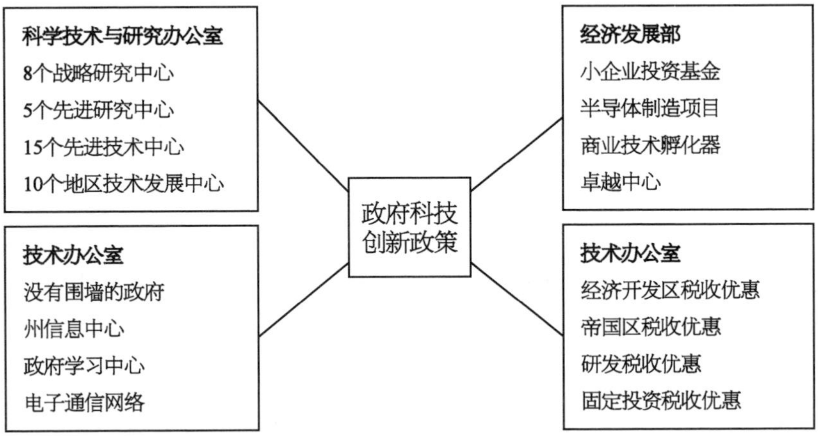

图 4.4　纽约政府的科技研发推动政策体系

四、企业发展壮大的扶持者

为保护中小企业的发展，政府的职责主要是杜绝垄断和维持竞争。新加坡在扶持中小企业创新方面有许多成功经验。新加坡的中小企业占企业总数的 99%以上，主要分布在制造业和服务业。为促进中小企业发展壮大，政府制定了一系列配套措施和政策，以引导它们走科技创新之路。标准、生产力与创新局是新加坡政府扶持中小企业的重要机构，通过与其他政府部门、行业协会和企业的合作，为中小企业新技术和新产品的研发提供支持，同时为本地企业提供经营策划、财务管理、市场营销和特许经营等咨询服务，且只收成本费，有效减轻了企业负担。2005 年，新加坡各主要商会设立企业发展中心所需费用的 70%都由该局提供。该局还组建了中小企业沙龙，邀请业内专家为中小企业提供咨询指导，定期组织同一行业的管理人士会面，交流管理心得。尤其在化工、材料、机械制造、食品科技、电子和自动化等方面为中小企业提供技术支持,以解决一些中小企业因规模小和专业人才不足而无力独自开展研发的难题。

伦敦的中小企业和政府之间的联结非常密切,政府对中小企业的创新发展起着引导作用。由于创新存在一定风险性,政府通过制订相关法律来保障中小企业创新的合法性以及享有创新成果的权利,从而激发中小企业进行创新的积极性。对于财政比较困难的中小企业,政府还通过提供起始资金等措施来鼓励资助其研发创新。伦敦政府在支持中小企业创新的过程中,还定期对政策的实施效果进行评估,不断总结经验教训,以便制订更加合理的政策法规来引导中小企业进行创新。这种互相反馈的良性循环使伦敦政府在制订创新政策法规时更富成效。

硅谷虽然不是政府计划的产物,但政府的政策支持,特别是政府采购和对企业低息贷款对促进硅谷发展起到了至关重要的作用。美国政府的大量投资和消费,极大地提高了硅谷的创新频率,使硅谷的创新气氛愈加浓厚。20 世纪 30—50 年代美国国防部一直维持着对硅谷半导体元件稳定的订货量,据统计,1955—1963 年期间,硅谷半导体产业 35%～40%的营业额来自政府采购。1959 年,仙童公司获得 1 500 万美元合同,为“民兵式”导弹提供晶体管,1963 年又获得为“阿波罗”宇宙飞船导航计算机提供集成电路的合同。1958—1974 年间,五角大楼向硅谷的公司采购了 10 亿美元的半导体研究成果和产品。在 20 世纪 70 年代风险投资开始兴旺之前,联邦资金对硅谷创业和技术进步的推动是毋庸置疑的。互联网最早也是政府项目,网景等一些早期的硅谷企业都直接或间接获得了政府投资的研究项目的支持。为支持硅谷新能源技术的研发与创新,美国能源部 2009 年 6 月为特斯拉提供总额为 4.65 亿美元的低息贷款,以帮助该公司支付 S 型电动汽车的工程和生产成本,最终使特斯拉获得巨大成功,并成为世界新能源汽车的翘楚。虽然,当前政府对硅谷的采购合同有所减少,但至今政府采购科研成果和高科技产品对硅谷的发展仍起着不可忽视的作用。Tech Inquiry 2020 年 7 月发布的一份报告显示,国防部和联邦执法机构,包括移民和海关执法局、联邦调查局、缉毒局和联邦监狱局,已经与谷歌、亚马逊、微软、戴尔、IBM、惠普甚至脸书达成了数千笔交易,由于大多是以分包合同的形式出现,这些交易此前尚未报道过,自 2016 年以来,微软与国防部和各种联邦执法机构签订了 5 000 多份分包合同，亚马逊已与 ICE 和 FBI 等军方和联邦执法机构达成了 350 多项分包合同等。

参考文献

[1] 孙茂新.建设中国的世界一流大学.求是，2001，22：60－61.

[2] 李茂林.大学群落的地域性经济贡献探究——以美国波士顿地区的 8 所研究型大学为例.比较教育研究，2009，1：48－52.

[3] Logan J K，Nichols T. Who's hiring graduates of the top colleges in California? A look at the largest employers，industries，and occupations behind the best schools for salary in California. October 13，2021. https://www.gradreports.com/trends-insights/career-outcomes-top-california-schools.

[4] 牛风蕊.美国一流大学绩效年度报告解析及其启示.高等理科教育，2021，4：43－53.

[5] 乔纳森·R. 科尔.大学之道.冯国平，郝文磊，译. 北京：人民文学出版社，2014.

[6] 亨利·埃茨科威兹.国家创新模式——大学、产业、政府“三螺旋”创新战略.周春彦，译.上海：东方出版社，2013.

[7] 翁媛媛，饶文军.生物技术产业集群发展机理研究.科技进步与对策，2010，6：54－58.

[8] Solow R M. Technical change and the aggregate production function. The Review of Economics and Statistics. 1957，39(3)：312－320.

[9] 杜德斌.科学研究与高等教育深度融合的知识创新体系研究.北京：经济科学出版社，2019.

[10] 钟坚.世界硅谷模式的制度分析.北京：中国社会科学出版社，2001.

第五章

全球科技创新中心形成的支撑要素

全球科技创新中心的形成与发展是创新主体与创新环境相互作用的结果。创新环境是由支撑创新活动的各种要素形成的综合体，它通过对创新主体的作用而影响创新活动的运行。其中，创新文化、风险资本、创新基础设施和创新专业服务是构成创新环境的关键性支撑要素。创新文化体现了城市的活力与创造力，它是诱发新思想、新知识的内在力量；风险资本是物化的企业家精神，为科技初创企业的成长提供资金及与创业相关的专业咨询服务；创新基础设施是科技创新活动的物质保障，且具有汇聚高等级要素的平台功能；专业性服务是提高科技创新活动效率的润滑剂，也是知识与信息传输的重要媒介。

第一节　创 新 文 化

创新文化是指与创新活动相关的文化形态，是在创新活动中产生，并与创新行为发生相互作用的一种文化环境。它包括与创新过程相关的价值理念、思维方式、行为规范、制度体系以及物化环境，也包括一切有益于催生创新灵感、激发创新潜能、保持创新活力的良好人文生态环境。狭义上，创新文化是指与科学发现和技术创新相关的观念和制度的文化体系，包括科学共同体所应该具有的文化气质特质，以及社会上与科技创新相关的文化要素。广义上，创新文化则反映一定社会的创新能力和对创新的态度[1]。世界各地都在努力创建自己的“硅谷”，而硅谷模式却如此难以复制，归根结底是因为独特的硅谷创新文化无法移植。政府往往更关注资金投入和人才引进，却较少关注影响科技创新的文化动因。事实上，创新嵌入于特定文化中，真正具有创新力的城市一定具有深厚的文化土壤，文化是城市可持续创新的内在力量。全球科技创新中心不仅是全球创新网络的核心节点，还是新观点和新理念的传播源。任何一个技术创新活跃、经济繁荣的城市或地区，无一例外都兼备文化繁荣的特质和文化引导的功能。任何城市文化的形成都有其深刻的历史渊源，具有一定的路径锁定效应。如果文化要素无法与其他要素协同发展，就可能成为城市（地区）迈向全球科技创新中心的一道“鸿沟”。从这个意义上讲，全球科技创新中心建设就是一项长期而艰巨的文化再造工程。

一、城市创新的文化基因

城市不仅是人类的聚集形式之一，也是传承人类文明的重要载体。芒福德（L. Mumford，1895—1990）说：“城市是地理的网织工艺品，是经济组织制度的过程，是社会行为的剧场，集中统一体的美的象征”[2]。几个世纪以来，城市一直是创新的中心和进步的催化剂。它们激发创造力，创造财富，促进社会发展，利用人力和技术资源，带来前所未有的经济和社会收益。历史表明，文化是城市发展的核心，可以通过有形和无形文化遗产、地标、历史名城核心以及充满活力的文化机构（如博物馆、图书馆、音乐厅、歌剧院等）来证明。城市的核心是由人类的创造力塑造的，成为思想、互动、创新和知识的中心，将不同背景的人们聚集在一起——通常是通过移民和贸易——进行交流、创新和创造。总之，城市的文化使城市与众不同。

城市文化和创造力是形成创新文化的基础。城市文化可以表达对于新思想与创新产物诞生的基本立场，科技创新活动需要与之相适应的创新文化要素做支撑。科技创新不但根植于技术，更根植于文化[3]。因此，那些影响城市科技创新能力的外部因素更倾向于黏附自身所偏好的本地文化。文化要素之所以容易被忽视，在于它往往以无形的、内在的方式推动着科技创新的诞生。

新技术产生之前的文化是技术创造的基本点，在观念、制度、方法、习性、价值等多个层面上影响科技创新的发展方向和发展速度。正如斯塔姆(B. Von Stamn)所言，“文化既有可能成为科技创新成长的土壤，也有可能成为科技创新枯萎的园地……肥沃的土壤本身不会生长出任何东西，但是如果没有它的话，任何东西都会失去成长的根基”[4]。而在相反的维度上，任何重大技术变革都会通过影响人类的生产和生活，塑造着代表那个时代的创新精神、商业理念和消费时尚，从而引导人类价值观的嬗变和思想体系的演进。因此，创新不仅深深植根于科学与技术，而且也深深根植于心理与文化[5]。

联合国教科文组织《文化：城市未来——文化促进可持续城市发展全球报告》指出，文化具有使城市更繁荣、更安全、更可持续的力量[6]。文化和创意产业是就业、经济增长和创新的重要来源，有助于提高城市竞争力和可持续性。文化和创意产业通过对城市更新和可持续城市发展的贡献，使城市对人们居住和经济活动发展更具吸引力。文化和创造力还有助于邻里层面的社会凝聚力，促进创意网络形成和创新增长，并为那些经常在社会和经济上被排斥的人创造机会[7]。因此，城市要利用文化和创造力，来促进当地创新经济的发展，以建设有弹性、包容和充满活力的城市。

研究证明，文化创意与科学技术共同构成了提升城市创新能力的内生要素，城市文化创意主体与科技创新主体在城市创新系统中扮演着几乎同样重要的角色[8]。事实上，文化与创新的关系正越来越得到人们的关注，2020 年世界城市论坛第十届会议就是以“机遇之城：连接文化与创新”为题来讨论城市发展的未来。由于城市文化基因的差异，与之匹配的城市的科技品格也呈现出多样化的趋势，有学者把城市的科技基因分为科学基因(S)与技术基因(T)，认为技术基因与文化的非变动因素关系密切，而科学基因与文化的变动因素关系密切，由于经济、社会、文化以及特定的时代背景之间的复杂关系，基因自由组合并经由适者生存形成四类城市科技品格：纯科学型城市(SS)、纯技术型城市(TT)、科学主导型城市(ST)、技术主导型城市(TS)[9]。不过，在现实中，这四类城市并无严格界限，城市创新文化往往经由多重要素的共同作用和历史沉淀，呈现出科学精神、价值取向、思维认知、行为方式、制度规范等多个层次的内涵。全球科技创新中心赖以形成的创新文化，根植于城市的文化基因，既与城市的历史密切相关，也与城市未来的发展定位有关。例如，美国纽约是依靠商贸与金融发展起来的港口城市，而如今纽约的“硅巷”已成为数千初创企业的摇篮，并正在成为纽约新的梦想大道。

二、创新文化的基本特征

2 000 多年前，古希腊哲人亚里士多德就已经提出过关于哲学和科学诞生的三个条件：惊异、闲暇、自由。在某种意义上说，这也是近现代创新所需要的文化条件，也就是科技创新所依托的文化基因。探索精神决定“惊异”，经济基础影响“闲暇”，制度安排保障“自由”，换而言之，创新文化由价值观念、制度规范和物质基础三个层次构成。

一般意义上，创新文化可以理解为有利于创新的一种文化氛围，包括社会的进取精神，崇尚理性和热爱科学及发现、发明、创造的风尚，敢于承担风险的态度，包容和宽容的氛围，追求进步的期待，相信世界是可以认识并相信人类创造力的信念，尊重创造的风气，对未知世界的好奇心，关心科技发展及其对社会影响的责任感等。创新文化的基本元素包括：求新、求异，进取、开拓，价值、求实，质疑、批判，开放、包容，等等[1]。佛罗里达(R. Florida)提出人才(talents)、技术(technology)和包容性(tolerance)是促进城市和区域科技创新发展的三个关键要素，其中包容性主要体现科技创新城市或区域的文化特征，是指城市文化的宽容度和开放度，它借由人的行为体现出来，并作用于人的行为而影响城市创新活动。创新文化的特质是崇尚冒险、宽容失败、激励草根、包容异端，所以“包容性”和“开放性”是创新文化的两个重要特征[10]。全球科技创新中心的文化要素也主要体现在包容性和开放性两个方面。

佛罗里达和盖茨(G. Gates)通过对美国 50 个大都市地区的研究，论证了包容、开放的文化与科技创新之间的关系，研究结果显示地区的同性恋人口、“波西米亚”人口①、外籍居民人口以及综合考虑上述三种人口的指标都与地区科技创新发展存在相关性[11]。当然，这并不是说上述三类人群比其他人群更

---

① 这个名词被用来称呼那些希望过非传统生活的艺术家、作家和任何对传统不抱持幻想的人。在《牛津简洁字典》中定义为“不受社会习俗约束的人，尤以艺术家或作家为甚”；《美国大学辞典》中定义为“一个具有艺术或思维倾向的人，他们生活和行动都不受传统行为准则的影响”。

具创新能力，而是指开放、包容的文化对科技创新型人才更具吸引力。对比发现，美国科技创新 15 强大都市区的文化指标排名（同性恋指数、“波西米亚”指数、外籍居民指数以及综合指数）都相对较高（表 5.1）。

表 5.1　美国科技创新 15 强城市与文化指标排名的对比情况

城市排名	大都市区	综合指标	同性恋指数	“波西米亚”指数	外籍居民指数
1	旧金山	2	1	8	4
2	波士顿	6	8	9	9
3	西雅图	5	6	1	15
4	华盛顿	3	2	6	10
5	达拉斯	15	19	15	16
6	洛杉矶	1	7	2	2
7	芝加哥	11	15	20	7
8	亚特兰大	14	4	13	31
9	菲尼克斯	21	22	24	21
10	纽　约	4	14	3	3
11	费　城	32	36	35	25
12	圣迭戈	7	5	18	6
13	丹　佛	17	10	14	29
14	奥斯汀	8	3	10	19
15	休斯敦	18	21	30	8

注：城市科技创新排名来自美国米尔肯机构（Milken Institute）的技术极（Tech-Pole）排名。同性恋指数由佛罗里达构建，其他指数来源于 1990 年美国人口普查数据。

资料来源：参考文献[11]。

（一）创新文化的包容性

包容性的创新文化能够吸引高素质人才，并有利于人才的成长，最大限度地激发人的创新激情与活力，为施展才干提供更多的机会和更大的舞台，从而促进初创公司繁衍和高水平创新成果产生。包容性文化并不仅仅指对多元化和差异性的包容，这种文化还具有推崇创业、宽容失败、鼓励冒险的价值观，其核心是激励成功、宽容失败[12]。因为创新具有风险和不确定性，是一个“试错”的过程。失败可以创造机会和更好的创新，只有不断总结经验，才能迎来成功。

世界创新之都硅谷就是以具有包容失败的商业文化而闻名。硅谷的企业普遍推崇的价值观是“允许失败，但不允许不创新”“要奖赏敢于冒风险的人，而不是惩罚那些因冒风险而失败的人”。但是，“成功和失败应该是平衡的。如果你还没有失败过，那说明你还没有尝试；但如果你只是失败，那说明你还不知道怎么正确地做事。”硅谷的秘密是“失败，容忍大量的失败，20 家公司中只有一家能在这里成功，但是你若失败了，那就重新再来……一个初创公司不是一个技术公司，而是一部学习机器”[13]。硅谷有一个流行的说法：预测未来的最好方法是去实现它。在创新者看来，最可耻的不是失败，而是不敢去尝试。

先进的文化设施和宽容的文化氛围，为各种人才提供展示才华的平台和机会。在硅谷，对边缘化的群体（书呆子、怪才、同性恋者、黑客、嬉皮士等）和异端思想也十分包容[14]。当年苹果电脑创始人乔布斯（S. Jobs，1955—2011）从风险资本家那里融到第一笔资金时就是一名嬉皮士。而他的继承人库克（T. Cook）更是刚刚“出柜”的同性恋者。同时，硅谷创业氛围浓郁，人才流动自由，对员工跳槽或自主创业也都十分包容。因此，包容性的创新文化还体现在以人为本，尊重个性和个人选择，使知识精英在兼容并蓄的文化氛围中找到发挥才能的舞台。人才在选择就业城市时，不仅考虑好工作，而且考虑环境的包容性和文化的多元化。这并不是因为在高技术领域就业的同性恋者和所谓的“小资”人口比例高，而是因为他们的存在表明思想开放和社区的多元化对人才有亲和力。对于创新创业人才来说，“多元化”代表的是某些他们认同的价值观。

（二）创新文化的开放性

开放性的创新文化降低了人才的进入壁垒，有利于多样化人才能够被当地的社会和经济生活所接受并迅速融入其中，从而推动该区域的创新和发展。借用一个电脑术语，那些区域必须做到创造性人才“进入就能发挥作用”（plug and play）。多元、开放的创新文化已被证明是科技创新与城市发展的关键因素[15]。开放的文化氛围为优秀科技人才，尤其是优秀青年科技人才提供了思想交流、观念碰撞以及竞合兼容的环境，促进了隐性知识的溢出与新知识、新思想的产生。例如，纽约和伦敦的国际人口占城市总人口的比例分别达到

1/4，纽约市居民说800多种语言。硅谷创新文化的开放性特征则更为显著，不仅移民比例非常高，并且移民来源地多种多样。硅谷约1/4的初创企业创始人中至少有一个是在中国或印度出生，约1/3的科学家与工程师在国外出生[16]。《2023硅谷指数》报告显示，2021年硅谷地区在家除说英语以外的家庭占比高达51%，远高于美国全国22%的平均水平，其中说西班牙语的家庭占1/3，说中文的家庭占1/5①。另据《旧金山记事报》(*San Francisco Chronicle*)的一项调查，旧金山湾区的居民会说160多种语言，而且随着移民人数的不断增加，会说英语以外语言的人数也在不断增加，2021年在家除说英语以外语言的人数比过去5年增长了5%②。在这个创新的大熔炉里，有着不同母语、不同文化背景的工程师、科学家和企业家成为联结硅谷与其母国科技中心的纽带，使得硅谷的企业可以方便地接触到其他地区的技能、技术和市场，这是硅谷始终保持创新活力的重要源泉。正是在这种开放的文化、商业环境中，硅谷科技创新人员相互间常常有着广泛的正式或非正式的交流，使得知识、信息和技术在本地乃至全球不同公司间快速传播，知识溢出效应十分明显，激励各类新思想、新技术及新产品的产生。

所谓“物以类聚，人以群分”。城市的多元文化并不仅仅局限于城市精英阶层，而是具有更宽泛的含义。对于不同阶层人口的文化都具有极强的包容和吸纳精神的城市，才能在城市竞争中脱颖而出。城市的胜利不仅在于它能吸引精英和知识人才，它也为底层社会人口提供了改变命运的上升通道，被嗤之以鼻的贫民窟其实是底层社会人口通往中上层社会的“中转站”，刚来城市的农村及小城镇人口起先住在贫民窟中，通过自身努力奋斗和不断积累财富，从那里搬出住进更好的房子，而与此同时，又会有新的怀揣梦想的年轻人住进贫民窟，开始他们的奋斗故事，城市没有他们是缺乏活力的，但这一切的前提是社会阶层的上升通道是没有阻隔的[17]。因此，加强文化的开放性，促进多元文化交流，提升城市魅力和软实力，将是体现全球科技创新中心竞争力和影响力的重要组成部分。

---

① 2023 Silicon Valley Index. https://jointventure.org/images/stories/pdf/index2023.

② https://www.sfchronicle.com/bayarea/article/fastest-growing-languages-17675056.php.

创新文化的开放性根植于创新活动和创新系统本身的开放性特质，创新要素的流动和集聚，创新思想的碰撞和交流，创新经验的积累与学习等都说明创新需要高度开放的文化环境，开放正是一个系统流动和运转的状态。系统论认为，一个有生命的系统必须是开放的，需要和外界进行物质交换，因为一个封闭系统会变得越来越混乱。自 2012 年旧金山湾区科学与创新联盟(BASIC)首次绘制湾区创新生态系统以来，除了大学、联邦实验室、独立实验室、联合研究机构、公司实验室、风险投资、技术孵化器和加速器外，新的参与者也开始出现，比如工业创新中心。这种"创新云"通过整个技术领域动态、非线性的发展，不断地调试和重新定位，已经在湾区创新系统中发挥作用。公司也一样，必须是一个开放系统，与周围的资源进行信息交换，这样才能保持稳定。2011 年，加州政府起诉苹果、谷歌、英特尔和 Adobe 四家公司，理由竟然是这四家公司不互相挖墙脚，影响了员工的收入，加州政府这么做，只是为了让这些公司能够释放人才，最后这个官司的结果是四家公司败诉，还要赔款3.24亿美元。

三、创新文化的重要作用

文化是人们在社会生产实践中逐步形成的知识体系、价值观念、生存方式等构成的观念形态的复合体，是历史过程的积淀。金吾伦认为，"就文化对于创新的作用而言，文化是一个自变量，文化氛围的好坏直接影响到创新的绩效；但文化又受制于政治体制、经济社会等多重因素的影响，就此而论，文化又不是一个独立的变量，而是一个因变量，它需要通过与之相关的环境条件的改变加以营造，需要通过创新活动使之成为一个独立变量。"[18]因此，文化是一定社会的经济、政治在观念形态上的反映，文化从最深层次上影响着社会组织的价值取向和行为方式；另一方面，文化也会因经济、科技、社会、政治等方面的创新活动而被改变。可以说，文化孕育创新，创新改变文化，在历史的长河中，两者亦步亦趋、两不相离。创新文化作为与创新活动密切关联的文化形态，是社会成员对创新活动的基本态度，是社会制度安排的观念基础，它既包括以思维方式、价值观念、行为取向、探索精神、社会认同等无形的文化形态，也包括制度、规范、习俗、惯例等有形的文化形态。

就科技创新而言，创新文化是影响创造性科研活动最深刻的因素，是科学家创造力最持久的内在源泉[19]。创新文化对全球科技创新中心的作用主要体现在三个层面：其一，创新文化是提升城市科技创新能力的根基和保证。一个城市的创新文化影响科技创新活动的价值取向和制度安排，有利于科技创新的观念和制度为城市科技创新活动提供充足的创新要素和资源并保障科技创新活动的顺利开展。鼓励创新的价值观念是创新文化的核心，而相应的制度设计是创新得以广泛开展和持续进行的保证。全球科技创新中心从根本上说要先有重视创新、鼓励创新的观念，才能实现体制创新和科技创新。

其二，创新文化是建构城市创新生态系统的土壤和空气。创新是一项涉及多种要素的复杂经济、社会现象，任何单个的创新都不是孤立完成的。全球科技创新中心从本质上来说就是一个高等级的城市创新生态系统，在这一城市创新生态系统中，各个组成部分之间的充分交流、互动共享，是创新生态系统成功的特征，也是创新生态系统成功的保证。而各生物群落系统间的交互、共享，要靠自然生态环境的物质与能量交换来实现，创新文化正是城市创新生态系统所根植的自然环境，包括阳光、空气、土壤和水等要素。

其三，创新文化是激发城市人才创新潜能的前提和动力。创新文化是在基本价值和精神层面上提升人的创新能力的前提。人才是全球科技创新中心形成的核心要素，是城市科技创新活动的主体，全球科技创新中心建设的关键是要发挥人才的创造性和能动性。因此，从某种意义上讲，全球科技创新中心的创新文化要围绕人才这个核心要素，充分服务于人才这个创新主体，努力营造一个激发创新潜能的城市人文生态环境，形成有利于城市科技创新的价值取向和精神动力。

第二节　风 险 资 本

科技型初创企业是全球科技创新中心的经济主体之一。创新创业活动发展需要有充足的资金保证，且由于其往往具有较大的风险性，因此需要有风险资本的介入。风险资本被称为科技型初创企业的催化剂，在全球科技创新中心的创新生态系统中扮演着资金提供者和资源连接者的角色。

一、风险投资的基本类型

风险资本(venture capital)，又称“创业资本”，泛指向初创企业提供金融支持的投资，它是科技人才与风险资本家的合作，是将技术、资金及管理重新组合，以促进高技术新企业的形成与发展过程。其具有高风险但回报率高的特点，投资对象以新兴的高技术企业为主，并且作为一种权益式投资，除了为企业提供发展急需的资金外，还会重点帮助企业解决战略、公司治理、人力资源和与外部合作等方面的问题。从投资主体上看，风险资本可分为三个类别，第一种是正式的或专业的风险资本(formal or professional venture capital)，投资主体是公司，持有所投资企业的股权，由专业人士进行管理，并积极参与企业运营；第二种是非正式的风险投资(informal venture capital)，是指个人投资者通过股权合同直接投资初创阶段的企业，这些个人投资者通常被称为天使投资人(angel investor 或 business angel)；第三种风险资本是政府部门为推动创业活动而进行的投资。无论是何种类别的风险资本，都是嗅到了科技创新与创业的巨额利润，为了满足创业市场中的资金需求，风险投资业逐渐发展壮大。私募基金(private equity)也投资于初创企业，但投资期往往在企业即将上市(IPO)时，因此从投资到退出期比纯风险投资的时间要短。

在创新生态体系中，支持科技创新及创业活动的风险资本体量未来将更庞大、更国际化和更多元。原来只有富商、养老保险金管理机构或大企业资金才能流入风险投资市场，而现在通过金融创新，将有更多的正式风险投资公司成立并参与其中，且随着互联网金融和众筹模式的发展，普通大众的资金也可以参与风险投资的博弈。随着资本流动的开放与自由，资金将更为精准地指向任何具有高回报的科技创新及创业活动。

二、风险投资的主要功能

风险资本对科技创新的意义在于它所具有的四大功能。一是市场筛选功能，风险资本突出了市场的决定作用。二是企业培育功能，风险资本一方面提供企业急需的、难以从其他渠道获得的长期性资本；另一方面，肩负制定发展战略、传授知识和经验、组织管理团队、孵化有潜力的项目、提供市场信息，甚至直接参与公司管理的责任，因为不少风险资本家本人就曾是创新创业人才，具有丰富的经验和人脉，能对初创公司起到传、帮、带的作用。三是风险分散功能，风险资本市场提供了科技创新成果转化过程中的风险社会化承担的机制。四是产业导向功能，风险资本市场从某种程度上是政府和民间资本融合的产物，在这个融合过程中，政府通过补贴、税收优惠等方式的介入，体现政府的产业政策意图，引导城市科技创新发展的方向。

风险资本对科技型创业活动以及全球科技创新中心的发展具有重要作用。硅谷之所以成为全球高技术创业的"麦加"，是因为它集技术与风险资本于一体。可以说，没有风险资本，就没有高技术创业。硅谷的风险投资业推动了高技术创业活动，而且是和当地的高科技产业共同成长起来的[20]。由于硅谷聚集了一批科技型初创企业和企业孵化器，形成了一个成熟的风险投资市场。硅谷的天使投资人成为连接企业与科研、企业与市场、企业间的关键环节。这些投资人经过长期实践而总结的经验与积累的能力能够给被投企业提供帮助。因此，企业获得的不仅是金钱，更多的是战略、管理方面的指导和帮助。

在美国得克萨斯州的奥斯汀和北卡罗来纳州的研究三角园区，风险资本在其高技术产业的发展过程中也发挥了重要作用。奥斯汀和北卡研究三角地区的高技术产业发展起始于 20 世纪 50 年代后半期，奥斯汀着力吸引新兴电子产业的高技术制造分厂入驻，而北卡研究三角地区于 1959 年创立了研究三角园区，招徕众多高技术企业的研发机构。事实上，直到 20 世纪 90 年代之前，这两个城市的风险资本都很薄弱。90 年代，这两个大都市区开始向创新型高技术城市转型，高技术创业活动空前活跃，新建企业数量迅速增加，从而吸引了大量风险投资[21]。美国进步政策研究所(PPI)和凯斯西储大学区域经济问题中心(REI)2001 年发布的一项联合研究显示，在该年美国大都市区新经济指数的风险投资分项排名中，奥斯汀和研究三角园区的罗利-达勒姆都市区分别名列第 3 位和第 5 位，总体排名则分别居第 2 位和第 4 位①，由于风险资

① Atkinson R D, Gottlieb P D. The Metropolitan New Economy Index: Benchmarking Economic Transformation in the Nation's Metropolitan Areas, a Joint Project of the Progressive Policy Institute (PPI) and the Center for Regional Economic Issues (REI) at CaseWestern Reserve University, April 2001. https://www.academia.edu/3146029/The_metropolitan_new_economy_index.

本对创业活动的重要作用，又催生了数量众多的高技术企业，极大地推动了这两个地区科技创新发展。

以色列的特拉维夫在近年来的《全球创业生态系统报告》中的排名一直名列前茅，2023 年位居全球创业生态系统第 5 位。这主要得益于特拉维夫极其活跃的风险投资，其天使投资数量超过了硅谷，私募基金略低于硅谷。而且，特拉维夫的风险投资与众不同，其中约 40％属于种子阶段和早期阶段的资金注入。正因为风险投资业的快速发展，这个时常陷于战火侵袭的贫瘠之地，已成为享誉全球的科技之城，被誉为“沙漠硅溪”。以色列 73％的创业公司总部均位于特拉维夫，79％的科技行业工作岗位也来自这座城市。在 2018 年，特拉维夫有 1 869 家活跃创业公司。除去硅谷，以色列是世界上初创企业最多最集中的地方，也是人均获得风险投资数量最高的国家，比美国还高出一倍多。以色列的第一家本土风险资本基金 Athena Venture Partners 在 1985 年发起，1993 年以色列政府启动了著名的 Yozma 计划，此后进入该国的风险资本基金总额 10 年内翻了 60 倍，IT 产业的总利润翻了近 10 倍。美国所有的一线风险资本，包括红杉、Accel、Greylock、Benchmark、Bessemer、Battery、Lightspeed 等全部都在以色列有投资，许多还设有办公室①。全世界有 250 多家跨国科技公司把研发中心建在以色列，使以色列也成为研发占 GDP 比例全球最高的国家。以色列风险资本投入占 GDP 比例虽然全球最高，但是政府在风险资本的投入占 GDP 的比例却是最低的，只占 20％不到，而剩下的 80％均来自跨国科技公司和国际风险资本的投资。也就是说，政府的职责是把合适的资本资源与创业公司对接起来，形成创新的良好生态圈，而不是投资项目。政府的投入事实上只是一个杠杆，每一分投入平均会吸引四分的国际资本投入[22]。

三、风险投资的全球分布

一般来说，全球科技创新中心都是风险资本十分发达的城市。风险资本越发达的城市（地区），其创新能力越强劲，高技术创业活动也更活跃。

① Startup Genome. The Global Startup Ecosystem Report 2023（GSER 2023）. https://startupgenome.com/report/gser2023.

2008 年金融大危机以后，全球进入风险投资活动大扩张和初创企业大繁荣时期。美国马丁繁荣研究所(Martin Prosperity Institute)2018 年发布的《全球创业城市的崛起：创业与风险资本新地图》报告，通过对全球 10 万多笔风险投资交易信息的分析，发现全球风险投资从 2005 年的 320 亿美元飙升至 2017 年的 1 710 亿美元，增幅超过 400%；风险投资交易数量从 2005 年的 4 000 笔增长到 2017 年的 14 800 多笔，增加了近 270%；全球风险投资的分布，一方面在国家层面呈不断扩散的趋势，另一方面城市间不均衡性进一步加剧(图 5.1)[23]。

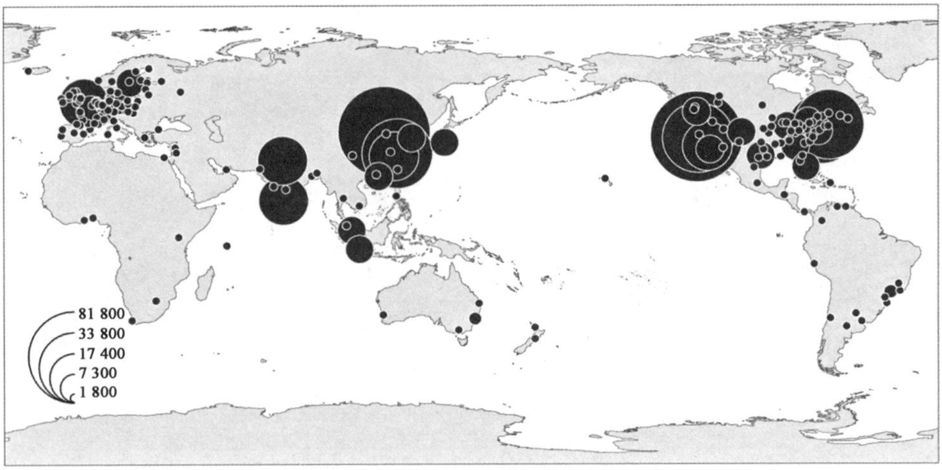

图 5.1　全球风险投资中心的分布

注：圆圈大小代表风险投资规模，其值为 2015—2017 年三年期间的活动水平。
资料来源：参考文献[23]。

从国家和区域层面来看，目前美国占据绝对主导地位，但是随着创新创业活动日益全球化，风险投资活动逐步扩展到欧洲、亚洲甚至非洲，亚太地区风险投资的增长尤其迅猛。虽然美国仍然集聚了最多的创业和风险投资活动，但其在全球总量中的份额已大幅下降，从 1990 年代中期的 95%以上下降到 2012 年的 2/3 以上，到 2017 年仅占 1/2 多。在其他国家中，中国的市场份额增长最多，近年来吸引了 1/4 的全球风险投资。印度和英国总共占全球风险投资的 9%，而德国、法国、以色列、新加坡、瑞典和日本总共占全球风险投资的 9%[23]。

从城市层面来看，全球风险投资的 3/4 集中在人口仅占世界 4%的 24 个城市，其中排名前 6 位的旧金山、北京、纽约、圣何塞、波士顿和上海吸引了全球一半以上的风险投资，而这 6 个城市的人口仅占全球人口的 1%。排名前 15 个的城市中，美国占 7 个，其中硅谷(旧金山-圣何塞)约占全球风险投资的 20.9%，纽约占 6.6%，波士顿地区占 4.8%，此外还有洛杉矶、圣迭戈、西雅图。中国城市上升势头迅猛，北京和上海分别居第 2 位和第 6 位，吸收的风险投资额分别占世界的 14.2%和 4.7%，杭州位于第 9 位，占全球风险投资份额的 2.2%。欧洲的伦敦和柏林分别居第 8 位和第 12 位；印度城市表现亮眼，班加罗尔和德里分别位于第 10 位和第 11 位；以色列的特拉维夫居于第 15 位。这 15 个城市中，除了杭州、班加罗尔和德里 3 个新兴城市，其他均属于同期澳大利亚 2thinknow 全球创新排名前 100 个城市(表 5.2)。

表 5.2　全球风险投资 15 强城市(2015—2017)

排名	地区名称	所属国家	风险投资额(百万美元)	占全球风险投资额的比重(%)	全球风险投资的累计份额(%)	2thinknow 创新城市排名(2016—2017)
1	旧金山	美　国	81 808	16	16	4
2	北　京	中　国	72 819	14.2	30.2	30
3	纽　约	美　国	33 763	6.6	36.8	2
4	圣何塞	美　国	24 857	4.9	41.6	4
5	波士顿	美　国	24 567	4.8	46.4	5
6	上　海	中　国	23 839	4.7	51.1	32
7	洛杉矶	美　国	17 391	3.4	54.5	6
8	伦　敦	英　国	15 650	3.1	57.5	1
9	杭　州	中　国	11 390	2.2	59.8	303
10	班加罗尔	印　度	10 568	2.1	61.8	176
11	德　里	印　度	8 749	1.7	63.5	185
12	柏　林	德　国	7 291	1.4	65	17
13	圣迭戈	美　国	6 030	1.2	66.1	36
14	西雅图	美　国	5 710	1.1	67.3	21
15	特拉维夫	以色列	490	1.0	68.3	37

资料来源：① 参考文献[23]；② 2thinknow. Innovation Cities Global Index，2016－2017。

《全球创业城市的崛起：创业与风险资本新地图》从规模、增长和平衡三个维度评估每个城市，将目前已经形成的 62 个全球创业中心划分为 4 个层次：第一等级，超级明星全球创业中心(Superstar Global Startup Hubs)；第二等级，精英全球创业中心(Elite Global Startup Hubs)；第三等级，领先全球创业中心(Advanced Global Startup Hubs)和第四等级杰出全球创业中心(Distinguished Global Startup Hubs)。数据表明，全球风险投资交易数的 75%和全球风险资本投资的 90%都集中在这 62 个城市。这表明，风险投资与创新城市的形成具有密切关系。这 62 个全球创业中心分布在世界 25 个国家，其中美国 25 个，占 40%；亚太地区拥有 17 个，占 27%，包括中国 5 个、印度 4 个和澳大利亚 2 个；欧洲有 14 个，占 23%，另外 3 个位于加拿大，2 个位于中东，1 个位于南美洲(表 5.3)。

表 5.3　全球创业中心的等级划分与城市分布

等　级	城　市
第一等级 超级明星全球创业中心	旧金山-圣何塞、北京、波士顿、伦敦、洛杉矶、纽约
第二等级 精英全球创业中心	奥斯汀、班加罗尔、柏林、芝加哥、德里、孟买、巴黎、圣迭戈、西雅图、上海、新加坡、斯德哥尔摩
第三等级 领先全球创业中心	阿姆斯特丹、亚特兰大、巴塞罗那、达拉斯、丹佛、都柏林、杭州、赫尔辛基、香港、休斯敦、雅加达、迈阿密、费城、罗利-达勒姆、首尔、深圳、悉尼、东京、多伦多、华盛顿特区
第四等级 杰出全球创业中心	巴尔的摩、博尔德、剑桥、夏洛特、金奈、哥本哈根、迪拜、广州、吉隆坡、墨尔本、米兰、明尼阿波利斯、蒙特利尔、慕尼黑、牛津、凤凰城、匹兹堡、波特兰、普罗沃、盐湖城、圣保罗、温哥华、苏黎世

资料来源：参考文献[23]。

在全球风险投资地图中，虽然随着以中国为代表的亚太国家城市日益活跃，但美国城市仍然占据突出地位。在美国内部，风险投资在城市之间也显示出更加集中的倾向。有数据表明，自 2000 年代初以来，旧金山湾区的风险投资总额急剧增加，占美国风险投资总额的40%～50%。多年来，在美国风险投资总额保持稳定的情况下，风险资本投资越来越集中到旧金山湾区，风险投资占比从2005—2010年的季度平均水平39%上升到2015—2020年的46%。丰富的风险投资为独角兽公司的成长提供了良好的环境。截至2022年底，美国全国估值超过10亿美元的独角兽企业共有660家，全部估值超过2万亿美元，其中硅谷地区（包括旧金山市）集中了297家，占美国全国的45%；估值超过1万亿美元，占美国全国的49%。其次是纽约，共有133家，占20%，市值占15%。波士顿和洛杉矶分别有40家和39家，西雅图、芝加哥、丹佛和奥斯汀也各有10多家，其他城市或地区均不到10家（表5.4）。

表5.4　美国独角兽企业的分布（截至2022年）

大都市区	企业数		估值	
	个	占比	亿美元	占比
硅谷	297	45.0%	10 063.9	49.1%
纽约	133	20.2%	3 071.4	15.0%
波士顿	40	6.1%	1 154.4	5.6%
洛杉矶	39	5.9%	2 341.8	11.4%
西雅图	19	2.9%	478.0	2.3%
芝加哥	18	2.7%	348.7	1.7%
丹佛	16	2.4%	277.9	1.4%
奥斯汀	15	2.3%	215.6	1.1%
迈阿密	9	1.4%	187.0	0.9%
研究三角园区	8	1.2%	401.0	2.0%
盐湖城	7	1.1%	141.0	0.7%
华盛顿特区	6	0.9%	99.3	0.5%
圣迭戈	6	0.9%	165.0	0.8%
亚特兰大	6	0.9%	170.0	0.8%
达拉斯	6	0.9%	178.3	0.9%
其他城市	35	5.3%	1 207.2	5.9%
总计	660	100.0%	20 500.5	100.0%

资料来源：The Complete List of Unicorn Companies. https://www.cbinsights.com/research-unicorn-companies。

第三节　创新基础设施

全球科技创新中心以开展创造知识的前沿性科学研究与开发活动为主要职能，而科技创新活动的开展客观上需要一定的平台或载体，其发展离不开良好的创新基础设施。创新基础设施主要是指支撑科学研究、技术开发、产品研制的具有公益属性的基础设施，比如，重大科技基础设施、科教基础设施、产业技术创新基础设施等。其中，科技基础设施是支撑创新活动的关键。另外，城市公共基础设施的完善与否，对城市科技创新活动能否顺利开展也起着基础性的保障作用。

一、科技基础设施的功能

科技基础设施是专属于开展科技创新活动的基础设施，一般需通过较大规模的工程建设来完成，是构成城市创新基础设施的核心和最关键的部分，也是构成城市创新能力分析框架的重要组成部分[24]。科技基础设施包括支撑各个学科研究的各类大型装置和支撑海量科研数据存储、交换、分析、计算的数据资源与计算平台，例如：大型科学工程、研究实验基地、大型科学仪器设备、自然科技资源、科学数据和文献、科技成果转化公共服务平台、网络科技环境等。科技基础设施是科技创新环境的硬件条件，加大科技基础设施建设的投资力度是提升城市科技创新能力的基础。科技基础设施的先进性及其对科技创新的有效支撑，是一个城市（地区）科技创新能力与竞争力的直接表现。

科技基础设施具有平台支撑功能。它是国内外学术交流与合作的平台，跨学科交叉融合的平台，还是基础研究与应用研究无缝对接的平台，具有一定的公共产品属性。重大科技基础设施建成运行后，不仅为专业技术人员提供科研基地，同时也作为公共研究平台对全社会提供科技服务。而且，科技基础设施还能充当科技与经济结合的纽带，减少社会的创新需求与供给匹配错位问题，缩短整个创新链条的进程[25]。同时，科技基础设施还具有汇聚人才效应，是凝聚和培养科技创新人才队伍的基地[26]。例如，由于科技园、科学城、软件技术园等计划，印度吸引了大批 IT 业人才回流，推动了本国 IT 行业的崛起[27]。

科技基础设施为科技创新活动提供必要的物质条件，这些条件是科技创新活动必需但企业却无法自行解决的基本条件，因此主要由政府主导建设。许多国际著名的科技创新城市的发展经验表明，政府科技创新政策的一个重要方面，就是如何为城市创新发展提供良好的科技基础设施条件。例如，1984 年，比利时弗兰芒地方政府响应鲁汶大学奥弗斯特拉滕（R. J. Van Overstraeten）教授的建议，在该大学微电子系的基础上，联合当地其他几所大学，成立一个独立的微电子研究中心，以发展当地微电子产业。1986 年，奥弗斯特拉滕关于推动欧洲跨院校微电子研究合作的倡议，大学校际微电子研究中心（Interuniversity Microelectronics Centre, IMEC）正式建立，奥弗斯特拉滕担任第一任总裁。作为比利时的第一家微电子研究中心，IMEC 成立时只有 70 余名工作人员，建筑面积仅 1 万平方米左右，研究方向主要集中在微电子、纳米技术、辅助设计方法、ICT、太阳能电池以及微电子领域的高级培训。经过 30 多年的发展，在比利时这个人口仅 1 000 万的小国，凭借地方政府的大力支持，IMEC 在竞争激烈的微电子领域脱颖而出，成为欧洲最大、世界领先的纳米电子和数字技术研发中心。目前，该中心拥有来自世界 80 个国家的 4 000 多名研究人员。

科技基础设施除了对科学发现、基础研究以及基础研究与应用研究的对接方面承担着重要职能，还对战略性新兴产业发展有着关键推动作用，支撑产业发展的科技基础设施在内涵上可以等同于产业技术创新基础设施。目前，世界各国积极规划建设支撑特色产业发展的重大设施。英国 75%的重大设施支撑了企业研发活动，其中散裂中子源设施为全球有机电子领域创造了累计 130 亿英镑的市值；德国布局了下一代列车、汽车研究重大设施，德国政府还规定柏林同步加速器（BessyⅡ）应为企业用户分配 33%的机时；法国、美国等在工业生物技术、神经科学创新疗法、人工智能产业等领域布局了一批产业技术研究和转化平台。此外，设施运营机构还与企业建立灵活多样的合作机制，如共建先进实验仪器、签订合作备忘录、设立创新基金等，从而促进知识流动和成果转化。

在科技基础设施中，重大科技基础设施是国家创新体系中最核心的基础力量。重大科技基础设施区别于一般科技设施的显著特征是投资规模大、人员多、影响力大。欧洲核子研究组织常年有来自 80 个国家 500 余所大学或机构的大约 6 500 位科学家和工程师在此工作，占世界粒子物理学圈子的一半。20 世纪中叶以来，几乎所有关于物质结构研究的重大成果都是依托重大科技基础设施进行实验、分析而获得的。

作为探索未知世界、发现自然规律、实现技术变革的大型科学研究系统，国家重大科技基础设施是突破科学前沿、解决经济社会发展的物质技术基础。以法国格勒诺布尔为例，由于拥有欧洲同步辐射光源、强磁场实验室等大科学装置，格勒诺布尔在信息、能源、生物技术等多个领域的研发水平均走在国际产业界的先进行列，因此被誉为“欧洲硅谷”[28]。

二、科技基础设施的空间集聚

随着全球科技竞争的加剧，单个重大科技基础设施所能发挥的作用愈发局限，产业与学科之间的跨界融合现象要求重大科技基础设施之间形成协同联动机制[29]。而空间集聚是重大科技基础设施协同联动的主要实现方式。

硅谷所在的美国旧金山湾区聚集了多个享有国际声誉的国家实验室，包括劳伦斯伯克利国家实验室、桑迪亚（利弗莫尔）国家实验室、劳伦斯利弗莫尔国家实验室、斯坦福直线加速器中心国家实验室等。每个国家实验室都拥有众多世界顶级的科学设施，研究领域涵盖了物理学、生命科学、化学等基础科学，还包括能源建设、先进材料、制造业检测、工程学、网络与数据科学等。美国能源部下属的 21 个国家实验室管理的 355 个科技设施中，硅谷地区的 4 个国家实验室拥有 135 个，占比 38%，其中劳伦斯伯克利国家实验室 42 个，桑迪亚国家实验室 66 个①，劳伦斯利弗莫尔国家实验室 19 个，斯坦福直线加速器中心国家实验室 8 个②。旧金山湾区又是以电子与信息技术产业为代表的全

① 美国桑迪亚国家实验室拥有两个园区，主实验室位于新墨西哥州的阿尔伯克基，此处的 66 个设施包括阿尔伯克基实验室的设施。

② Lab Partnering Service. Powered by the Office of Technology Transitions in the U. S. Department of Energy. https://www.labpartnering.org.

球最大的产业创新集聚区域，拥有众多科技创新引擎企业和大量中小企业。

除了空间集聚之外，科技基础设施的协同联动，还可以通过国际合作和资源共享来实现。科技基础设施的空间集聚体现“本地化”的空间集聚力，科技基础设施的国际共享则正是体现了“国际流”的空间通达力，通过科技基础设施的共享，实现所在城市在全球创新网络中的辐射力和支配性，由此可以提升城市科技创新的全球影响力。近年来，科技基础设施的国际化共享趋势明显。2013 年 3 月，欧委会首次在互联网上发布了欧洲科研基础设施（RIS）地图。它是欧盟科技资源共享计划的重要组成部分，对提高科技基础设施的使用效率具有重大意义。德国从 20 世纪 50 年代就开始参与大科学装置的国际合作，这些多国合作的装置特别注重开放共享[30]。如原名“大科学中心联合会”的亥姆霍兹研究会非常重视引入外国资金与人力资源，据该会 2018 年公布的数据，2017 年在研究会使用装置的外国科学家已达 10 602 名，其中来自中国、俄罗斯、印度、意大利的科学家均超过 600 名。英国 2018 年 1 月发布的《英国研究基础设施一览》显示，报告调查的 135 个研究基础设施中，69％是国际性的，25％隶属于英国，只有 6％的研究基础设施归属于英国某个地方区域或机构①。此外，77％的研究基础设施至少有一个国际合作组织的成员。在这些国际合作组织中，74％的组织包括其他欧盟国家或欧洲经济区国家的成员，64％的组织包括欧洲经济区国家之外的成员。其中，62％的英国国际合作组织成员参与了国际研究基础设施的管理。可以说，在国际层面上，科技基础设施的开放与共享已经成为常态。

在国家或区域层面上，特定范围内的科技基础设施共享也受到重视。在德国，有大约 300 个科技园区及初创企业孵化中心，这些集群主要集中在化学、生物技术及医药等行业领域。与传统的集群模式相比，它们的特点在于都拥有一个共享的技术中心，它为集群内企业提供研究所需的科技基础设施，也包括相应的管理及咨询服务。例如，成立于 2002 年的法兰克福生物技术创新中心（The FiZ Frankfurt Biotechnology Innovation Center），由黑森州、法兰克

① The Royal Society. A snapshot of UK research infrastructures. January 2018. https://royalsociety.org/~/media/policy/Publications/2018/snapshot-uk-research-infrastructures.pdf.

福市以及法兰克福工商业联合会共同出资建设，园区内各企业共有800余名高级专业技术人员①。该中心是专门为中小型生物医药企业提供定制化的科技基础设施，园区内设立了15 000平方米的生命科学实验室，2013年又新增4 000平方米实验室，可根据企业要求进行个性化的组建，旨在帮助中小型企业拥有独立的研发环境，否则这些研究只有大型的医药企业才能完成。就技术密集型企业而言，创新程度意味着市场占有率的高低，这些科技基础设施不仅为企业提供了研发的场所及其他基本条件，也是知识溢出和合作创新的平台，它对科技型中小企业的发展起到至关重要的作用，而中小企业的成长是体现城市科技创新活力的关键。

三、城市公共基础设施的作用

城市公共基础设施是指为城市生产和居民生活提供公共服务的工程设施，它是城市赖以生存发展的基本条件。英国《经济学人》杂志将城市公共基础设施分为公路网络、公共交通、国际连通性、优质住房、能源供应、水供应和电信设施7个方面。而随着信息技术的发展，智慧城市成为未来城市发展的趋势，它以数字化、网络化和智能化的信息技术设施为基础，更侧重城市的信息化程度，同时也强调各个基础设施系统的智能化水平。西米(J. Simmie)在《创新城市》一书中将固定基础设施和电信作为与高素质、知识渊博的劳动力同等重要的两种创新城市资产之一，认为这些不但为创新者提供了交流的便利，还决定了接触国际联系人、客户以及具有领先知识和经验的人的难易程度[31]。

在现代社会中，经济越发展，对公共基础设施的要求越高，完善的公共基础设施会加速社会经济活动。首先，公共基础设施具有现行性和基础性，没有公共基础设施提供的产品或服务，直接生产部门就不可能顺利地建立和发展，至少不能有效地进行生产活动。公共基础设施的发展，直接或间接地影响生产部门的成本和效益，最终影响其供给产品的质量和数量。如城市通勤交通直接影响生产与居民生活的质量，城市环境是吸引科技创新型人才的重要因

① https://www.fiz-biotech.de/.

素之一，城市公共基础设施还直接影响研发投资环境。其次，城市基础设施具有外部经济性，如交通运输基础设施的发展，直接推动生产和人口向城市集中，导致经济活动在地理上的集中，实现规模经济，促进生产部门和企业平均生产成本与交易成本的降低。再次，公共基础设施投资会促进科技创新，创造高新产业岗位，进而提升城市的科技创新能力。因为许多公共基础设施项目自身就是一个富含高科技的大型工程，如智能电网、智能交通系统、可再生能源以及高速铁路等，所以它们自然会吸引、推动研究与开发活动，以及创新行为。

全球科技创新中心需要先进的公共基础设施的支撑。由于高新技术产业的最终产品及服务，一般具有"质轻价昂"的特征，而且为应对时间指向的竞争，提高了对全球性及时生产(just-in-time)的需求，更不用说科技创新型人才精英一般都是"空中飞人"，因此，科技创新活动高度依赖航空运输。已有研究表明优质的航空运输服务会降低城市制造业成本和提高生产率[32]，而且对当地高科技产业的就业率具有积极影响[33]。在日本森纪念财团的"全球城市综合竞争力排名"指标体系中，可达性是其重要的一级指标，其二级指标包含了国际交通运输网络、国际交通基础设施建设、城市内部交通的服务情况和便捷性，其中国际航班的准点率是评估国际交通运输的重要指标。

第四节　专业性服务

一般认为，专业服务业是由掌握特定专业知识或专业技能的组织或个人为客户提供专项服务的行业统称，其知识含量和科技含量都相对较高，由于某些方面的专业知识和资质是专业服务业的从业基础，因此与其他中介服务行业有着显著区别。专业服务可以分为生产者专业服务和消费者专业服务。具体到科技创新活动，则需要一系列分工精细的专业性服务的支撑，它们是指为各个科技创新环节以及各环节的有机连接提供完善服务的组织机构。随着技术的不断进步和科技创新需求的逐渐多样化，科技创新服务链条开始不断细化分解，各创新要素不断进行重组和对接，社会上涌现出一批新的创新服务模式和业态，包括风险投资机构、产业技术联盟、创业苗圃、研发外包、互联网众包等在内的大量市场化的科技服务机构出现并快速发展。支撑全球科技创新中心发展的专业性服务，需要以城市原有的一般性生产性服务业为基础，但更重要的是专门服务于科技发展的服务业，尤其是科技中介服务。

一、生产性服务的中间功能

生产性服务业是社会化分工的结果，是指直接或间接为生产活动提供各种中间服务的行业。传统的生产性服务涉及市场、广告、会计、法律、管理、咨询、猎头及金融等。虽然生产性服务并不直接参与科技创新过程，却是典型的知识密集型服务，具有极强的集聚与辐射效应，体现了城市的综合服务功能。作为科技创新活动的主要载体之一，科技型企业的日常经济活动离不开专业性极强的生产性服务业。具备发达的生产性服务业是城市吸引科技型企业集聚的因素之一。生产性服务是其他产品生产或服务的中间投入，发挥着中间功能，其增加了整体生产与最终服务的迂回性，使得产品或服务生产者可以专心从事核心业务，从而提高了生产与服务过程中不同阶段的产出价值和运行效率[34]，也降低了产品或服务生产的成本。

著名的全球科技创新中心，其生产性服务业均高度发达。例如，纽约作为全球著名的国际商务中心、金融中心、公司总部中心，集聚了面向全球市场的最先进、最完备的专业性服务业。纽约的竞争优势和科技创新能力主要来自它在银行、证券、保险、外贸、咨询、工程、港口运输、新闻、广告、会计等专业性服务部门为美国甚至全球提供的优质服务及其由此奠定的难以取代的国际地位，其拥有全球经济组织高度集中的控制中心，支持着全球国际贸易和资本的流动[35]。

德国前首都波恩，正是在失去政治功能的巨大挑战下，成功转型为国际城市，并积极向全球科技创新中心发展。根据德国联邦议会 1993 年签署的《柏林波恩法》（*The Berlin/Bonn Act*），迁都后波恩的定位是德国科研中心。联邦政府提供的 14.3 亿欧元补偿金中，近 60％用作提升城市科研和创新能力，更重要的是在德国电信和德国邮政等大型跨国公司的经济驱动力下，波恩成为生产性服务中心，扩展了其经济职能，有效提升了当地的科技创新能力[36]。

二、科技中介服务及其功能

科技中介服务，也被称为科技第三方、科技中介公司、科技桥梁、科技经纪商等。科技中介服务机构指为促进科技进步和提升科技管理水平提供各种服务的所有组织或机构的总和[37]，包括行业协会、商会、创业孵化中心、创新服务平台以及生产力促进中心等各种形式的中介组织或机构。它们在科技创新过程中扮演着不同的角色，具有不同的服务功能。科技中介服务是全球科技创新中心发展的黏合桥梁，在技术转移、知识产权、专业孵化、法律服务、平台建设、数据开发和人才引进等方面都发挥着重要作用。

在科技创新的过程中，科技中介服务以知识、技术、经验、资金和信息等为创新主体，为客体提供服务。科技中介服务在提高科技创新能力、推动技术转移、降低交易成本、整合资源、促进企业发展等方面起着不可替代的作用。具体而言，科技中介服务的功能主要体现在以下几个方面。第一，知识、信息扩散和技术转移。科技中介服务加速了新知识、新技术以及新产品信息的扩散，提升了它们的普及率和应用率。同时，技术中介服务在技术是否采用的决策、技术的市场前景判断、技术及产品的标准化制定等方面都发挥着积极作用。另外，科技中介服务还促进了大企业与小公司之间的技术转移，增加了两者之间非正式合作的概率。第二，科技服务中介具有科技创新的管理职能，它不仅是科技创新环节的衔接点，更融入整个科技创新过程中，如有些科技中介机构还为客户提供系统的技术解决方案，也参与新技术与知识的再改造和重组合，以满足客户的不同需求。第三，知识产权服务，负责知识产权的确权、维权、评价(估)、交易、保护及配置业务。通过与专业的知识产权服务机构合作，企业可以比较全面地掌握相关领域的知识产权信息，制定合理的知识产权战略，从而绕过其他企业设置的专利网，并在权利受到侵害时获得及时和有效的保护。第四，有效协调与规范市场行为，不断帮助政府和市场激活资源，促进创新所需的各种知识和信息的快速流动和高效配置，进而增强创新活力。第五，通过组织人才招聘会、定期举办各种战略管理培训班、专题讲座等，充分发挥自身智力信息平台的作用，引进和培育各类科技创新人才，为企业储备丰富的人才资源。因此，优质的科技中介服务是全球科技创新中心必不可少的辅助职能，为科技创新活动提供各种支持与保障。

全球科技创新中心普遍都有非常完善的科技中介服务，其中最突出的领域包括律师事务和技术转移服务等。硅谷、波士顿都受益于美国顶级律师事务所提供的专业服务[38]。硅谷拥有诸如WSGR、Cooley、Godward、Kronish LLP、Gunderson Dettmer LLP等著名律师事务所，它们还为初创公司提供一系列免费服务，包括新公司注册、投资条件书起草、法律表格准备等。一个没有信用记录的初创公司(无论是经验丰富的企业家还是刚毕业的大学生)可以很容易地得到这些机构的免费服务[13]。波士顿地区共计拥有30多家技术转移中介机构，极大地方便了本地区大学研发的新产品、新技术的转让[38]。麻省理工学院的技术许可办公室是全美开展大学专利使用转让最活跃的机构之一，与产业界、风险投资市场和企业家保持着长期且密切的合作关系。据不完全统计，过去10多年经麻省理工学院技术许可办公室专利转让催生了数百家高新技术公司，涵盖生物、信息、纳米等产业领域。

三、科技中介服务体系

科技中介服务体系连接技术供求双方，促进科技成果转化，是区域科技创新的重要组成部分，也是形成全球科技创新中心创新生态系统的重要纽带。科技中介服务体系作为区域创新网络的结点，虽然不是创新主体，但作为创新活动的主要辅助者，在促进企业创新和发展以及促进区域的创新网络形成和发展方面，发挥着重要的黏合作用，并能对体系中的薄弱环节或“空洞”提供补偿作用。科技中介服务体系作为一个系统，具有特定的组成要素，各要素之间存在关联，科技中介服务的客体就是科技创新活动，而科技中介服务的主体就是这个系统的组成要素。美国、日本、英国等发达国家政府非常重视建设和完善科技中介服务体系，通过科学界定政府在其中的行为和职能，培育技术创新和知识创新主体，并且强化不同创新主体之间的整合与互动，形成了多层次、全方位、结构比较合理的科技中介服务体系。

在城市和区域空间层面上，科技中介服务体系的构建对于城市创新生态系统的形成同样重要，全球科技创新中心拥有强大的科技创新活力，无一例外地重视科技中介服务体系的健全与完善。在硅谷地区，人力资源服务机构、技术转移服务机构、金融资本服务机构、管理信息咨询服务机构、财务服务机构和法律服务机构等多种类型科技中介服务机构均十分发达，形成完善的科技中介服务体系，极大地提高了硅谷企业创新活动的效率。硅谷的科技中介服务体系是高度市场化、高效率有机运行的综合服务系统，主要表现在快捷高效的科技中介信息沟通系统。硅谷的信息交流具有水平化、平等化、开放化和多元化的特征，企业愿意付费获得信息，因此逐渐形成专业化的商业模式，科技中介在其中发挥了重要的桥梁和沟通作用。硅谷有很多专业化的信息服务机构，在不断的信息交流过程中形成完善的信息构建系统。德国巴登-符腾堡地区也形成了完善的科技中介网络，巴登-符腾堡地区旺盛的技术转移获得，在很大程度上得益于区内史太白基金会、弗劳恩霍夫应用研究促进协会等科技中介机构。日本筑波科学城的科技中介服务体系符合日本政府主导的发展模式，政府在其中担当着重要角色。科学城内建有孵化器、技术中心和信息中心，属于政府创办或支持组建的半官方机构，孵化器内进行的项目往往要体现政府调控科技发展的意图。由通产省设立的技术交易市场主要利用电脑网络提供技术买卖资料及进行一些其他的中介服务。另外，还有一些民间的科技中介机构，主要针对行业内或相关领域提供多层次的科技服务[39]。

参考文献

[1] 郭传杰.创新文化的理性认知与建设实践//周溯源.社科之声：中国社会科学网访谈录(2)(2012 年卷).北京：中国社会科学出版社，2012.

[2] Mumford L. The city in history: its origins, its transformations, and its prospects, New York: Harcourt, Brace and World, 1961.

[3] Hall P. The roots of urban innovation: culture, technology and urban order. Urban Futures (Canberra), 1995,(19): 41-52.

[4] 贝蒂塔・范・斯塔姆.创新力.李寅龙，译.北京：高等教育出版社，2004.

[5] Nordfor D. What is innovation? Roots of Innovation, 2009, 14(11): 4-5.

[6] UNESCO. Culture: urban future—global report on culture for sustainable urban development. https://unesdoc.unesco.org/ark:/48223/pf0000246291, 2016.

[7] UNESCO, World Bank. Cities, culture, creativity: leveraging culture and creativity for sustainable urban development and inclusive growth. Paris: UNESCO, and Washington, D.C.: World Bank, 2021.

[8] 杨秀云，王军，郭永.文化创意与科技融合提升城市创新能力路径分析.西北大学学报

（哲学社会科学版），2014，44(5)：33－39.
[9] 李侠，霍佳鑫.城市的文化基因与科技品格——以上海科创中心建设为例.民主与科学，2020，3：34－37.
[10] 杜德斌.我们需要什么样的创新文化.上观新闻，2010－06－04.
[11] Florida R, Gates G. Technology and tolerance: the importance of diversity to high-technology growth//Brookings Institution. The Brookings Institution Survey Series. Center on Urban and Metropolitan Policy, 2001: 1－12.
[12] 杜德斌.探寻区域创新的密码//区域优势：硅谷与128公路的文化和竞争（中文新版推荐序），上海：上海科学技术出版社，2020.
[13] 阿伦・拉奥皮埃罗・斯加鲁菲.硅谷百年史——伟大的科技创新与创业历程.闫景立，侯爱华，译.北京：人民邮电出版社，2014.
[14] 李锺文，威廉・米勒，玛格丽特・韩柯克，等.硅谷优势——创新与创业精神的栖息地.北京：人民出版社，2002.
[15] Simmons B A, Elkins Z. The globalization of liberalization: policy diffusion in the international political economy. American Political Science Review, 2004, 98(1): 171－189.
[16] Saxenian A. Silicon Valley's new immigrant entrepreneurs. San Francisco: Public Policy Institute of California, 1999.
[17] Glaeser E. Triumph of the city: how our greatest invention makes US richer, smarter, greener, healthier and happier. London: Pan Macmillan press, 2011.
[18] 金吾伦.创新文化的内涵及其作用.现代企业教育，2005，2：10－11.
[19] 李惠国.创新文化是科技创新的重要元素.人民日报，2016－9－25.
[20] Florida R, Samber M. Capital and creative destruction: venture capital, technological change, and economic development//TJ Barnes, MS Gertler (red.). The new industrial geography: regions, regulations and institutions. London-New York: Routledge, 1999.
[21] 韩宇.风险投资与美国高技术城市的成长.史学集刊，2014，2：12－19.
[22] 刘元.创业圣地以色列：一个逆天到爆表国家的发展推演.https://www.36kr.com/p/1720943149057，2015－10－5.
[23] Florida R, Hathaway I. Rise of the global startup city: the new map of entrepreneurship and venture capital. https://startupsusa.org/global-startup-cities/report.pdf, October 2018.
[24] Furman J L, Hayes R. Catching up or standing still? National innovative productivity among "follower" countries, 1978－1999. Research Policy, 2004, 33(9): 1329－1354.
[25] 李平，黎艳.科技基础设施对技术创新的贡献度研究——基于中国地区面板数据的实证分析.研究与发展管理，2013，25(6)：92－102.
[26] Feldman M P, Florida R. The geographic sources of innovation: technological infrastructure and product innovation in the United States. Annals of the Association

of American Geographers，1994，84(2)：210－229.
［27］ Gentleman A. “Brain gain” for India as elite return. The Guardian，https://www.theguardian.com/world/2008/apr/20/india.globaleconomy，April 19，2008.
［28］ 锐观网.2020 创新基础设施细分领域发展潜力与空间分析. https://www.reportrc.com/article/20200722/11187.html，2020－7－22.
［29］ 陈岸明，魏东原.粤港澳大湾区重大科技基础设施布局的优化分析——基于国际比较的视角.国际经贸探索，2020，36(10)：86－99.
［30］ 王慧斌，白惠仁.德国大科学装置的开放共享机制及启示.中国科学基金，2019，3：308－312.
［31］ Simmie J. Innovative cities. London：Routledge，2001.
［32］ Cohena J P，Morrison Paul C J. Airport infrastructure spillovers in a network system. Journal of Urban Economics，2003，54(3)：459－473.
［33］ Button K，Lall S. The economics of being an airport hub city. Research in Transportation Economics，1999，5：75－105.
［34］ 钟韵，阎小培.我国生产性服务业与经济发展关系研究.人文地理，2003，18(5)：46－51.
［35］ 赵峥.创新型城市发展：国际启示与借鉴//现代化的特征与前途——第九期中国现代化研究论坛论文集，2011.
［36］ 梅琳，薛德升.从“废都”到国际城市——波恩的城市转型与启示.世界地理研究，2011，20(4)：57－66.
［37］ 程梅青，杨冬梅，李春成.天津市科技服务业的现状及发展对策.中国科技论坛，2003，3：70－75.
［38］ 廖明中，吴燕妮.国际科技创新中心的六大特征.深圳特区报，2019－07－09.
［39］ 赵大伟.发达国家高科技园区科技中介发展启示.现代商贸工业，2011，18：75－76.

第六章

全球科技创新中心的发展模式

在全球一体化背景下，任何科技创新中心的形成和发展都是创新主体与创新环境、地方创新系统与全球创新网络相互作用的结果，其各自发展特征和态势既因其自身地域性特征的差异性而具有独特的个性，不同城市之间也因其发展路径的相似性而表现出相对一致的共性。对世界著名全球科技创新中心进行比较和综合分析，可以发现其个性和共性特征主要体现在发展驱动力、机构来源构成、产业构成三个维度。从这三个维度，可以将全球科技创新中心划分成若干类型。属于同一类型的城市，在一个和几个维度具有发展的相似性。发现和总结全球科技创新中心的共性特征即发展模式，是研究制定全球科技创新中心发展战略的基础。

第一节　全球科技创新中心发展驱动力差异

如前所述，世界一流大学、创新引擎企业和奋发有为的政府是全球科技创新中心形成的三大驱动因素，因此，全球科技创新中心常常是大学、企业、政府三者共同驱动的结果。但就具体城市而言，三者的作用强度是不一样的。根据驱动力的差异，可以将全球科技创新中心细分为企业（市场）驱动主导型、政府驱动主导型和大学驱动主导型三种类型。从科技创新中心的成长过程来看，处于成长初期的科技创新中心大多属于政府驱动主导型或大学驱动主导型，处于成熟期的科技创新中心多属于企业驱动主导型。而鉴于大学-企业-政府的协同互动关系，三种驱动力往往同时存在，只是有着主辅之别。

从世界范围来看，发达国家的科技创新中心多进入企业驱动主导型阶段，新兴工业化国家和地区的科技创新中心多处于政府驱动主导型阶段。例如，美国北卡罗来纳州的研究三角园区（the Research Triangle）最初就是由政府主导发展起来的，是美国第一个由政府牵头成立的工业园区。园区成立以前，这里的支柱产业是与农业相关的烟草业、纺织业和家具业，20 世纪 50 年代初，这三个行业都面临激烈竞争和急剧衰退而渐呈颓势，当地失业率不断走高，居民收入连年下滑。在此背景下，1959 年州政府牵头成立了研究三角园区委员会，研究吸引新兴行业企业进入，以促进经济转型发展。从园区的发展历程来看，虽然在发展的早期政府作为主导力量存在，但是在发展的中后期，企业尤其是跨国企业的研发机构则逐步成为创新发展的主导力量。硅谷的发展也经历了这一过程，其早期发展的驱动力主要来自大学和政府，后期则主要靠企业驱动。目前，发达国家一些传统经济中心城市在向科技创新中心转型的过程中，其初始动力也主要是来自政府，如目前正在向科技创新中心转型的纽约和伦敦。

一、政府驱动主导型

在全球科技创新中心形成的初期，政府往往采取多种政策措施以促进城市创新资源的集聚和创新产业的发展。虽然学界对科技创新中的政府行为究竟是产生促进作用还是抑制作用结论不一，然而，从世界范围看，硅谷的诞生和发展、纽约和伦敦由国际经济中心向科技创新中心转型、慕尼黑由传统工业向智能工业升级，以及印度班加罗尔等创新城市的兴起，政府均扮演了重要的角色。

政府主导的科技创新城市发展模式往往是通过自上而下的政府行动来推动城市功能向科技创新转型和升级。在全球科技创新中心的形成和发展过程中，政府的作用体现在多个方面，包括为城市科技创新发展设计远景规划，制定激励创新创业的相关法律法规和税收政策，确定主导产业发展方向和发展路径，建立和完善科学与教育设施，加大政府研发投入支持创新，等等。

科技创新中心城市发展的政府驱动力，首先体现在规划方案的发布执行以及法律法规的制定实施方面。一套完善、清晰、稳定的关于科技创新发展的政策框架，会提升其他参与主体的市场信心。从总体上说，政府规范科技创新发展的制度环境，从宏观上确保国家对科技创新活动有效引导和管理，为市场经济体制下科技发展提供坚实的保障，能够有效促进国家科技创新。在这一基本的制度保障之下，对于具体的科技创新中心城市建设而言，则更加侧重于城市政府对于城市科技创新发展的战略规划。如印度班加罗尔的成功归功于政府的长远规划，美国北卡罗来纳州的研究三角园区也得益于政府的大力支持与规划。邓璐对全球16个国家29个科技创新中心(中国大陆地区除外)的研究显示，其中有9个公布了科技创新发展规划、行动方案或路线图(表6.1)，特别是东亚国家更倾向于通过规划和行动方案的形式，引导本区域内的科技创新发展。其他国家的创新虽然没有正式的规划或行动计划，但出台了一些约束力较规划、行动方案更强的法律法规。如以色列为促进科技创新发展，先后通过《工业研究与发展促进法》《公司法》《资本投资鼓励法》《"天使"法》等；其他国家和地区也在版权保护、风险投资等领域，制定了严格的法律。为了配合科技创新中心建设，调整或设置城市的科技管理机构及其职能也是政府驱动科技创新的主要形式。如纽约于2010年设立科学技术与研究办公室，办公室下辖5个超级中心、8个战略性目标化研究中心、5个高级研究中心、15个高级技术中心和10个地区技术发展中心。巴黎则在2009年设立巴黎大区创新中心，积极致力于打造包括企业、金融机构、公共研发机构和政府在内的协同创新机制。香港于2000年7月1日设立创新科技署，并于2006年下辖成立香港汽车零部件研发中心、香港应用科技研究院、香港物流及供应链管理应用技术研发中心等在内的5所研发中心。新加坡则成立了研究、创新与创业理事会，理事会成员包括总理、部长、企业家、学者、科技专家等，是国家最高级别的科技创新领导机构。除此以外，悉尼、墨尔本、多伦多等也通过各种方式重建或强化了科技创新部门的职能，以政府规划为引导，凝聚各方合力，为各科技创新中心的快速发展创造了有利的条件[1]。

表 6.1　部分科技创新中心的政府规划或方案

科技创新中心	制定科技创新发展规划或行动方案情况
纽　约	提出建设美国东部“硅巷”和打造“新一代的科技中心”行动计划
伦　敦	制定《伦敦战略规划（2004）》《伦敦创新战略与行动纲要（2003—2006）》等转型规划
东　京	提出《东京信息化计划》《领袖人才培养行动计划》等行动方案
香　港	提出“科技兴港”政策，并在此框架下推行《大学与产业合作计划和实习研究员计划》《科培计划》《多层次人才引进计划》等
新加坡	从 2006 年开始，陆续推出《科技规划 2010》《研究、创新、创业 2015：新加坡的未来》等行动方案
哥本哈根	先后推出《公私创新伙伴新合作计划》《研究与企业相互结合的新措施——从科技到企业行动计划》等
班加罗尔	实施《I 行动计划》
多伦多	推出《工业研究援助计划》《小企业实习计划》等
首　尔	2013 年通过实行《创造型经济落实计划——营造创造型经济生态系统的方案》

资料来源：参考文献[1]。

另外，全球科技创新中心的建设过程中，城市政府致力于创造良好的创新环境，形成开放、多元、包容、平等的创新氛围，往往在政策创新方面有突出表现。政府不仅可以通过各种财政、金融和税收政策支持企业的发展，促进和引导创新载体和创新型产业的形成；还可以通过出台各种积极的人才政策和引资政策，吸引以人才为核心的创新资源加速集聚，为科技创新城市建设的创新人才和资源储备提供政策保障。最具代表性的是日本东京，东京政府以企业作为科技创新的主体力量，对高新技术企业采取多种减免税收和金融信贷支持政策，不断强化科技研发、科技合作与协同创新；根据产学合作和产研合作的不同特点，将产学研合作细分为产学合作与产研合作，并采取差别化支撑性措施；通过改善入学考试条件、简化入境手续等方式创造宽松的留学环境，吸引海外科技人才，增加科技后备人员；同时通过收购、入资国外实验室或企业，设立海外研发机构或发放奖学金等方式柔性引进和利用当地科技人才和科技成果。

总之，许多城市的发展实践表明，政府的强力支持和推动对一些全球科技创新中心的形成起到了关键性驱动作用。新加坡就是政府驱动科技创新发展的典范。亚洲金融危机使新加坡政府意识到要实现经济的可持续发展必须依靠本土高技术企业，1999 年启动“21 世纪科技企业家创业计划”，在各级教育中融入创业课程，培养创业精神，放松管制，鼓励创新发展。政府还通过建设科技园、设立投资基金、制定知识产权保护法律等措施，为中小企业打造了优质高效的创新创业环境。此外，根据全球科技与产业的发展趋势，政府将信息通信、生物制药以及微电子列为最重要的发展领域并给予高强度的投资支持。一系列的政府举措推动了本土高技术企业的兴起并进一步促进了新加坡高技术产业研发活动的发展，尤其是与生命科学及信息通信技术相关的产业，发展尤为迅速，使新加坡在较短时间内成长为一个在全球具有重要影响力的科技创新中心。

二、大学驱动主导型

在全球科技创新中心形成过程中，世界一流大学的地位和价值无法忽视。东京拥有日本 30％的高等教育机构和 50％的国家科研机构，知名大学有东京大学、东京工业大学、早稻田大学、明治大学等。伦敦拥有英国约 30％的高等院校，包括伦敦大学、伦敦国王学院、帝国理工学院、伦敦大学玛丽女王学院、伦敦政治经济学院等国际著名大学。美国硅谷、波士顿、北卡研究三角园区等，均是依托世界一流的研究型大学，依靠知识创新要素驱动城市发展，发展战略与内容侧重于凸显科技集成和科技创新，重视大学科技园的作用，强化大学孵化、催化产业的功能。大学城或大学科技园区往往是形成全球科技创新中心的基础。

大学主导的科技创新中心发展模式，往往基于城市拥有的众多高校和科研机构，通过规模化的基础研究和知识生产、技术创新推动城市科技产业发展。大学驱动主导型的全球科技创新中心，强调大学的先导作用及其对产业聚集的驱动作用，即大学是先于创新产业聚集区存在的，由大学的人才输出与知识外溢而形成的创新产业集聚区[2]。大学对全球科技创新中心的驱动作用体现在三个方面：知识外溢效应、人才集聚效应和产业集聚效应[3]。硅谷在世界上领先开创了大学兴办科技园区的模式，通过校企合作、土地开发和扶持创业等关键策略将斯坦福大学的知识外溢转化成产业和城市发展动力，整个发展较为成熟。波士顿是与硅谷几乎同时发展起来的大学驱动型科技创新城市，麻省理工学院（MIT）和哈佛大学是其起点，当然，政府也起到很大推动作用。北卡罗来纳州研究三角园区是美国增长速度最快的创新型城镇群，它主要是依靠三所大学的共同作用发展起来的，州政府的引导和各城市政府的协同也起到重要作用。

大学驱动全球科技创新中心，其动力根源在于大学知识的外溢。高校科研成果转化应用是城市新兴产业的主要催生方式。硅谷形成的源头即来自斯坦福大学的知识溢出。20 世纪初，斯坦福大学毕业生开办了美国第一家无线电广播台与联邦电报公司，标志着其在无线电和通信等领域开始出现知识溢出，因此后来硅谷的科技产业都是围绕无线电及通信技术发展起来的。同样，波士顿的科技创新活动源头是 MIT 和哈佛大学。20 世纪初 MIT 和哈佛大学成立了一系列实验室，20 世纪 20 年代，MIT 毕业生在波士顿剑桥创办雷神公司，第二次世界大战期间获得大量政府订单，从而奠定了波士顿地区高科技产业发展的基础。当然，大学知识溢出并不是高科技产业发展的唯一驱动，其他本地化力量的作用也相当强大，包括地方产业基础、规模经济和范围经济以及网络外部性，不同生产者的创新可能是互补的，在组合时也会产生相关的新产品或工艺[4]。

大学知识的外溢导致优势产业的产生和集聚，围绕大学形成科技园区或产业园区，这是大学驱动全球科技创新中心的空间动力所在。在硅谷发展的历史上，斯坦福大学工学院的弗雷德里克·特曼教授最大的贡献是在 20 世纪 30 年代鼓励学生毕业后在当地创业和创办斯坦福工业园。第二次世界大战期间，特曼教授被调往哈佛大学无线电研究实验室并担任主任，领导 800 多名各路精英研究通信情报和电子作战。战后，特曼教授回到斯坦福大学担任工学院院长。50 年代初，斯坦福大学遇到财政困难，特曼教授建议将学校闲置的土地长期出租给企业，以缓解学校的财务危机。在特曼教授的推动下，学校将 209 英亩的土地划出来成立了斯坦福工业园[5]。1951 年，瓦里安公司与园区签订了第一项租地合同，成为 1953 年入住园区的第一幢大楼。不久后，伊斯曼柯达、洛克希德、惠普、肖克利晶体管实验室以及其他企业和研究机构相继入驻园区。“无心插柳柳成荫”。斯坦福大学最初成立工业园区的目的主要是解决学校发展的资金问题，但这一创新举措却促成了硅谷这一世界高科技产业区的产生。随着大量电子科技企业入驻园区，圣克拉拉县成为半导体集成电路研发和制造中心，从而为后来的硅谷奠定了良好的发展基础。1958 年，惠普、安培和瓦里安三家上市企业获巨大成功。斯坦福工业园后更名为斯坦福研究园（Stanford Research Park），成为世界上第一个高科技园区，帕洛阿尔托市也从大学镇转变为科技城。20 世纪 50 年代初，波士顿政府主导下对围绕 MIT、哈佛大学和其他 7 所主要高校的 128 号公路及其沿线区域进行整改，20 多个城镇由此连成一线，为研发和生产提供大量新空间；20 世纪 50 年代末至 60 年代，开发商在 128 公路沿线建立了 5 个工业研发园区对外招商，随后沿线类似的园区纷纷建立，覆盖公路两侧所有闲置土地[6]。北卡罗来纳政府在 1958 年通过融资在罗利、达勒姆和教堂山三座城市间的公路交会处购置土地，成立“研究三角研究院”作为科研基金主体并承担政府主导的研发课题；1959 年起，大型科技企业陆续入驻；1965 年，国家环境健康中心和 IBM 研发部门相继入驻，园区进入高速发展时期。

在大学科技园区的空间基础上，随着人口和产业的集聚，专业化服务和生活性服务业不断完善，多元化的产业体系逐步建立起来，城市科技创新功能得以完善，大学园区开始向城市区域转化，全球科技创新中心得以形成。硅谷地区随着计算机、软件、互联网等企业不断发展，风投等金融服务广泛加入，大量高学历技术人才汇集于此，形成技术转化→企业孵化→人才集聚→资金引入的良性循环，进而刺激并引发进一步集聚和城市的进一步扩张，突破了单一城市边界，完成了从校区、园区到城区的转变，带动了整个旧金山湾区的整体发展。波士顿地区的微型计算机产业的集聚，促使其成为美国东部电子高科技产业聚集地，128 号公路及其支路网将各个园区、卫星城镇与主城区紧密地联系在一起，企业利用空间上的邻近优势将研发成果快速转变为成熟产品，成为产学研一体化的地域综合体。北卡研究三角园区及其周边地区凭借快速扩张的创新产业和配套基础设施的建设，加速了区域城镇化进程及城市间的融合，园区范围已覆盖三所高校所辐射的 8 个县的区域，相关创新产业为地区提供了约 4 万个科技工作岗位，已经形成以三个城市为核心的创新城市群。

三、企业（市场）驱动主导型

世界级的创新引擎企业是全球科技创新中心形成的主要标志，是全球科技创新中心成长的发动机，发挥着巨大的乘数效应，提供着创新的不竭动力。不管是政府驱动还是大学驱动，科技创新活动本身最终仍需落实在企业这个技术创新的主体之上，这也是全球科技创新中心发展到成熟阶段企业成为驱动主导动力的原因。只有通过企业的研发创新和生产经营活动，才能引领城市的产业结构转型，推动城市功能向科技创新升级，塑造蓬勃旺盛的城市科技创新市场；也只有通过聚集世界级创新引擎企业，才能使城市与全球创新网络紧密衔接，实现全球创新资源的配置和价值转换，从而支配和决定全球高端产业体系。

企业主导的科技创新城市发展模式，是基于城市区位优势或创新资源禀赋，由城市企业技术创新活动自发扩展而形成的以企业为主导的创新系统。这种模式中起重要作用的是企业家，企业家发挥着发现机会、整合资源、承担风险、创造价值的职能，是提出创新思想并将创新思想付诸实施的关键。通过引入一种新的要素、一种新的生产方式或者新的组织形式追逐实现创新剩余，并由市场机制使创新行为或创新活动放大。由企业家推及至企业家群体，从而使创新行为扩展，在市场机制主导下构建起以企业为核心的城市创新系统，实现创新行为的自发性和自组织性[7]。这充分体现了市场机制在科技创新城市发展过程中的根本价值和地位。

城市的发展与企业的发展是密不可分的，城市创新与企业创新也是相互促进的。在微观企业层面上，城市的科技创新是通过市场中以企业为组成部分的创新活动的集合，其中包含企业发展过程中新技术的发明使用与旧技术的淘汰，而技术的演化发展对于企业的区位选择、技术迁移也会产生影响。因此，企业对全球科技创新中心发展的驱动力，取决于企业本身的创新力，善于创新的企业，才能带动整个城市成为科技创新城市。尤其是创新引擎企业，才能真正驱动全球科技创新中心的形成。企业主导驱动的全球科技创新中心，主要是通过企业的技术创新影响城市产业结构这一中观层面来显现的。这种驱动力，一方面体现在企业创新对制造业等城市传统产业转型的推进和贡献上，另一方面也体现在企业创新对城市新兴产业的支撑和促进上。

企业通过技术创新推动传统产业升级。以芝加哥为例，制造业长期担当该城市经济的基石作用，即便在全球要素流动的时代，制造业依然是区域经济健康发展的关键支撑。芝加哥大都市区是美国最大的制造业中心，就业人数约 58 万人，该区域 85％的私人研发力量为制造业发展服务。这些制造业企业的创新活动是提升区域创新能力和推动产业转型的主要动力。在企业创新力量的推动下，芝加哥制造业就业的连带效应也非常显著，远远超出其他行业，平均每新增一个新的制造业就业岗位，便会带动至少 2 个其他就业岗位[8]。

企业通过技术创新引领城市新兴产业发展。企业的技术创新是城市新兴产业发展的重要基础和推进力量。例如，在企业技术创新带动下，纽约市的绿色产业得到很好发展，不仅主导地方性市场，而且在全球绿色产业领域中也扮演着重要的供应者角色。随着第一代清洁技术装备与数字技术的快速发展及商业化运用，绿色产业呈现向“轻资本密集”和数字化推进的转变趋势。纽约市经济发展署将这一新的产业技术发展趋势定义为“绿色 2.0”，其核心是运用数字工具与商业模式应对环境、能源与资源约束。在这一概念的引领下，纽约市已发展成为“绿色 2.0”企业的重要集聚区域，根据纽约经济发展署的统计，已有超过 40 家此类企业在该市创业①。

第二节　全球科技创新中心机构来源差异

大学、科研院所、企业等都承担着城市科技创新的职能，但是市场意义上的企业才是科技创新的主体力量，是全球科技创新中心发展中最活跃的主体

① Green NYC 2025: Opportunities in Cleantech's Digital Evolution. https://edc.nyc/sites/default/files/filemanager/Resources/Studies/Green_NYC_2025_Report_NYCEDC.pdf.

要素。从全球科技创新中心主体机构的来源来看，可分为内生型、外源型和混合型三种类型。

一、内生型

内生增长理论认为，由知识积累或人力资本积累引起的内生技术进步是经济增长的源泉和决定因素[9~10]。罗默（Paul M. Romer，1986）甚至认为，内生的技术进步是经济增长的唯一源泉。因为知识是追逐利润的厂商进行投资决策的产物，所以它是经济系统决定的内生变量；由于知识具有溢出效应，任何厂商生产的知识都能提高全社会的生产率[9]。

这里所说的内生型科技创新中心，是指该城市的创新机构主要生成于本土。也就是说，城市科技创新的发展过程中本土的创新机构承担着关键角色，科学发现和知识产出主要依托本土大学和科研院所，技术创新主要依托本土的企业和研究机构，科技创新所需要的资本和服务也主要由本土专业服务商提供。简而言之，全球科技创新中心的形成主要以自力更生的内生创新来实现，其创新竞争力主要来源于城市或区域内部。

内生型即属于自发成长的科技创新中心，具有典型的自组织特征。由于科技创新活动需要强大的经济实力、发达的教育体系以及完善先进的基础设施，因此绝大多数发达国家的科技创新中心都属于内生型，如硅谷、波士顿、东京、慕尼黑、哥本哈根等。全球创新“圣地”硅谷依托旧金山湾区的知识、资本外溢和辐射，圣何塞的高技术产业群、奥克兰的高端制造业，以及旧金山的专业服务业，经过长期发展构筑了一个“科技（辐射）＋产业（网络）＋制度（环境）”的全球科技创新中心。其中，斯坦福大学、加州大学伯克利分校和位于该地区的多个国家实验室，以及以惠普、谷歌等为代表的创新引擎企业都是典型的本土创新机构，本土高校、企业、研发机构、风险资本和各类中介机构紧密互动，为硅谷的成长提供了最佳的土壤。硅谷创新网络和集聚效应显现之后，才吸引其他国家的企业和科研机构纷纷入驻，进一步强化了硅谷的科技创新活力。

德国柏林科技创新中心也是依托于本土创新机构发展起来的。为激发民众创新，柏林建立了多种模式的创新平台，如大众实验室、共享办公空间、企业能力中心、孵化器/加速器等，这些平台与初创企业、中小型企业、高等院校、科研机构形成了一个动态的创新体系，同时各类专业服务机构也在当地得以发展，如为创业者、初创企业和中小型企业提供全方位服务的柏林伙伴公司[11]。法国巴黎为促进巴黎-萨克雷地区成为具有欧洲乃至全球影响力和辐射力的创新高地，首要的举措就是鼓励巴黎市区的高等院校迁至萨克雷创新高地，并将 17 家国立高等院校和 6 家国立科研机构合并为世界一流研究密集型大学——“巴黎-萨克雷大学”。此外，还创建了分子科学研究所、法兰西岛光伏研究所等若干新型科学研究实体。这些本土创新机构成为巴黎-萨克雷地区科技创新发展的基石。

二、外源型

随着科技全球化的不断深化，合作与外包在科技创新过程中越来越普遍和深入。这也意味着越来越多的外来因素正在介入全球科技创新中心的发展过程中。而新兴国家或地区也正是借助创新资源的全球流动，依托区域优势吸引外来资源来推动本地的科技创新中心发展。在城市层面上，表现在跨国公司和外资研发机构的集聚和增长为城市科技创新带来的资金、技术、人才等资源；在企业层面上，表现在本土企业对技术引进、模仿创新和流程再造等外源创新的重视。由于外源型的全球科技创新中心是从机构来源的角度来界定的，跨国公司和外资研发机构作为来自本土之外的创新机构，其区位的选择则与发展中国家全球科技创新中心的形成与发展密切相关。

贝尔德博斯（R. Belderbos）、杜（H. Du）和萨默斯（D. Somers）对 2003—2012 年间全球 50 个城市的 971 项跨境研发投资项目进行了分析，显示位于前三位的是上海、新加坡和北京，这三个城市合计的外资研发项目数达到 545 个，占 56%以上（表 6.2）。他们还通过实证研究证实了技术能力（以相关技术领域的专利活动衡量）、国际知识连通性（城市参与国际发明人网络）和大学实力（大学作为发明人的重要性）在吸引跨境研发投资方面的重要作用[12]。卡斯泰拉尼（D. Castellani）和拉沃拉托里（K. Lavoratori）基于 fDi Markets 数据库，研究了 2003—2014 年间跨国公司在全球 110 个城市进行新研发投资（R&D greenfield investments）的 2 580 个区位决策，其中尤其关注 GaWC 划分的 Alpha 和 Beta 城市①，虽然 50％的全球样本城市位于欧洲和北美，但欧美城市只获得了所有研发相关项目的 30％左右，而占比 30％的亚洲城市却吸引了约 60％的跨国公司研发项目，其中 19.09％的亚太城市得到了 47.91％的外资研发项目（表 6.3）。这项研究结果还表明，同一跨国公司以前的研发和生产活动增加了将新的研发活动选择在特定全球城市的可能性[13]。可以说，大多数跨国公司和外资研发机构的科技创新活动都集中在新兴市场化国家和发展中国家。黄亮（2014）考察了全球 171 家跨国公司全球研发总部与区域研发总部（卓越研发中心）基于城市尺度的空间分布，遴选出 32 个国际研发城市，总得分排名前 6 的城市，除硅谷外，其余 5 个均来自亚洲地区，依次为东京、上海、北京、班加罗尔和新加坡，充分凸显出亚洲城市对于跨国公司高等级研发机构的区位吸引力，其中上海、北京和班加罗尔表现尤为突出[14]。

表 6.2　全球各大城市的外资研发项目（2003—2012）

城　市	外资研发项目总数	外资研究项目数	外资开发项目数
上　海	274	74	200
新加坡	169	59	110
北　京	102	50	52
首　尔	32	9	23
香　港	31	3	28
巴　黎	22	7	15
伦　敦	20	5	15
班加罗尔	19	8	11
东　京	19	7	12
布达佩斯	17	8	9
墨尔本	17	6	11
慕尼黑	16	6	10
都柏林	14	8	6
米　兰	14	6	8

① 英国智库机构全球化与世界城市研究小组（Globalization and World Cities，GaWC）基于金融、法律、管理咨询、广告、会计等五大行业的高端生产性服务企业在各个城市的集聚程度，判断各个城市在全球城市网络中的联系度和功能，并按得分高低将全球范围内的城市划分为 Alpha、Beta、Gamma 和 Sufficiency 四个等级。

续　表

城　市	外资研发项目总数	外资研究项目数	外资开发项目数
多伦多	14	4	10
哥本哈根	13	5	8
马德里	12	5	7
墨西哥城	12	1	11
悉　尼	12	1	11
布拉格	11	4	7
柏　林	9	2	7
斯德哥尔摩	9	2	7
爱丁堡	8	2	6
汉　堡	8	1	7
蒙特利尔	7	5	2
华　沙	7	1	6
亚特兰大	6	2	4
波士顿	6	2	4
杜塞尔多夫	6	3	3
法兰克福	6	0	6
休斯敦	6	3	3
旧金山	6	1	5
维也纳	6	2	4
圣地亚哥	5	2	3
温哥华	5	2	3
阿姆斯特丹	4	1	3
布鲁塞尔	4	2	2
大　阪	4	1	3
芝加哥	3	0	3
日内瓦	3	0	3
洛杉矶	3	2	1
达拉斯	2	0	2
罗　马	2	1	1
华盛顿	2	0	2
苏黎世	2	1	1
里斯本	1	0	1
费　城	1	1	0

续　表

城　市	外资研发项目总数	外资研究项目数	外资开发项目数
雅　典	0	0	0
迈阿密	0	0	0
纽　约	0	0	0
总　计	971	315	656

注：这项研究利用金融时报的跨境投资监测(2003—2012)来提取跨国公司在全球城市的外国研发投资项目的数据，认定 971 个跨境研发投资项目。根据 FDI Market 数据库中每个投资项目附带的文本描述，将包含"基础""研究""研究设施""研究和技术""科学""基础""前沿技术"等关键字的研发投资归类为研究项目，将包含"开发""解决方案""技术服务""适应""产品""流程"等关键词的项目归类为开发投资。

资料来源：参考文献[12]。

表 6.3　外资研发项目和全球城市的区域分布(2003—2014)

地　区	外资研发项目数量		全球城市数量	
	频　点	百分比	频　点	百分比
亚　太	1 236	47.91	21	19.09
欧　盟	529	20.5	33	30
南　亚	284	11.01	7	6.36
北　美	181	7.02	18	16.36
拉美及加勒比海	146	5.66	12	10.91
中东及北非	93	3.6	8	7.27
非欧盟欧洲	46	1.78	5	4.55
中　亚	38	1.47	2	1.82
撒哈拉以南非洲	27	1.05	4	3.64

注：这项研究重点分析 2003—2014 年间 1 316 家跨国公司进行的 2 580 项新研发绿地投资，其中，738 项(28.60%)被认定为研究与发展项目，1 842 项(71.40%)被认定为设计、开发和测试(DDT)项目，一并作为外国直接投资中的研发项目合并考虑。

资料来源：参考文献[13]。

从全球科技创新中心形成的机构来源来说，新兴工业化国家和地区科技创新中心大多数属于外源型，支撑科技创新中心的创新机构大多来源于国外或区外，如新加坡、印度的班加罗尔等。新加坡是借助跨国公司的研发活动提升本国创新能力的成功典范，目前有 400 多家大型跨国公司在此设立区域总部或办事处，2.6 万个国际公司在此立足，世界 500 强公司中近 1/3 选择在这里设立亚洲总部，全球排名前 100 的科技公司中有 80 家都在此开展业务，苹果、微软、爱默生、惠普、谷歌、IBM、脸书、阿里巴巴等国际巨头都在这里设有区域总部和研发中心。这些跨国公司也是新加坡企业研发的主力，据 A * STAR R&D Survey 的数据，2002—2017 年间，在新加坡的外国中小企业和外国大型企业的商业研发支出分别以每年 10.9%和 8.3%的速度增长。2017 年，外国大型企业和外国中小企业在新加坡的研发投入总计达 40 亿美元，占当年新加坡商业研发支出总额(54 亿美元)的 74%以上①。

班加罗尔也是一个借由外资研发活动而获得创新发展的代表性城市。卡斯特(M. Castells)曾经持有这样的观点，即班加罗尔并非一个创新区域。他认为班加罗尔缺少自身专业的技能，缺乏深入多样的技术社区以及公司间的频繁互动，从而导致班加罗尔陷入跨国公司技术的“边缘性轨迹锁定”困境[15]。不过，班加罗尔已成为从软件外包到研发服务的升级范本。20 世纪 90 年代中期开始，以太阳微系统、思科、IBM、英特尔等全球顶尖的软件及计算机公司为代表的跨国公司海外研发中心以平均每月 5 家的频率涌入班加罗尔。进入 21 世纪以来，跨国公司在班加罗尔设立的研发中心规模更大，地位也更重要，研发服务业已突破了原有软件研发的范畴，拓展至硬件设计、汽车与飞机核心部件研发、新药开发等多重领域[16]。

以色列一定程度上也是一个外源型的创新之国，许多跨国公司，比如谷歌、微软、苹果、阿里巴巴等，都在以色列建立了研发中心。不仅如此，外国投资者在风险投资行业领域的影响力也在不断扩大，2021 年以色列高技术公司获得的投资达到创纪录的 266 亿美元，超过大多数其他全球科技中心的增速。根据以色列初创企业在线平台 Start-Up Nation Finder 的数据，2021 年投资活动增加最多的是大型外国公司，尤其是 Insight Partners 和 Tiger Global。如果按照投资的轮次规模排序，外国投资者的重要性更加突出，Insight Partners、Tiger Global、Salesforce Ventures、Bessemer Venture

---

① Ministry of Trade and Industry Singapore. Economic Survey of Singapore Third Quarter 2019. https://www.mti.gov.sg/Resources/Economic-Survey-of-Singapore/2019/Economic-Survey-of-Singapore-Third-Quarter-2019.

Partners、Spark Capital、Sequoia Capital、Lightspeed Venture Partners、Accel 等外资风险投资公司占据了前 8 个席位①。

发达国家也有部分科技创新中心属于外源型，如英国伦敦、美国北卡研究三角园区。这些科技创新中心往往是依托世界一流顶尖大学的知识创新资源与能力，以本地知识创新机构吸引外部企业创新机构，从而形成集聚效应和规模效应，促进本地科技创新能力持续提升。1997—2019 年间，伦敦共吸引了 6 421 个 FDI 项目。2019 年英国 FDI 项目总计 1 081 个，其中伦敦占据了一半的份额，达 539 个②。受疫情影响，2020 年 FDI 项目有所下降，但其中的研发项目有所增长，在生命科学领域尤其强劲③。总部位于美国的生命科学巨头默克(Merck)的国际分支机构默沙东(MSD)在 2020 年 8 月份证实，将在伦敦建造一个新的 22 万平方英尺的"发现研究中心"(DRC)。这个耗资 13.2 亿美元的综合体预计将于 2025 年完工，可容纳 800 名 MSD 员工，其中包括另外 120 个职位④。

美国北卡研究三角园区虽然拥有杜克大学、北卡罗来纳大学教堂山分校(UNC-Chaple Hill)、北卡州立大学等顶尖高校，但由于高科技产业发展不足，缺乏行业内的创新型企业，引入外来的企业创新主体就成为推动本地创新发展的关键举措。成立的最初 6 年园区发展较慢，直到美国环保局(US EPA)投资 7 000 万美元在园区建立了全国环境卫生科学研究所(NIEHS)之后，才给企业入驻带来了信心。之后不久 IBM 在园区建立了 5.6 万平方米的企业研发机构，园区才从此步入快速增长期，拜尔、巴斯夫、思科、联想、葛兰素史克、SAS、北方电讯等高科技公司相继在此设立研发中心。截至 2022 年底，园区

---

① Meir Valman. 2021 Tech Trends: Who are the Investors behind Israeli Tech's Record-breaking Year? https://blog.startupnationcentral.org/general/2021-tech-trends-who-are-the-forces-behind-israeli-techs-record-breaking-2021/, Oct. 01, 2022.

② Trends in Foreign Direct Investment in Great Britain's Towns—EY Attractiveness Survey, UK. May 2020. https://assets.ey.com/content/dam/ey-sites/ey-com/en_uk/topics/attractiveness/ey_ukas_cft_regional_report_may2020.pdf.

③ Foreign Investors Back Europe, but Is Europe Back? EY Attractiveness Survey. Europe, June 2021. https://assets.ey.com/content/dam/ey-sites/ey-com/en_gl/topics/attractiveness/ey-europe-attractiveness-survey-2021-hr-v1.pdf.

④ Merck Confirms London R&D and Business Hub. https://www.fdiintelligence.com/article/78850.

内共有 302 家美国本土与跨国企业入驻①，为 5 万多名高素质人才提供了全职就业岗位。

三、混合型

混合型全球科技创新中心是介于内生型和外源型之间的一种类型，由本土创新机构和外来创新机构共同承担城市科技创新的主体功能。由于全球科技创新中心是科技全球化发展到一定程度的产物，在开放合作的全球创新网络中，混合型的全球科技创新中心也是最为常见的形态。任何一个科技创新中心的形成和发展，都不可能仅仅依靠本土的创新资源和机构，也不可能仅仅凭借外来的创新资源和机构，内生的本土机构和外源的外来机构往往共同作用科技创新中心的孕育和成长。从演化过程来看，外源型和内生型科技创新中心均有向混合型科技创新中心发展的趋向，但混合型并非一定是科技创新中心演化的终极状态。

全球科技创新中心的各种创新机构中，本土的和外来的常以“你中有我，我中有你”的状态出现。在发展中国家，跨国公司是实现知识向当地企业转移的主体角色。从东道国或城市的角度，跨国公司技术知识是发展本土技术能力的主要贡献因素，跨国公司与东道国当地机构之间的各种联系对这些公司的能力和资源开发产生重大影响，正如吉鲁(A. Giroud)和斯科特-凯诺尔(J. Scott-Kennel)提出的外资公司的能力建设取决于这些外资公司之间联系的范围、数量和质量以及与当地机构的互动[17]。帕特雷(S. K. Patra)和奎师那(V. V. Krishna)研究了信息通信行业外资研发中心在印度的联系模式，指出大多数外国公司正在与位于印度的其他外国公司合作，除了外国公司之外，印度本土公司与外资研发机构之间的联系较为紧密，与本土公司建立联系是外资公司嵌入当地创新体系的唯一途径[18]。而帕塔萨拉蒂(B. Parthasarathy)和青山由子(Y. Aoyama)认为，印度软件产业从提供低技能软件服务到提供高技能研发服务的升级过程中，活跃的本地企业家精神对班加罗尔研发外包产业的崛起起到重要作用[19]。归根结底，外因需要通过内因才能发挥作用，外资或

① Company Directory. https://www.rtp.org/directory-map/.

外来的创新机构只有与本土的各类创新主体建立联系才能真正融入当地的区域或城市创新生态系统。

凭借外来机构的资金、技术、经验、人才等资源带动本土机构的发展壮大，成为大多数新兴市场国家和发展中国家的首要选择。新加坡就是一个典型的案例，政府在吸引跨国公司入驻的同时，大力推动国家科研机构与跨国公司开展广泛的技术合作，使本国科研机构通过技术合作进入该领域的世界前沿，进而掌握研发的核心或关键技术，经过消化吸收后再提供给本国企业。新加坡企业的许多前沿创新技术追根溯源都来自微软、苹果、摩托罗拉、爱默生、惠普实验室等跨国公司。新加坡政府还非常重视本国企业与跨国公司的对接，积极推动本国企业从原材料采购、零部件或元器件制造、仓储运输和物流以及生产计划、资金筹措和技术改造等方面，逐步成为跨国公司的供应商或客户。或者通过引进新产品、新装备、新技术和新工艺，寻找机会与跨国公司开展创新项目合作，以便成为跨国公司紧密型甚至核心型的合作伙伴。此外，政府还与跨国公司成立联合训练中心，借力跨国公司培养高素质人才。

需要指出的是，全球科技创新中心在形成和发展过程中，虽然在启动孕育和发芽生长的阶段可以借助外来力量实现起步和飞跃，但一个发展到成熟状态的全球科技创新中心，本土机构的科技创新实力必然是举足轻重、居于支配地位的。

第三节　全球科技创新中心产业类型差异

全球科技创新中心是在一国之内的城市或城市群这一空间层面上形成的，从根本上无法脱离城市原有的产业优势和产业基础。从这一角度，按照城市产业类型的差异，可以将全球科技创新中心划分为高技术产业型、传统产业型和综合产业型三种类型。

一、高技术产业型

高技术产业型的全球科技创新中心是指在科技创新中心形成和发展过程

中高技术产业占据主导或优势地位并引领城市科技创新的发展方向。目前学术界对于全球科技创新中心涉及的高技术产业的具体产业门类讨论较少，在各种对创新城市、全球科技创新中心的评价体系中，涉及产业或产业技术优势的评价指标也相对泛化。如，澳大利亚2thinknow《创新城市指数》的文化资产(Culture Assets)、人类基础设施(Human Infrastructure)、网络化市场(Networked Markets)3个准则层162个指标中，与产业有一定关系的主要是人类基础设施中的电力和天然气、公共供水、银行与金融、专业服务、商业教育、科学与工程、产业集群、制造业(广度和质量)、出版业、纺织业、酒类酿造、集装箱货运、货运、邮政服务、出租车服务等，更多的是从人类生产生活的基础设施角度来考虑；清华大学《国际科技创新中心指数》则从科学中心、创新高地、创新生态3个一级指标来评价全球科技创新中心，其中创新高地的二级指标中包含了技术创新能力、创新企业、新兴产业3个相关指标，但技术创新能力和创新企业都不涉及具体的行业，新兴行业则被界定为“信息技术”“通信服务”和“卫生保健”等前瞻性、赋能型产业，以高技术制造业企业市值来衡量；俄罗斯全球城市创新指数将创意产业(Creative Industries)作为一级指标，但主要包括时尚产业、电影产业、电子游戏产业、广告和公关产业、工业设计和建筑产业、艺术和文化产业，基本上局限于第三产业领域。

从理论上说，高技术产业型的科技创新中心按其主导产业构成情况又可分为多样型和单一型两类，比如，硅谷属于典型的多样型高技术产业科技创新中心，美国的波士顿、丹麦的哥本哈根、芬兰的赫尔辛基、印度的班加罗尔则属于单一型高技术产业科技创新中心，其中波士顿以生物技术为主，哥本哈根以新能源和低碳产业为特色，班加罗尔以软件产业研发为主。但在全球科技创新中心发展的实践中，单一产业很难独立支撑城市发展，往往需要其他产业的联动配合。祝影等100个美国创新城市的区位熵分析显示，信息业、专业服务业、制造业、金融业以及公共管理服务业是美国创新城市的5个优势产业，其中，硅谷、西雅图、洛杉矶的信息产业区位熵都大于2，说明在信息产业上有比较优势且十分显著，而纽约在金融保险业(2.27)上有比较优势且十分显著。然而，100个美国创新城市中有33个城市2个及以上的产业区位熵值都大于1，多业联动型的创新城市数量最多，且多数拥有强大的创新能力，排名前10

位的城市中有 9 位是多业联动型创新城市。这也进一步印证了全球科技创新中心产业构成多元化的趋势[20]。

产业技术创新是全球科技创新中心形成的关键[21]。科技创新中心的产业发展是一个不断由低级向高级演化的过程，特别是技术密集型产业，随着创新活动的不断深入，创新成果的不断涌现，代表社会进步的新兴产业形态也会不断涌现，这也是一个城市产业结构持续优化的过程。一个城市或区域发展经历着产业集群以传统制造业为主，到高端制造业逐步占据主导，再到现代服务业（主要是金融、研发等）、创意产业、高端制造业等协调发展的发展过程[22]。以硅谷为例，其产业发展历程其实就是一种产业如何催生另外一种产业的历史，加州的淘金热催生了铁路业，而铁路带动运输业的发展，运输业又催生出港口业。港口催生了沿海城市和无线电通信业，这又需要电子信息业的发展，从而又催生出了半导体产业，半导体产业又衍生出了微处理器产业，从而产生了个人计算机，计算机又催生了软件业，而软件业又得益于互联网，互联网巨头们创造了巨额财富之后，又投资于生物科技和绿色环保技术，这一过程就是硅谷地区在整个 20 世纪的发展历史。因此，软件产业、生物科技产业、通信信息技术产业、新能源产业、医疗设备产业等已经成为当今硅谷发展中的重要产业。

二、传统产业型

这里的传统产业并非指一般意义上“应用不具有自主知识产权的传统技术占所有技术的比重较大，并以传统产品为主要产品”[23]的劳动密集型或资本密集型的产业，而是指经由高新技术改造升级后的传统产业，在一定程度上其技术先进性和密集度并不比高技术产业低。传统产业型的科技创新中心就是指那些以高技术武装起来的传统产业为主导的城市。事实上，有不少全球科技创新中心是基于原有的传统产业优势形成的。以伦敦为例，国际金融危机后，新创企业在金融科技领域的表现最为突出，这是数字技术创新和传统金融产业优势融合的结果。2008—2018 年，伦敦 48%左右的创业企业和创投资金都进入了这一领域。伦敦的新创高技术企业数、新创企业接受投资交易次数、新创企业接受投资总额等都仅次于硅谷，这在很大程度上得益于伦敦作为全球金融中心的传统优势[24]。

理论上，传统产业型全球科技创新中心按其主导产业的构成同样可以分为多样型和单一型两类。如德国慕尼黑就属于多样型的传统产业科技创新中心，美国底特律则属于单一型的传统产业科技创新中心。美国100个创新城市主要产业的区位熵计算结果显示，5个优势产业中只有制造业的区位熵值大于1的城市有23个，其中就包括底特律[20]。然而，在科技创新中心城市的发展历程中，兴亡交替的产业周期也会出现，单一的传统产业支撑科技创新中心的特定历史时期往往少之又少，多样型的传统产业全球科技中心理论上更为常见。

从历史的进步、产业的兴替角度，传统产业是指在工业化进程中，相对于新兴主导产业来说，前一个阶段主导产业高速增长后保留下来的一系列产业。因此，传统产业是一个历史的、不断变化的概念[25]。在科技创新中心的产业发展进程中，更多地表现为新兴产业对原有产业的赶超。如，在波士顿地区，生物科技产业的兴起已经完全改变了波士顿早期以电子产品产业为主的经济格局，以及此前以垂直一体化大型企业为主的单一发展模式[24]。

当今知识经济时代背景下，科技技术的迅猛发展使得三次产业的边界越来越模糊化，产业融合的趋势日益明显，很多时候并不能确切判定传统产业的边界，也很难断言一个全球科技创新中心完全由某几个传统产业主导，与高技术产业发展毫无关系。更准确的说法是，世界上的主要科技创新中心均有相应的支撑产业，这些产业虽然并不全部为高科技产业，但都具有相当的创新能力，如达拉斯的农业贸易、化学工程、生物医学等产业；明尼阿波利斯的化学工程、办公机械、高科技计算机等产业；安纳海姆的办公机械、工业机械等产业等。

三、综合产业型

科技创新城市的功能优化不仅需要与之相适应的产业结构，还需要完备的专业化服务体系，更需要城市产业技术创新能力的提升，且随着产业技术优势的变迁，城市的优势产业也会发生改变。就技术发展的规律来看，新技术的形成固然有突破的因素，但是同原有技术也有继承的关系，新技术一般是以原有技术为基础发展起来的[26]。也就是说，新兴产业的形成虽有历史的偶然性，但更多的时候是基于原有产业基础的必然，一个城市的新兴产业发展离不开其传统产业基础。

在全球科技创新中心发展的具体实践中，大多数城市的发展路径都是在原有的优势产业基础上，推进新兴产业与传统产业的融合发展，从而在新兴产业的技术发展方向与本地传统优势产业的新兴需求之间建立联系。慕尼黑ICT产业的优势培育方式就体现了新兴产业与传统产业的协同与融合。ICT产业是慕尼黑新兴的支柱产业之一，不仅与本地的垂直应用产业紧密协同，而且多数采取聚焦战略，选择特定的垂直领域深耕，既避免了激烈的本地竞争，又为扩大规模、全球经营奠定了差异化的能力基础，进而在欧洲乃至全球的细分市场上取得了领先优势[24]。

全球科技创新中心形成和发展的现实证明，多数城市是属于综合产业型的科技创新中心，即主导产业既有高技术产业，也有传统产业，典型的如日本东京，美国芝加哥、休斯敦，德国柏林等，其中休斯敦便是在传统石油石化产业基础上发展起较大规模的航天、电子、生物工程和医疗等新兴产业的。然而，需要明确的是，全球科技创新中心的产业发展过程中，某一个或几个产业迅速发展，并不意味着城市产业经济系统的良性运转，各个产业系统之间的协调发展才能真正推动城市产业发展优势的形成。创新引领、协同发展的产业体系，就是把实体经济（制造业）与科技创新（科技业、信息业）、现代金融（金融业）、人力资源（专业与商务服务业）结合起来，强调三者与实体经济的协同发展，四者的协调、同步、融合、互动发展，是现代产业体系的显著特征[27]。

因此，综合产业型的全球科技创新中心，并不仅仅是高技术产业和传统产业共同作用于科技创新中心发展，而更加侧重于支撑科技创新中心的多种产业实现耦合协同。相关实证研究也已经证明，创新能力排名靠前的城市，产业之间的耦合协调程度更高，产业发展协同性相对较好[28]。

第四节　全球科技创新中心发展的三维模式

对全球科技创新中心发展模式的理论探索多源自对城市发展动力的讨论。已经形成的基本共识是，全球科技创新中心的发展受益于政府与市场两种力量，市场的力量是自下而上的力量，发达国家通常采用此模式；政府的力量则是自上而下的力量，发展中国家大多采用此模式。在全球科技创新中心的形成与发展过程之中，市场主导型意味着创新的主导动力来自市场主体，这些市场主体可以是本地的，也可以是外来的。市场主体的需求是创新的源泉，市场力量的自我组织调节着创新活动，创新动力具有明显的市场指向性和市场驱动型。市场主导型同时意味着创新主体的积极性较高，社会成本小，发展动力足，但需要城市经济具有较高的市场化程度，对创新的物质要素和环境要素等也有较高要求。而政府主导型则意味着城市创新的动力主要源于政府，政府意识到创新对于城市发展的重要作用，并围绕增加城市创新资源供给、完善城市创新机制、提高经济主体的创新积极性、提升城市创新能力等一系列目标提供制度保障，对城市市场化程度要求相对较低，但过于依赖政府力量可能不利于市场经济主体的培育。

更多的实践证明，全球科技创新中心的形成与发展，除了需要一个良好的市场环境、利用市场机制推动创新要素向城市聚集外，确实更需要政府的积极作为，完善城市公共设施，提供战略方向支持和法规政策保障；除了需要具有优势的产业基础以及相关的产业链上下游配套之外，更需要城市产业之间的耦合协同，不断密切产业系统之间的联系，完善共存共生的产业创新生态系统；除了需要本地创新主体和创新机构加速发展、持续提升城市创新实力之外，还需要来自国外或区外的外来力量，借力外部创新资源和成果，形成本地的创新发展源泉。因此，全球科技创新中心的发展模式既不是单一维度的，也不是一成不变的，应该具有综合性、动态性、多维性的特征，任何一个从单一维度考量的全球科技创新中心发展模式均是不完整的。

基于前文对全球科技创新中心发展动力、机构来源和产业类型差异的考察，本书从发展动力、机构来源和产业类型三个维度来构建全球科技创新中心发展定位的三维模式矩阵（图 6.1）。其中，X 轴表示科技创新中心机构来源的差异，坐标空间分为外源型、混合型和内生型三个区间；Y 轴刻画科技创新中心发展动力的差异，分为政府驱动型、大学驱动型、企业驱动型；Z 轴刻画科技创新中心产业构成的差异，分为综合产业型、高技术产业型和传统产业型三个区间。对于某一个全球科技创新中心发展模式的判定，可以具体到这个城市的发展动力、机构来源和产业类型特征，将这个城市放置于三维空间的相应位置，综合三个维度的现实表现来归纳提炼该城市的三维发展模式。相比于以往的创新城市发展模式研究，全球科技创新中心发展的三维模式，更为直观、更为立体、更为综合、更为动态。

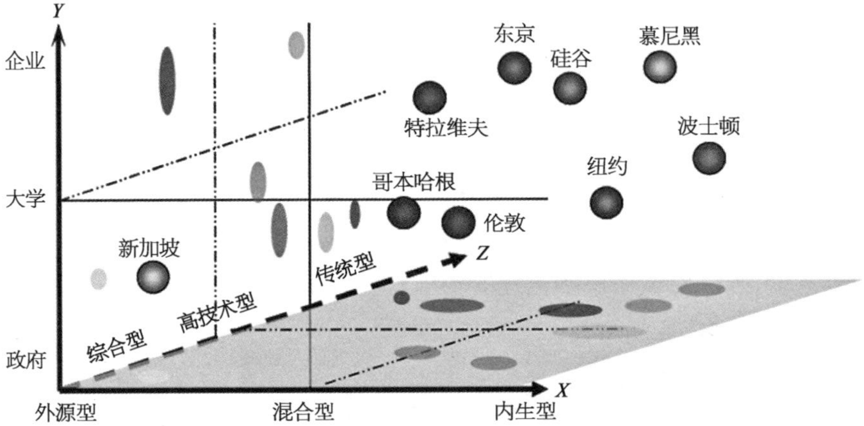

图 6.1　全球科技创新中心发展的三维模式

全球科技创新中心的三维发展模式旨在为研究全球科技创新中心的形成、发展、类型、功能及地位创造性地提出一个初步的分析工具，通过对其发展动力机制、产业领域以及主体机构来源三个方面的考察，能基本判断某个城市在其发展过程中所处的位置及存在的问题，并为未来的发展确定方向。例如，在 X 轴的方向上要形成向混合型发展的动力就必须提升科技创新中心产业创新的技术水平；在 Y 轴方向上的发展则需要根据发展阶段来调整动力来源；在 Z 轴方向上并无优劣之分，只是应综合考虑科技创新中心产业发展的历史基础和未来方向，通过对发展历史和未来方向的共同把握来确定科技创新中心具体的产业发展领域。全球科技创新中心发展的三维模式是对全球科技创新中心发展现实的高度抽象和概括，为发展模式的研究与考察提供了一个全新的研究视角和分析框架，值得继续完善和探索。

参考文献

[1] 邓璐.全球科技创新中政府的职能定位、演化趋势与效果评估——基于全球 29 个科

技创新中心的比较分析.文化月刊，2019，7：136－142.
[2] 王伟，王思成.空间视角下中美大学驱动型创新城区发展比较.北京规划建设，2016，4：76－82.
[3] 杜德斌，祝影.全球科技创新中心：发展模式与中国实践.科学，2022，74(4)：11－15.
[4] Ács Z J. Innovation and the growth of cities. Northampton, Massachusetts: Edward Elgar Publishing, 2002.
[5] Sandelin J J. The story of the Stanford industrial/research park. Paper prepared for the International Forum of University Science Park, China, 2004.
[6] 罗良忠，史占中.硅谷与128公路——美国高科技园区发展模式借鉴与启示.研究与发展管理，2003，15(6)：49－54.
[7] 白永秀，赵勇.创新型城市的内涵及模式选择.改革，2006，10：107－112.
[8] 苏宁.美国大都市区创新空间的发展趋势与启示.城市发展研究，2016，23(12)：50－55.
[9] Romer P M. Increasing returns and long-run growth[J]. Journal of Political Economy. 1986, 94(5): 1002－1037.
[10] Lucas R E Jr. On the Mechanics of Economic Development[J]. Journal of Monetary Economics, 1988, 22(1): 3－42.
[11] 陈建华，滕建滔.北京培育创新生态系统的对策建议.财经观察，2022，2：10－41.
[12] Belderbos R, Du H, Somers D. Global cities as innovation hubs: the location of foreign R&D investments by multinational firms. Paper to be presented at the DRUID Academy conference in Rebild, Aalborg, Denmark on January 15－17, 2014.
[13] Castellani D, Lavoratori K. Location of R&D abroad—an analysis on global cities//Capik P, Dej, M (eds.). Relocation of economic activity. Cham: Springer, 2018: 145－162.
[14] 黄亮.国际研发城市的特征、网络与形成机制研究.华东师范大学博士学位论文，2014.
[15] Castells M. The rise of the network society. Oxford: Blackwell Publishers, 2000.
[16] 黄亮，邱枫.从软件外包到研发服务：班加罗尔的案例研究.世界地理研究，2016，25(3)：21－29.
[17] Giroud A, Scott-Kennel J. MNE linkages in international business: a framework for analysis. International Business Review, 2009, 18(6): 555－566.
[18] Patra S K, Krishna V V. Globalization of R&D and open innovation: linkages of foreign R&D centers in India. Journal of Open Innovation: Technology, Market, and Complexity, 2015, 1(1): 1－24.
[19] Parthasarathy B, Aoyama Y. From software services to R&D services: local entrepreneurship in the software industry in Bangalore, India. Environment and Planning A, 2006, 38(7): 1269－1285.
[20] 祝影，涂琪.全球科技创新中心的产业结构特征——来自美国34个大都市区的证据.城市发展研究，2016，23(12)：29－36.
[21] 肖林.产业技术创新是建设全球科技创新中心的关键.科学发展，2015，9：41－44.

[22] 熊鸿儒.全球科技创新中心的形成与发展.学习与探索,2015,9：112－116.
[23] 赵强,胡荣涛.加快传统产业改造和升级的步伐.经济经纬,2002,1：28－31.
[24] 江鸿.全球科创中心发展的新动向及其启示.经济日报,2019－9－19.
[25] 孔祥敏.中国传统产业在知识经济时代的前途.长白学刊,2001,6：42－45.
[26] 周叔莲,裴叔平.试论新兴产业和传统产业的关系.经济研究,1984,8：35－41.
[27] 兆木.建设创新引领、协同发展的产业体系.人民日报(海外版),2018－2－13.
[28] 祝影,郑磊,王露露,等.全球创新城市优势产业耦合协调发展研究——基于美国36个大都市区的实证.世界地理研究,2019,28(5)：118－129.

第七章

全球科技创新中心的空间分布与网络结构

作为世界新知识、新技术、新产品和新产业的生产中心或策源地，全球科技创新中心是全球创新要素的集聚地和全球创新网络中的枢纽性节点，对全球创新活动和产业发展具有强大的影响力和辐射力。随着全球科技创新中心的崛起，全球城市体系和全球创新网络正不断被解构和重构。全球科技创新中心是科技创新作为城市核心功能在地域空间的集中体现，一个国家科技创新中心的数量和等级是该国科技实力在空间上的直接反映[1]。

第一节　全球科技创新中心的成长与空间衍生路径

任何科技创新中心的兴起都是时间和空间因素交互作用的结果[2]。全球科技创新中心的成长路径和形态类型多种多样，而区位往往是影响全球科技创新中心成长和发展的决定性因素[3]。因区位不同，不同城市成长为科技创新中心的路径就会不同，其发展轨迹及其类型也会不同。

一、科技创新中心的成长路径与类型

世界经济论坛（World Economic Forum）与麦肯锡公司 2006 年发布的全球创新热图依据城市科技创新发展的势能与多样性，对全球科技创新

中心的成长路径和形态类型进行了研究[4]。麦肯锡认为，一座城市成长为科技创新中心，根据其具有的不同区位优势可以分为三种不同的发展路径。

第一种称为英勇的赌注(heroic bets)。着重强调政府在创新中心成长初期的关键性作用，属于政府扶持型。麦肯锡认为，对于政府而言，前期大量投资对于一个"有前途"的行业是一个英勇的赌注，这依赖于政府具有前瞻性的眼光和果断的投资决策。实际上，在城市成长初期，政府并没有足够的资源去确保其投资部门及投资策略选择的正确性，因此这更像是一场赌博。不过，在著名全球科技创新中心中，归功于初期政府"英勇赌注"的并不少，如中国台湾的新竹、新加坡、德国的德累斯顿等(表 7.1)。

表 7.1　科技创新中心的三种不同成长路径

名　称	区位优势	代表城市或区域	成长路径
英勇的赌注	政府前瞻性的投资眼光和正确的投资决策	新竹；新加坡；德累斯顿	通过自上而下的途径确立主导产业；政府大量直接投资
不可抗拒的交易	具有明显区位优势(廉价劳动力和广阔的市场)，吸引众多跨国公司进驻	班加罗尔；槟城；首尔	建立鼓励知识溢出机制，促进城市价值链向设计和创新的高端转变；培训劳动力；优化基础设施
知识绿洲	知识密集，聚集了相当规模的创新型人才，如研发实力很强的大学或国家实验室	硅谷；纽约	吸引世界一流管理人才和资本；注重知识的产品化过程

资料来源：André Andonian, Christoph Loos, Luiz Pires. Where will the world's primary centers of innovation be? https://www.thersa.org/globalassets/。

第二种是不可抗拒的交易(irresistible deals)。麦肯锡认为，这类城市成为科技创新中心是因为用廉价劳动力和广阔的市场换取技术溢出，即市场导向型。在经济全球化浪潮下，发达国家大型跨国公司在完成本国原始资本积累后迫于国内市场狭小、劳动力成本居高不下等原因纷纷将目标转向国外，以寻求利润最大化。伴随着交通运输技术以及网络通信技术的不断发展，跨国公司在对外投资区位选择上，往往会偏向拥有廉价劳动力和广阔市场的发展中国家或城市。而发展中国家为发展本国经济则抓住全球投资转移的时机，在一些区位优势较好的城市和地区大力吸引跨国公司进驻。印度的班加罗尔是这一类城市的典型代表。

第三种是知识绿洲(knowledge oases)。这类城市拥有着世界一流大学或者研发机构，知识和技术在这类城市成为优势资源。这类城市成长需要通过引进一批具有冒险精神的企业家，以便架起知识创新和商业化之间的桥梁，但本质上属于大学驱动型。相较于"英勇的赌注"和"不可抗拒的交易"这两种依赖于外在因素的发展路径，"知识绿洲"类城市更注重自我发掘。科技创新中心不仅是科学研究的中心，更是知识产品化、商业化的中心。而要实现知识的商业化，则需要大批富有冒险精神的创业家，将知识转换为商品，"知识绿洲"这类科技创新中心正是利用技术上进步转化为商业上的成功。美国硅谷是这一类城市或区域的典型代表。

麦肯锡根据不同城市所处发展阶段将科技创新中心的形态划分为五种类型。当一个城市开始出现少量创新时，称之为"初生的溪流"(nascents)。"初生的溪流"代表城市从播下"创新种子"直至发芽的过程，这意味着该城市当前只有少量创新产出，是一座城市向科技创新中心迈步的初始阶段。麦肯锡通过衡量一座城市的基础设施环境(如电力、交通、电信等)和政府环境(法律的完备性、政府的稳定性)来设置最小阈值，以评价一座城市是否为播下"创新种子"建造环境。在此阶段，创新资源处于分散化，属于"遍地撒网"型，没有针对性地集中在某一产业，创新产出小而不精，对全球科技创新格局的影响甚微。诸如此类的城市目前大多分布在非洲和拉丁美洲，如埃及开罗和墨西哥墨西哥城(图 7.1)。

"初生的溪流"成长到一定阶段，便进入"涌动的热泉"(hot springs)阶段，成为新兴的科技创新中心。麦肯锡认为，世界上成功的科技创新中心在扩张之前，已经是世界级的科学创新活动"玩家"，即科技创新资源在此高度集聚。当一座城市成功地集聚了以科技劳动力和资本为代表的创新资源时，就代表其已成为"涌动的热泉"，即一个规模较小但在快速成长的创新中心。与"初生的溪流"相比，"涌动的热泉"一方面将有限的创新资源集中投资于某一部门或

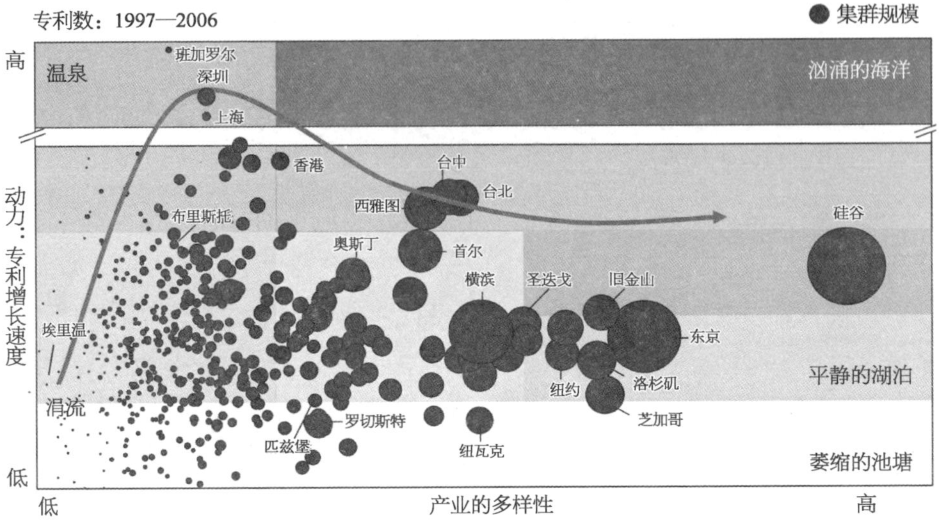

图 7.1　全球科技创新中心发展动态格局图

注：图中横坐标为专利涉及的产业多样性；纵坐标为 1997—2006 年专利年均增长速度；图中圆圈大小为 2006 年的专利申请量。

资料来源：McKinsey & Company and World Economic Forum，2009. Innovation Heat Map。

某一产业；另一方面创新产出高度依靠少数几家大公司，且有少量技术创新走进世界领先行列。但不可忽视的是，这一类科技创新中心主要集中于商业模式的创新，而不是产品本身的创新，典型城市代表诸如当时中国的上海、深圳和印度的班加罗尔（图 7.1）。

多样化的产业系统是一个创新城市长期生存的关键所在。同时，一个拥有完善的基础设施和丰富的人力资源的城市能够吸引众多国外大型公司入驻，并且由于技术溢出效应，新的创新在邻近地域或相似产业上产生，初创企业得到较好的发展。一个新兴的科技创新中心（“涌动的热泉”）要想迈向成熟，必须拓宽它们的投资渠道和产业门类，以及提升其科技基础设施和培育高素质劳动力。如果做到这些，便认为这座城市进入了科技创新中心发展的鼎盛阶段——“汹涌的海洋”（dynamic oceans）。在这一阶段，城市的创新投入与创新产出规模较大，且其创新生态系统的多样化程度较高。大企业与初创企业在城市中有机地组合在一起，在不断消亡和生长之中爆发出持续的创造力。“汹涌的海洋”不仅仅关注商业模式的创新，更关注技术和产品的突破，从而不断地实现自我蜕变。这类科技创新中心典型的城市代表是美国的硅谷。

与之相反，如果一个新兴的科技创新中心在成长过程中，不去拓宽其产业门类和投资渠道，不建立鼓励知识溢出机制，不积极营造良好的设施环境，那么就会陷入低成长性的创新生态系统，从而落入“平静的湖泊”（silent lakes）之中。此一类的科技创新中心长期依赖于初期建立起来的大型公司，属于“啃老族”，造成大量的创新资源集中在狭窄的行业门类，在无竞争环境下其结果必然引起创新资源的低效率使用，甚至浪费。同时，由于缺乏初创公司生长的“土壤”，城市的创新活力不足，创新产出大多来自大型公司的渐进式任务型，激进式的活力创新来源则趋于平稳和下降。“平静的湖泊”在全球科技创新格局中，必然面临着地位逐渐下降的趋势。典型的城市有美国西雅图、洛杉矶、芝加哥和日本东京等。

当一个科技创新中心无法拓宽其创新领域或者增加“创新者”（创新企业）的名单，伴随着逐渐萎缩的创新生态系统，其就会从全球创新价值链上慢慢滑落出去，并且在产品的商业化过程中处于不利地位，沦为“萎缩的池塘”（shrinking pools）。这一类型代表着科技创新中心消极发展的“恶果”。结果是这些曾在全球科技创新格局中占领一席之地的城市，其领地将不断会被别的城市侵蚀，甚至全部“沦陷”，如美国的辛辛那提、英国的利物浦等（图 7.1）。

二、科技创新中心的功能与空间衍生路径

除了人为规划的科学城外，国际上没有一个大都市生来就是科技创新中心[5]。全球科技创新中心并不是凭空出现的，它的形成过程，是技术、人才、资本等创新要素以及科学研究、技术开发、产品设计、生产制造等创新活动在一定地理空间中集聚并相互作用的过程[6]。它首先是一个地理概念，有着一定的地域空间范围，其次这个空间一定不是历史上从未有人类活动的蛮荒之地，必然有着历史积淀和现实基础，这就意味着全球科技创新中心形成与发展的过程必然受到时间因素和空间因素的共同影响，而很多时候历史的时间因素则是通过作用于空间因素来实现的。从这个意义上，一个城市在成为全球科技创新中心之前的城市功能会直接影响其衍生路径和未来的发展模式。从国内外实践经验来看，科技创新中心的发展大致有以下几种演化路径[5]。

科技园区—创新集群—科技创新中心　国际上有不少科技创新中心最初都是从科技园区发展而来的，随着园区聚集的研究机构、企业越来越多，在政府的引导、规范、扶持之下企业自主创新能力增强，并密切与大学和研究机构的合作，整合风险投资、专业性服务机构、行业协会等要素，形成科技创新集群，原有园区的地域范围不断扩大，逐步扩大到整个城市范围，实现“科技园区”模式向“创新城区”模式的转型，如美国硅谷、日本筑波、韩国大德等都是从科技园区发展而来的。

贸易中心—金融中心—科技创新中心　历史上，自然形成的城市都是区域交易中心、贸易中心或产业中心，逐渐演变成为区域的经济和金融中心。近年来，纽约、伦敦为代表的国际大都市纷纷将建设科技创新中心作为城市发展的最新目标和发展动力，主要依托于城市原有的经济基础、金融资源、城市功能，尤其是城市的辐射能力。其特点是通过纵向一体化的跨国企业在全球范围内整合创新资源，形成以外向型创新活动为主的科技创新中心。

科学城—科学研究中心—科技创新中心　科学城的发展过程中，研究型大学和各类科研机构发挥着不可替代的基础性作用。大学和科研院所不仅仅是科学和知识的源泉，也是产业相关技术、设备及人力资本的源泉，更是区域乃至国家创新体系中的关键制度性主体。科学研究中心的基本特征是高校研究机构集聚，在国际基础研究领域享有很高声誉，如波士顿、剑桥、柏林等。在卓越的科学研究能力基础之上，致力于构建完善的区域科技创新生态体系，并集聚各种创新要素，增强科技成果转化和应用技术开发，从科学研究中心成长为科技创新中心。

工业区—制造业中心—科技创新中心　这类区域往往是传统或新兴工业区，依托制造业基础，不断延伸产业链，发展专业化服务，逐渐成为区域制造业中心；在制造业的基础上，依托制造业企业内部研发中心，并整合周边的教育和公共研发机构，协同形成以制造业研发为核心的科技创新中心。

上述四种模式概括了全球科技创新中心功能形成的不同演化路径，但多数科技创新中心的形成过程并不仅仅只沿着其中一条路径演化，而是可能沿着两条、三条路径同步发展。不同科技创新中心演化路径的差异很大程度上决定了其产业类型和发展模式的差异。就产业类型来说，从科技园区—创新集群和科学城—科学研究中心演化而成的科技创新中心，其产业类型多属于高技术型；从工业区—制造业中心演化而成的科技创新中心，其产业类型多属于传统型；从贸易中心—金融中心演化而成的科技创新中心，其产业多属于综合型。

第二节　全球科技创新中心的空间分布格局

城市作为科技创新活动的增长极，在集聚和扩散两种空间力量的作用下，不断提升自身在全球创新网络中的地位和等级，从而跃升成为全球科技创新中心。考察全球科技创新中心的空间分布格局，首先需要对世界范围内的科技创新城市进行评估。目前国际上已有多个机构发布与全球科技创新中心有关的评估报告，这些报告从不同侧面评估了全球主要城市的创新能力，但均没有很好地反映全球科技创新中心的本质特征。华东师范大学全球创新与发展研究院于 2022 年 11 月发布的《全球科技创新中心发展指数 2022》(Global S&T Innovation Center Index 2022，GSTICI2022)[①]，从创新要素全球集聚力、科学研究全球引领力、技术创新全球策源力、产业变革全球控制力和创新环境全球支撑力五个维度，对全球 130 个城市的科技创新发展水平进行了测度。这些城市来源于全球 6 大洲的 45 个国家和地区，经济规模达到 29.2 万亿美元，拥有 69 家世界百强研究机构、73 所世界百强大学、97 家世界百强独角兽企业，云集了 372 位诺贝尔奖、菲尔兹奖、沃尔夫奖等顶尖科技奖获得者，研发人员总数接近 700 万人。

GSTICI2022 综合排名前 30 的全球科技创新中心依次为：旧金山-圣何塞、纽约、东京、伦敦、北京、波士顿、巴黎、首尔、洛杉矶、上海、华盛顿、深圳、芝加哥、大阪、西雅图、费城、慕尼黑、杭州、斯德哥尔摩、休斯敦、广州、圣迭戈、奥斯汀、阿姆斯特丹、马德里、达拉斯、柏林、亚特兰大、新加坡、巴塞尔(表 7.2)。

① 全球科技创新中心发展指数 2022. https://www.gisthinktank.com//upload/GSTICI2022.pdf。

表 7.2　全球科技创新中心发展指数(GSTICI2022)综合及各单项指标排名前 30 城市

排名	综合排名及得分		创新要素全球集聚力		科学研究全球引领力		技术创新全球策源力		产业变革全球驱动力		创新环境全球支撑力	
	城市	得分	城市	得分	城市	得分	城市	得分	城市	得分	城市	得分
1	旧金山-圣何塞	100.0	旧金山-圣何塞	100.0	北京	100.0	旧金山-圣何塞	100.0	旧金山-圣何塞	100.0	纽约	100.0
2	纽约	95.6	波士顿	97.9	华盛顿	99.7	东京	97.6	北京	97.9	伦敦	99.2
3	东京	95.0	纽约	95.3	旧金山-圣何塞	97.0	首尔	94.1	东京	94.6	华盛顿	97.7
4	伦敦	94.8	伦敦	93.8	巴黎	95.9	纽约	93.7	纽约	91.8	旧金山-圣何塞	94.7
5	北京	94.4	洛杉矶	93.4	伦敦	95.8	深圳	93.1	伦敦	91.2	波士顿	92.4
6	波士顿	94.3	巴黎	92.1	东京	95.6	北京	92.5	波士顿	90.4	东京	91.7
7	巴黎	92.3	东京	89.2	波士顿	94.0	波士顿	91.4	上海	90.4	巴黎	91.5
8	首尔	90.2	芝加哥	87.8	纽约	92.8	伦敦	90.2	首尔	90.3	首尔	91.5
9	洛杉矶	88.8	北京	86.5	芝加哥	92.1	大阪	88.9	深圳	89.8	洛杉矶	89.5
10	上海	88.4	上海	85.0	洛杉矶	91.7	巴塞尔	88.6	巴黎	89.0	新加坡	89.2
11	华盛顿	87.2	休斯敦	84.9	上海	90.4	巴黎	88.2	杭州	87.3	北京	87.7
12	深圳	87.1	西雅图	84.5	剑桥	90.2	名古屋	88.2	大阪	87.0	西雅图	87.4
13	芝加哥	87.1	圣迭戈	83.4	首尔	89.4	洛杉矶	86.3	慕尼黑	86.6	达拉斯	87.3
14	大阪	86.4	费城	83.3	罗利	88.6	阿姆斯特丹	85.9	斯德哥尔摩	86.6	芝加哥	87.1

续 表

排名	综合排名及得分		创新要素全球集聚力		科学研究全球引领力		技术创新全球策源力		产业变革全球驱动力		创新环境全球支撑力	
	城市	得分	城市	得分	城市	得分	城市	得分	城市	得分	城市	得分
15	西雅图	85.4	大阪	83.0	亚特兰大	87.8	上海	85.6	广州	84.5	上海	86.7
16	费城	84.8	柏林	82.7	休斯敦	87.7	斯德哥尔摩	85.6	西雅图	83.6	迈阿密	86.4
17	慕尼黑	84.4	达拉斯	82.6	马德里	87.4	圣迭戈	85.4	费城	82.7	休斯敦	86.2
18	杭州	84.3	华盛顿	82.6	悉尼	87.4	奥斯汀	85.4	奥斯汀	82.7	亚特兰大	86.2
19	斯德哥尔摩	84.2	维也纳	82.4	罗马	87.2	都柏林	85.4	巴塞尔	82.3	柏林	85.1
20	休斯敦	83.4	罗利	82.1	海德堡	87.2	费城	85.1	都柏林	82.1	香港	84.9
21	广州	82.6	首尔	81.8	苏黎世	87.1	芝加哥	85.1	孟买	81.2	德里	84.8
22	圣迭戈	82.3	剑桥	81.7	牛津	87.1	杭州	85.0	阿姆斯特丹	80.5	维也纳	84.7
23	奥斯汀	82.2	杭州	81.5	西雅图	87.1	亚特兰大	84.6	芝加哥	80.4	巴塞罗那	84.5
24	阿姆斯特丹	81.8	深圳	81.5	香港	87.1	斯图加特	84.6	洛杉矶	79.8	费城	84.5
25	马德里	81.7	慕尼黑	81.4	墨尔本	86.9	休斯敦	83.9	南京	78.9	圣迭戈	84.4
26	达拉斯	81.6	新加坡	81.1	新加坡	86.9	艾恩德霍芬	83.7	布鲁塞尔	78.7	马德里	84.2
27	柏林	81.5	多伦多	80.5	斯德哥尔摩	86.6	华盛顿	83.7	日内瓦	78.5	墨尔本	83.9
28	亚特兰大	81.2	悉尼	80.1	温哥华	86.5	新加坡	82.7	圣迭戈	78.5	大阪	83.9
29	新加坡	81.0	温哥华	79.5	莫斯科	86.2	慕尼黑	82.5	法兰克福	78.3	多伦多	83.9
30	巴塞尔	80.9	莫斯科	78.7	维也纳	86.2	西雅图	82.4	名古屋	78.2	阿姆斯特丹	83.3

资料来源：全球科技创新中心发展指数 2022. https://www.gisthinktank.com//upload/GSTICI2022.pdf。

其中，旧金山-圣何塞是全球最为顶尖的科技创新中心，不仅综合排名全球第1位，在创新要素全球集聚力、技术创新全球策源力、产业变革全球驱动力这三个单项排名上也是全球第1位。北京在科学研究全球引领力单项上排名全球第1位，纽约在创新环境全球支撑力单项上排名全球第1位。GSTICI2022评估结果显示，全球科技创新中心的空间分布格局具有以下显著特征。

一、三足鼎立的全球创新版图

全球科技创新中心分布呈现显著的欧洲、北美和亚太三足鼎立格局。无论是综合排名，还是在创新要素全球集聚力、科学研究全球引领力、技术创新全球策源力、产业变革全球驱动力、创新环境全球支撑力5个单项排名上，全球科技创新中心高度集聚在欧洲、北美和亚太这三大区域，如全球综合排名前100科技创新中心有34个在欧洲、30个在北美、29个在亚太地区（图7.2）。

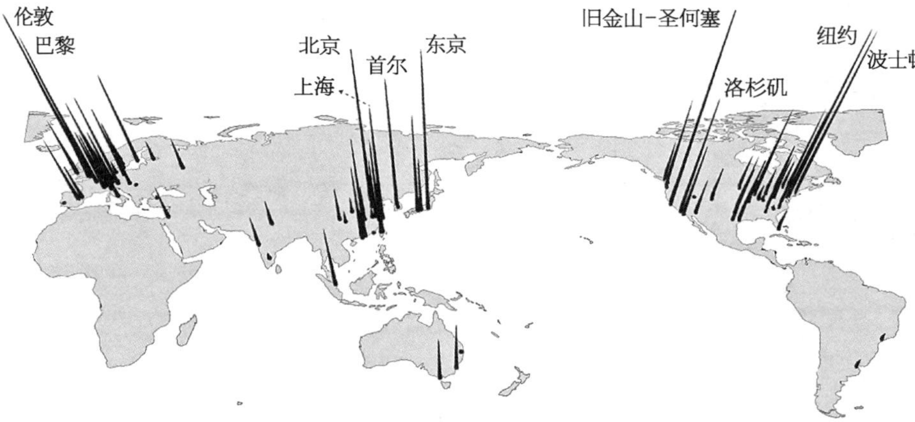

图7.2　全球科技创新中心发展指数(GSTICI2022)综合排名前100城市空间分布格局

资料来源：全球科技创新中心发展指数2022. https://www.gisthinktank.com//upload/GSTICI2022.pdf。

高等级科技创新中心主要分布于北美和亚太地区。虽然欧洲进入综合排名前100强的全球科技创新中心数量最多，但仅有2个进入前10强。欧洲大多数科技创新中心的排名较为靠后，这意味着作为老牌发达区域，欧洲科技创新发展已表现出后劲不足的态势。综合排名前30强全球科技创新中心，北美和亚太地区分别有 13 个和 9 个。综合排名前 10 强全球科技创新中心，北美和亚太地区皆有 4 个，突出表明北美、特别是美国在全球科技创新中心发展上具有领导地位，而亚太作为后发地区，其全球科技创新中心已悄然崛起。

全球科技创新中心集聚分布在美国和中国。美国作为顶尖科技强国，其全球科技创新中心数量也遥遥领先，前 100 强全球科技创新中心独占 26 席，前 30 强中更是独占 13 席，旧金山-圣何塞、纽约、波士顿和洛杉矶分别位列全球第 1、第 2、第 6 和第 9 位。在深入实施科教兴国、人才强国、创新驱动发展战略下，中国科技创新水平快速提升，已进入创新型国家行列，这在全球科技创新中心数量上也得到很好印证。全球综合排名前 100 科技创新中心有 20 个位于中国，前 30 强中有 5 个在中国，均次于美国。北京、上海和深圳分别位列全球第 5、第 10 和第 12 位，且在科学研究全球引领力这一单项排名上，北京更是位居全球第 1 位；在产业变革全球驱动力上，北京也是位居全球第 2 位，仅次于旧金山-圣何塞。

全球科技创新中心因所处区域不同表现出差异化的发展模式。亚太地区的全球科技创新中心在驱动全球产业变革上表现最佳，在集聚全球创新要素、引领全球科学研究和策源全球技术创新上也具有较高竞争力，但在支撑全球创新环境上表现最弱。产业变革全球驱动力全球排名前 30 科技创新中心有 10 个在亚太地区，前 10 强更是有 5 个在亚太地区，北京、东京、上海、首尔和深圳分别位居全球第 2、第 3、第 7、第 8 和第 9 位。然而，创新环境全球支撑力全球排名前 30 科技创新中心中，仅 7 个在亚太地区，其中东京排名最高，位列全球第 6。北美地区的全球科技创新中心在集聚全球创新要素、引领全球科学研究、策源全球技术创新和支撑全球创新环境上皆表现最佳，在驱动全球产业变革上也具有较高竞争力。创新要素全球集聚力、科学研究全球引领力、技术创新全球策源力和创新环境全球支撑力四个维度各单项全球排名前 30 科技创新中心中，分别有 14 个、11 个、12 个和 14 个在北美地区，前 10 强中更是分别有 5 个、6 个、3 个和 5 个在北美地区。欧洲地区的全球科技创新中心在引领全球科学研究、策源全球技术创新、驱动全球产业变革和支撑全球创新环境上也具有较高竞争力，但在集聚全球创新要素上表现最弱。创新要素全球集聚力全球排名前30科技创新中心仅有7个在欧洲地区，其中伦敦排名最高，位列全球第4位。

二、美国领跑全球科技创新中心建设

综合排名前100的全球科技创新中心，美国独占26席，更有13个进入前30强，旧金山-圣何塞是全球最为顶尖的科技创新中心，不仅综合排名全球第1位，在创新要素全球集聚力、技术创新全球策源力、产业变革全球驱动力这三个单项排名上也是全球第1位。

全球创新要素高度集中在美国。创新要素全球集聚力前30强的全球科技创新中心，美国占据12个席位，前10强中更是占据5个席位，旧金山-圣何塞、波士顿、纽约位列前三，这既展现了美国科技创新中心在吸引和培养全球顶尖创新人才、集聚全球创新资金上的绝对实力，也展现了全球创新要素汇聚在美国的真实图景。亚太科技创新中心在集聚全球创新要素上也展现出强劲的竞争力，有8个城市进入前30强，且有3个进入前10强，东京、北京和上海分别位列第7、第9和第10位。具体来看，一是美国科技创新中心在集聚顶尖创新人才方面优势显著。在顶尖创新人才数量上，波士顿、旧金山-圣何塞、纽约包揽前3名。二是美国汇聚大量全球创新资金。集聚全球创新资金前30强的全球科技创新中心，有15个位于美国，旧金山-圣何塞是全球创新资金最大吸收城市，以1 290亿美元的研发投入规模、1 053亿美元的风险资本吸收量高居榜首。

美国引领全球科学研究。依托大批全球顶尖的高校和科研机构，美国产出了众多的权威科学成果，并引领国际科学合作。科学研究全球引领力前30强科技创新中心，有10个位于美国，前10强更是有6个位于美国，突出表明美国科技创新中心在引领全球科学研究上也具有压倒性优势。具体来看，一是美国集聚了众多顶尖科研机构，如华盛顿有11家百强研究机构，在百强研究机构数量上位居全球第1。二是美国科技创新中心在权威科研产出方面遥遥领先。波士顿凭借843篇国际权威论文和2 039篇高被引论文稳居第一，纽约凭借420篇国际权威论文和1 238篇高被引论文紧随其后，旧金山-圣何塞则以436篇国际权威论文和1 129篇高被引论文位列第三。三是美国科技创新中心主导国际科学合作。国际科学合作前 30 强的科技创新中心中有 12 个位于美国。2021 年，全球科学论文国际合作量排名前五的城市分别为伦敦、北京、波士顿、纽约和旧金山-圣何塞，而在国际合作论文最多的 10 座城市中，有半数来自美国。

美国在技术创新全球策源上依然领先。技术创新全球策源力前 30 强的全球科技创新中心，美国有 12 个城市上榜，但仅有 3 个位于前 10 强。相较于在其他方面的压倒性优势，美国虽然策源全球技术创新上依然领先，但优势并不显著。东亚作为全球技术创新策源中心的地位正在崛起，日本、中国和韩国这三个国家共有 8 个城市进入前 30 强，其中日本东京和韩国首尔更是高居第 2 和第 3 位，中国深圳和北京也跻身前 10 强，分别位列第 5 和第 6 位。

三、中国科技创新中心强势崛起

GSTICI2022 测评结果显示，全球综合排名前 100 科技创新中心有 20 个在中国，数量上仅次于美国，北京和上海更是进入前 10，跻身全球科技创新中心第一方阵。中国也是除美国外，另一个在全球科技创新中心第一方阵中拥有 2 个及以上城市的国家。

中国科技创新中心分布广泛，形成京津冀、长三角和粤港澳大湾区三大核心区域。中国进入全球综合排名前 100 的 20 个城市，15 个分布在东部沿海地区（包括台湾地区），5 个位于中西部地区。京津冀地区的北京和天津两个城市进入榜单，北京高居全球第 5 位，是中国排名最高的科技创新中心，天津排名第 66。长三角地区有 5 个城市进入前 100 强，上海排名全球第 10，杭州第 18，南京第 32，苏州第 62，合肥第 85。粤港澳大湾区有 3 个城市进入前 100 强，分别是深圳（第 12 位）、广州（第 21 位）和香港（第 47 位）。山东半岛城市群的济南和青岛也进入前 100，分别排名全球第 76 和第 98 位。海峡西岸经济区的厦门位列全球第 99 位。中西部地区 5 个城市皆为直辖市或省会城市，其中武汉排名最高，位列全球第 57 位，其后依次为成都（第 61 位）、长沙（第 74 位）、西安（第 78 位）、重庆（第 82 位）。台湾地区的台北和新竹分别位列全球第 47 和第 76 位。

中国科技创新中心在驱动全球产业变革和策源全球技术创新上表现突

出，在支撑全球创新环境上较美欧发达国家差距显著。在产业变革全球控制单项排名上，中国有 25 个城市进入全球前 100 强，且大部分城市在此单项上的排名高于其综合排名，其中 6 个城市跻身前 30 强。北京高居全球第 2 位，以微小差距落后于旧金山-圣何塞。根据胡润研究院发布的《2021 全球独角兽榜》，北京拥有 22 家企业，仅次于旧金山-圣何塞。这突出表明，以实体经济支撑的中国科技创新中心在驱动全球产业变革上发挥重要贡献。在技术创新全球策源力单项排名上，中国有 21 个城市进入全球前 100 强，其中 4 个城市跻身前 30 强。深圳排名全球第 5 位，其 PCT 专利数量仅次于东京，占全球 PCT 总量的比例达 7.2%，同时其 PCT 国际合作量高居全球第 1 位。然而，在创新环境全球支撑力单项排名上，中国仅有 13 个城市进入全球前 100 强，且无一城市跻身前 10 强，北京排名最高，位列全球第 11 位。中国科技创新中心在城市经济基础、社会文化环境、顶级期刊数量、国际科学组织建设上不仅与美欧科技创新中心有较大差距，还显著落后于亚太地区的东京、首尔、新加坡等城市，突出反映营造良好的创新环境是中国推进全球科技创新中心建设的重中之重。

中国科技创新中心也呈现差异化的发展路径和定位。除综合排名外，北京在创新要素全球集聚力、科学研究全球引领力、产业变革全球驱动力、创新环境全球支撑力这四个单项排名上，也是位居中国城市之首。尤其是在科学研究全球引领力维度，北京高居全球第 1 位。在自然指数-科研城市的榜单中，北京已连续 4 年蝉联榜首，产出了全球最高的论文发文量，顶尖科研主体众多、权威科研产出领先、国际科学合作频繁，在全球的基础科学研究领域具有显著优势。深圳在技术创新全球策源力单项上的排名显著高于其综合排名和其他单项上的排名，以全球第 5 位居于中国城市之首。事实上，中国科技创新中心在创新资金集聚、权威科研产出、前沿科技产出、传统产业转型、创新创业等方面皆表现出强劲的发展态势，在全球科技竞争中已占据有利地位。然而，在顶尖科技人才数量、国际科技合作、前沿产业发展、创新引擎企业数量、创新文化营造、学术交流平台建设等方面上，中国科技创新中心较美欧国家科技创新中心落后，差距明显。

第三节　全球科技创新中心的空间网络结构

全球科技创新中心不仅是科技创新活动的高地，也是全球创新网络的重要节点和枢纽。一方面，创新资源随着网络关系在全球范围内扩散，由一国扩展到多国；另一方面，新知识和新技术的产生仍然高度集中在少数国家和大城市群地区。正是这两种过程的相互作用，促进了全球创新网络的出现。全球科技创新中心虽然在空间分布上疏密不一，在成长路径上类型有别，但归根结底，每个科技创新中心都是全球创新网络中的节点。全球创新活动之所以能够形成网络，并不是因为这些全球科技创新的节点城市各自集聚了大量的创新资源和创新产出，而是因为这些节点彼此之间的联系、互动和交流，吸纳创新资源，扩散创新产出，从而在全球地域空间范围内形成了开放、互动、关联的网络关系[7]。全球创新网络中的节点城市可以在全球范围内选择网络合作伙伴，建立科技创新中心之间的科技创新连接，构建全球空间范围内的创新合作和知识流动渠道，利用创新的集聚和再扩散，强化全球创新网络的节点城市或区域，并逐渐带动辐射次一级节点城市的形成。

一、国际科技合作塑造全球科技创新中心网络

进入 21 世纪，科学研究活动的全球化和网络化特征日益突出，国际合作极大地推动了全球科学活动的发展，对世界科学体系产生了深远影响。全球化促进了科学活动的专业化和网络化，增加了国家间的相互联系和相互依存，催生出全球性的国际合作网络，使创新空间格局由等级化向网络化演变，创新价值链不断被重构，多节点、多中心、多层级的全球创新网络加速形成。

社会网络理论的文献表明，根植于社会关系和互动中的行动者会拥有更好的产出绩效，网络中节点的位置在很大程度上决定了它们获得的资源和机会[8]。在科学和技术的全球化背景下，获取外部资源对一个国家的科技创新尤为重要。这些网络关系可以作为创建、传播、吸收、利用和共享想法、资源、知识和信息的渠道[9]。由于处于网络的中心位置，节点可以较容易地获取各

种无形的外部资源[10]。处于全球创新网络核心地位的城市或区域是全球范围内知识外溢和前沿研究的领导者，其网络特点是高密度、高强度和与核心内的大量协作，并且同网络中其他节点充分连接。

美国国家科学基金会发布的《2020 科学与工程指标》报告显示，国际科学合作比例从 2008 年的 17%上升至 2018 年的 23%①，表明超过 1/5 的科学论文是国际合作的结果。科学研究已经从个人、机构和国家进入国际合作时代[11]。例如，*Nature* 和 *Science* 等全球顶级期刊的国际合作比率已经超过 60%。国际合作已经成为前沿科学发现的关键力量，产生了众多高质量的研究成果。国际科技合作极大地促进了全球创新网络的形成。蓬勃兴起的全球创新网络正在改变第二次世界大战后形成的大西洋轴心格局，重塑全球科技创新版图[12~13]。

随着科学全球化的广度和深度不断增强，全球创新网络规模不断扩大。统计数据表明，参与国际科学合作的国家数量从 2000—2002 年的 196 个增加至 2017—2019 年的 206 个，几乎囊括全球所有的国家。与此同时，国家之间合作的双边关系也急剧增加，从 2000—2002 年的 5 459 对飙升至 2017—2019 年的 15 141 对，增幅高达 177.35%，国家间的科学合作力度不断深化。虽然传统科学超级大国（美国、英国、德国、西班牙、法国、加拿大和澳大利亚）仍然主导着国际合作，占据中心位置，但新兴科学国家（中国、巴西、韩国、南非和印度）地位不断提高，并逐渐向核心移动。桂钦昌等基于科睿唯安（Clarivate Analytics）的 InCites 数据库，以国家间的合作发表的论文数量作为边的权重，借鉴图论构建加权无向全球科学合作网络，探究世界各国的科技关联程度在 2000—2019 年 20 年间的变化[14]。研究发现，全球科技合作网络具有以下特征。

一是全球科技合作网络呈现等级层次式与分布式组织并存的拓扑特征（图 7.3）。一方面，美国、日本、英国、德国、法国和意大利等成为整个网络的强核心，是知识溢出的源泉和科学前沿的引领者，成为其他次一级国家主要的合作

---

① National Science Board. Science and Engineering Indicators 2020. Arlington, VA: National Science Foundation, 2020.

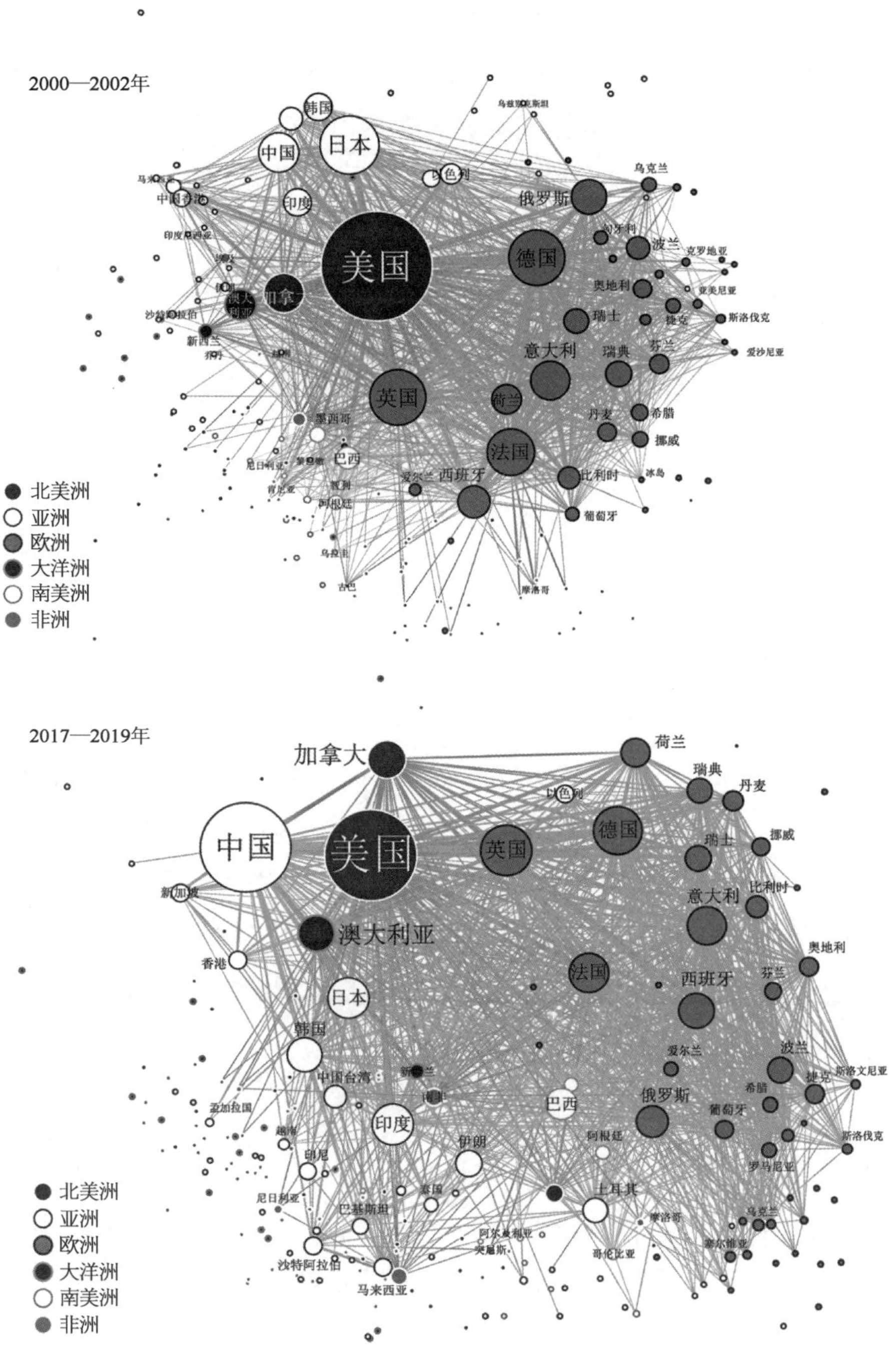

图 7.3　2000—2019 年全球科学合作网络的拓扑结构

数据来源：基于科睿唯安(Clarivate Analytics)InCites 数据库绘制。

对象，对外以多条合作路径与其他国家相连，形成多个等级层次的轴辐式结构(hub-and-spoke structure)或星型结构(star-shaped structure)。这表明合作网络存在择优连接机制，规模较小的国家更倾向连接到强度中心性较大的科学强国，故表现为垂直式和等级层次的组织结构。另一方面，这些核心国家之间合作规模大、联系强度高，形成稳定的三角形分布式结构，如美国-德国-英国、意大利-英国-德国、法国-英国-德国和美国-英国-法国等。这表明全球科学合作网络存在传递性机制，朋友的朋友也是朋友，由此产生大量三方合作甚至多边合作，其有扁平化和去中心化的特点。其原因在于新的合作形式不断涌现，如战略联盟、多国参与的大科学计划和区域性的合作项目等。这些分布式的多边合作显著不同于以往等级层次式的单边联系，大大增强了国家间的资源共享。

二是欧美主导的两极格局逐渐演化为北美、西欧和亚太的三足鼎立格局。2000—2002 年，国家之间的科学合作联系较弱，而且整个网络被美国、日本和西欧国家主导。欧洲国家是全球科学合作网络的主体，突显的节点最多。欧洲有 7 个国家进入强度中心性前 10 强，14 个国家挤进前 20，如德国、英国、法国、意大利和荷兰等。亚洲仅有日本和中国相对突出。美国处在合作网络的中心，与 93.36%的节点建立科学合作联系，是网络中最为连通的节点，也是强度中心性最大的节点。相比而言，非洲、南美和大洋洲区域并不突出，仅有澳大利亚、南非和巴西相对闪耀，其他大部分国家处在合作网络的边缘。2017—2019 年，网络的拓扑结构发生显著变化，最明显的是亚太区域的崛起。中国的强度中心性排名从第 15 位飙升至第 3 位，成为全球第三大合作中心；澳大利亚从 13 位上升至第 8 位，日本排在第 12 位，印度位居第 17 位。科学产出规模较大的国家高度集中于西欧、北美和亚太地区，呈现三足鼎立格局。这三大区域既是当今世界经济的核心，也是国际科学合作最为活跃的区域。不过，西欧和北美的优势地位依然十分突出，意味着科学全球化的步伐滞后于经济全球化。此外，拓扑图也呈现出中国逐渐从边缘向中心靠近的趋势，中美双中心的拓扑网络格局开始显现。与此同时，美国和中国已构成全球科学合作中最重要的双边关系。

长期以来，全球科技合作联系主要被欧美国家所主导，但近年来中国国际科学合作快速发展。2000—2002年，全球前10的联系主要涉及美国、德国、英国、加拿大、法国和意大利等。美国在前10的合作联系中优势十分突出，有7对联系与美国有关；在前20的合作联系中，有13条围绕美国展开。其中，美国与德国的合作值最大，达到23 179篇。欧洲内部也有较强的联系。德国-英国、德国-法国和法国-英国联系分别排名第8、第9和第10，三国构成欧盟核心三角。整个南美大陆以外向联系为主，非洲大陆仅有南非与美国和英国的科学合作联系较大。亚太地区虽有多国出现在网络中，但内部联系微弱。受益于全球科学产出重心呈现出自西向东转移的趋势，中国积极融入全球科学合作网络，成为新兴的国际合作枢纽。2017—2019年，中美一跃成为全球最大的双边合作，高达151 421篇，遥遥领先于其他国家间合作。在全球前10的合作联系中，有3对联系与中国有关，中英和中澳合作分别位居第7位和第10位。与此同时，全球科学合作的空间联系日益稠密，巴西在维持欧美合作的同时也加强了与中国、印度、日本和澳大利亚的合作，表明亚太区域成为南美洲继欧美之后的第三个重要的知识来源。南非除了继续维持与美国和欧洲的合作关系，又开拓了与中国、印度的科研合作，密切了金砖国家之间的科学交流。

三是全球科技合作网络的空间结构发生显著变化(图7.4)。2000—2002年，全球科学合作网络以美国为核心，美欧、美日联系为主导。就国际科学合作的地理格局而言，西欧和北美这两大区域主导着全球科学研究，形成明显的跨大西洋轴心(trans-Atlantic axis)。在前10对合作联系中，有4对联系发生在美国和西欧国家之间；在前20对合作联系中，有7条属于跨大西洋联系。美国-德国合作联系最大，其后分别为美国-英国(22 154)、美国-法国(14 667)和美国-意大利(11 187)等。随着合作网络在全球范围内的扩展，网络的空间格局发生了重大变化。2017—2019年，全球科学合作网络形成以北美(美国与加拿大)、西欧为主，东亚(中国、日本、韩国)与澳大利亚为次要地位，东亚与北美、澳大利亚与欧洲的科学合作构成两条对角线的四边形骨架格局。欧洲国家内部联系紧密，对外联系以亚太和北美为主；北美洲内部联系以美国和加拿大为主，对外与欧洲联系最为频繁，与亚太地区联系次之；亚太地区域内以中国与澳大利亚、日本、韩国间科研联系为主，对外联系则高度汇聚于西欧和北

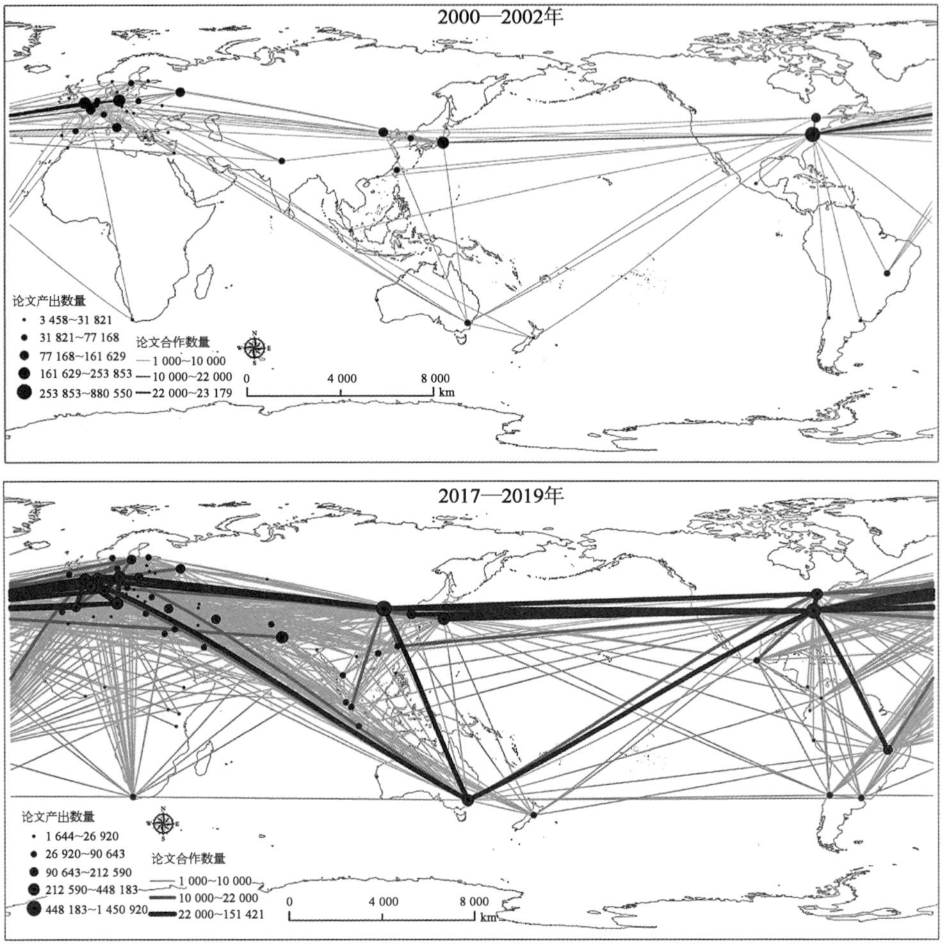

图 7.4　2000—2019 年全球科学合作网络空间联系

数据来源：基于科睿唯安(Clarivate Analytics)InCites 数据库绘制。

美。澳大利亚与英国也有较高的合作，构成四边形的一条对角线；东亚与北美的联系，构成四边形的另一条对角线。南美洲和非洲成为外围区域，通过次一级的联系流与核心区域连接。

科学的全球化增加了主动或被动融入全球创新网络的国家在科学技术方面的相互联系和相互依存，全球科技关联程度的不断加强意味着全球创新网络联系趋于紧密。网络联系被视为各国吸收外部知识和交流信息的渠道，国际科学合作网络的结构对国家研究产出具有积极的影响，因为网络中的各国可以从网络的中心和有影响力的节点中获益。因此，一个国家的知识产出不仅要归因于其内部的研发投入，还应归因于其在全球创新网络中的位置。一方面，高度集中的枢纽国家有许多与其直接相关的伙伴国家，可以从外部资源中获得更多的知识和信息；另一方面，创新需要不同文化背景的人进行不同知识的交流和重组，那些高度中心化的枢纽国家获得知识来源更加多样化[15]。

具体到核心国家内部，科技创新节点则高度集中于城市这一空间层面上。在全球创新网络中的网络节点都是点状的城市，而非面状的国家，因此，全球科技创新中心才是全球创新网络中真正起着支配作用的网络节点。全球创新网络中的节点城市体系的空间分布和权力地位，在很大程度上决定着全球创新网络的现存结构和未来走向。因此，科技创新中心的形成从来都不是某一个城市个体倾尽全力闭门造车，而是一个城市在全球创新网络中的位置和潜力逐步提升的过程，即从全球创新网络的非节点城市到节点城市再到枢纽城市的升级过程。积极融入全球创新网络，充分发挥集聚和扩散的空间力量，大力推进国际合作与交流，广泛建立跨区域、全球化的要素交换和创新联系，不断提升国际影响力，是全球科技创新中心崛起的必经之路。

二、全球科技创新中心城际知识网络呈现多核心层级结构

如前所述，全球科技创新活动中，创新资源和科技创新活动在空间上的分布极不均衡，创新能力强的城市高度集中在少数地区，像“钉子”般凸起。知识网络中的优势节点正在由欧洲和北美向欧洲南部和亚洲东部转移。Web of Science 基本科学指标数据库(Essential Science Indicators，ESI)数据显示，科学城市(即科学产出规模较大的城市)高度集中于北美、欧洲和亚洲，形成三足鼎立的格局，整个网络表现出向某些城市集中的趋势。北美拥有最多的科学城市，是全球知识生产的“高地”，共有 7 个城市进入全球发文量前 10 强，15 个城市挤进前 30，如纽约、波士顿、旧金山、多伦多等(表 7.3)。欧洲凭借众多的高等学校，拥有较多的科学城市，如伦敦、巴黎和米兰等。亚洲的科学城市不断崛起和涌现，如北京、东京、首尔和上海等。非洲、南美和大洋洲多数国家的科学城市发育稀少，仅有悉尼、墨尔本、圣保罗和约翰内斯堡等相对突出，大量的非洲和拉美城市处于科学合作网络之外。

表 7.3　全球高被引论文产出前 20 的城市

2007 年			2017 年			2007—2017 年增长幅度	
城　市	论文发表数	相对于排名第一的百分比	城　市	论文发表数	相对于排名第一的百分比	城　市	增长幅度
波士顿(美国)	985	100.0	纽约(美国)	1 508	100.0	北京(中国)	863
纽约(美国)	889	90.3	波士顿(美国)	1 438	95.4	纽约(美国)	619
旧金山-圣何塞(美国)	709	72.0	旧金山-圣何塞(美国)	1 115	73.9	伦敦(英国)	576
华盛顿(美国)	566	57.5	伦敦(英国)	1 109	73.5	波士顿(美国)	453
伦敦(英国)	533	54.1	北京(中国)	1 093	72.5	上海(中国)	416
洛杉矶(美国)	499	50.7	华盛顿(美国)	908	60.2	旧金山-圣何塞(美国)	406
巴黎(法国)	396	40.2	洛杉矶(美国)	781	51.8	南京(中国)	366
芝加哥(美国)	345	35.0	巴黎(法国)	736	48.8	华盛顿(美国)	342
东京(日本)	341	34.6	芝加哥(美国)	566	37.5	巴黎(法国)	340
费城(美国)	329	33.4	罗利(美国)	522	34.6	武汉(中国)	323
罗利(美国)	298	30.3	上海(中国)	512	34.0	吉达(沙特阿拉伯)	311
西雅图(美国)	255	25.9	多伦多(加拿大)	509	33.8	悉尼(澳大利亚)	304
亚特兰大(美国)	245	24.9	东京(日本)	488	32.4	墨尔本(澳大利亚)	288
底特律(美国)	242	24.6	巴尔的摩(美国)	484	32.1	洛杉矶(美国)	282
多伦多(加拿大)	242	24.6	墨尔本(澳大利亚)	462	30.6	广州(中国)	281
圣迭戈(美国)	242	24.6	费城(美国)	462	30.6	首尔(韩国)	274
巴尔的摩(美国)	233	23.7	悉尼(澳大利亚)	446	29.6	多伦多(加拿大)	267
北京(中国)	230	23.4	西雅图(美国)	443	29.4	米兰(意大利)	253
剑桥(英国)	221	22.4	米兰(意大利)	425	28.2	巴尔的摩(美国)	251
休斯敦(美国)	214	21.7	剑桥(英国)	416	27.6	巴塞罗那(西班牙)	238

数据来源：Web of Science 的基本科学指标数据库(Essential Science Indicators，ESI)。

基于 ESI 高被引论文数据(2007—2017)构建科研论文合作网络,结果显示,全球城际科研合作网络呈现等级层次式与分布式组织并存的拓扑结构。一方面,纽约、旧金山、波士顿和洛杉矶等成为整个网络的强核心,对外以多条合作路径与其他城市相链接,形成多个等级层次的轴辐式组织结构。另一方面,这些核心城市之间合作频繁,形成稳定的三角分布式结构,如纽约-波士顿-旧金山,纽约-波士顿-华盛顿等。根据择优连接机制,规模较小的城市更倾向连接到知识产出规模较大的热点城市,表现为垂直式特征。此外,科学合作也存在大量的三方合作甚至多边合作(图 7.5)。

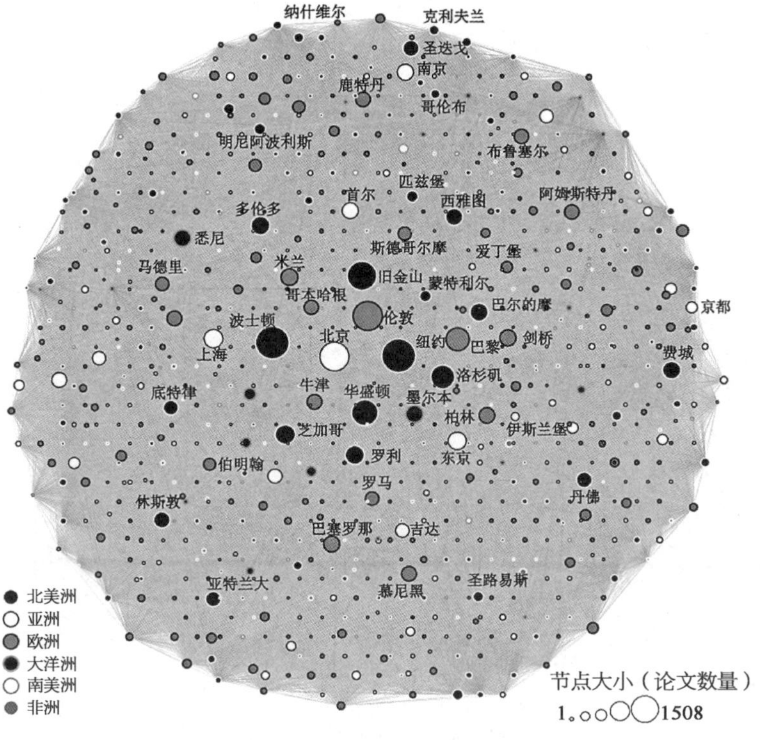

图 7.5　全球城市科研合作网络的拓扑结构

运用 ArcGIS 绘制全球城市科研合作网络的空间分布图,将前 5%的城际科研合作联系根据自然断点分级法划为三个等级(图 7.5)。研究发现:① 一级联系被欧美城市所主导,形成明显的跨大西洋轴心格局(trans-Atlantic axis)。44 条一级联系,以美国内部的城市对为主,以美国与欧洲的城市对为辅(图 7.6)。具体而言，排名前 10 的城市联系，有 8 条发生在美国境内；44 条一级联系有 33 条在美国。纽约和波士顿是全球最大的城际联系，合作产生 456 篇高被引论文，紧随其后的是纽约-旧金山(355)、波士顿-旧金山(293)、纽约-洛杉矶(293)等。此外，美国与英法两国合作规模也较大，集中于伦敦-纽约和伦敦-波士顿，以及巴黎与纽约、波士顿之间也有较强的跨国互动，增强了跨大西洋轴心的显示度。② 世界城市合作网络形成以北美、西欧为主，东亚与澳大利亚为次要地位的四边结构，非洲和南美洲鲜有城市成为重要节点。这一格局与全球国际科研合作模式相类似。此外，世界一流大学也主要集聚在这四大区域，全球科学城市的格局与世界大学的分布高度一致。从国内/国际的视角来看，主要联系发生在国内而非国际。但是，跨国的联系在数量上明显占据优势地位。2017 年，跨国的城市联系数量为 101 311 条，占总数的92.15%。这种国内与国际并重的格局，一定程度印证了本地蜂鸣(local buzz)和全球管道(global pipelines)的重要性[15]。

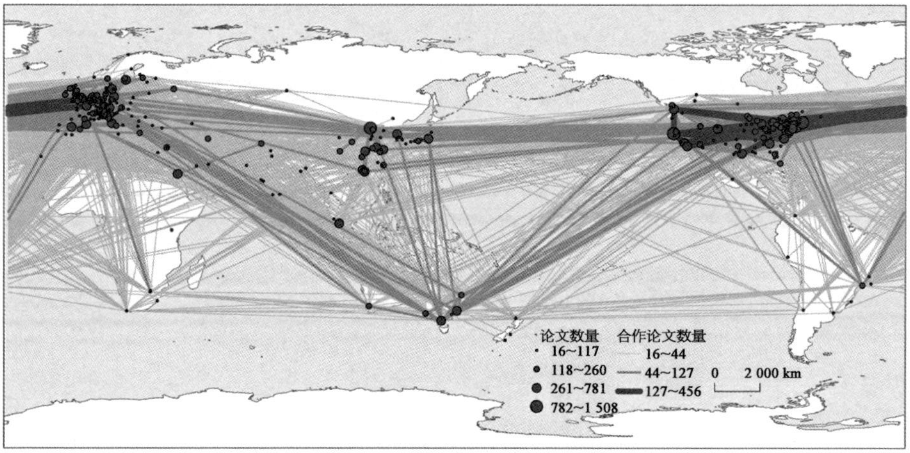

图 7.6　全球主要城市科研合作的空间格局

资料来源：参考文献[16]。

采用基于 Matlab 软件的 WSBM 模型算法程序，对全球城际科研合作网络的多核心-边缘结构进行可视化分析，可识别出五大位置集合：全球核心(第一层级)、区域核心(第二层级)、强半边缘(第三层级)、弱半边缘(第四层级)和边缘(第五层级)(图 7.7)。① 纽约、伦敦、波士顿、旧金山、华盛顿、洛杉矶、巴

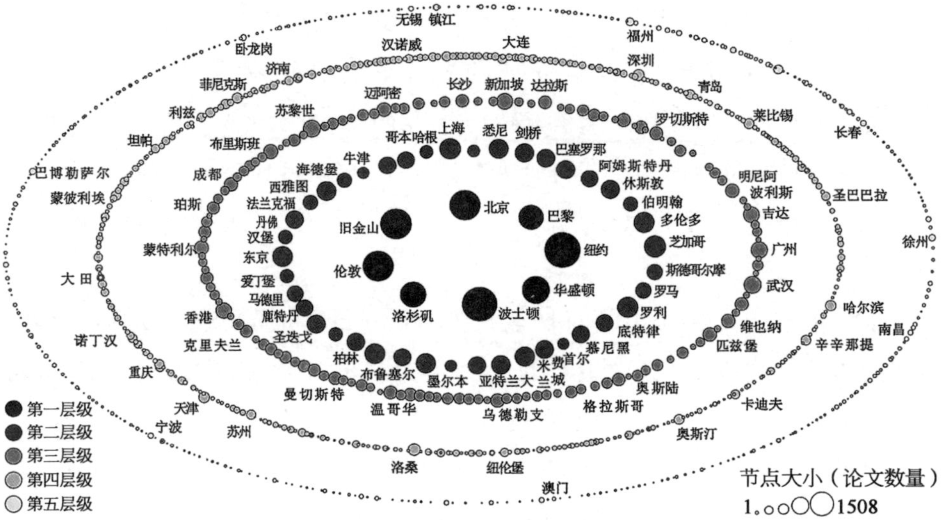

图 7.7　全球城市科研合作网络的多核心-边缘结构

资料来源：参考文献[16]。

黎和北京被划分为第 1 层级，这些城市作为全球的核心城市，位于图谱的中心位置。这些城市无论是论文产出还是网络中心性排名皆位居前列，不仅是知识溢出的源泉和科学前沿的引领者，更是其他城市主要的合作对象，处于全球城市体系的顶端，是顶级的全球科技创新中心。② 围绕全球核心城市的是 41 个区域性中心城市，主要来自西欧、北美和亚太地区，如芝加哥、墨尔本、东京、米兰、上海、莫斯科等。不难发现，这些区域性核心城市大多是所在区域的政治、经济、文化和教育中心，与第一层级共同组成核心城市集团。这些城市通常也是具有重要国际影响力的全球科技创新中心，分别扮演全球和次级尺度的合作网络的门户。③ 第三层级为强半边缘集合，包括 132 个城市，如匹兹堡、香港、新加坡等。虽然该类城市分布遍及各大洲，但仍然主要来自欧洲(57)、北美(33)和亚洲(28)。这些城市是所在国家的科学研究中心和知识溢出高地，各项指标均高于网络平均值，具有内部联系紧密、强度较大、密度较高；对外联系以与核心集团间的强连接为主，与边缘城市之间的连接数量少且强度低。④ 卡迪夫、天津、深圳等 371 个城市构成第四层级，规模明显扩大。这些城市大部分来自欧洲(129)、亚洲(101)和北美(75)，它们往往集聚了一定数量的科研机构，内部联系弱、合作强度低、密度较小；对外联系以与全球核心合作为主，边缘集团为辅。⑤ 第五层级由剩余的城市组成，处于网络的最外围，主要被中国城市所主导(104)，相对集中于印度(35)、美国(28)、俄罗斯(16)等国。代表性城市包括长春、福州、卧龙岗(澳大利亚)、宁波、波兹南(波兰)等，这些城市拥有的高校和科研机构规模小，科研合作参与不活跃，社团内部节点之间联系数量少且强度低；对外与核心集团、半边缘集团的联系也较弱[16]。

根据优势流分析，运用 Gephi 软件的 Yifan Hu 布局算法，全球城际科研合作网络可以被划分为三个主要的子网(组团)，由主导型、次级主导型、从属型三种类型的节点支撑，属于发育典型的等级层次结构(图 7.8)。① 纽约-伦敦组团是网络中最大的子群，包含 1 个主导型节点、112 个次级主导型节点和 642 个从属型节点，共计 755 个城市。纽约是网络唯一的主导型节点，也是 153 个城市最主要的科研合作伙伴，通过间接传导控制了整个子网，导致整个知识流动网络被纽约高度极化。纽约-伦敦是全球最大的国际联系，连接该子网的两个主要部分，纽约的主导范围遍及全球，以北美洲(168)为主，辅以欧洲、亚洲、南美洲等其他区域。伦敦的控制范围则高度集中于欧洲(150)，对北美洲的辐射能力非常有限，对亚洲、非洲和大洋洲有较强的影响力。此外，英联邦国家的城市与伦敦保持紧密的科研合作联系。② 北京是第二大子网的核心，也是 61 个城市的最大合作伙伴，其影响范围覆盖了 152 个城市。这些城市以中国(123 个，占总数的 81%)为主，鲜有涉及其他国家，意味着北京的影响力高度局限于中国，呈现“本地导向”而非“全球导向”。北京与上海互为对方的第一大合作者，也是该组团最大的双边联系。上海是最大次级主导型节点，成为嘉兴、盐城等长三角城市的合作中枢。而广州、西安、武汉和南京等 31 个次级主导型节点，主要是各省级行政中心，其影响力主要局限于省内城市。虽然天津、深圳、大连、福州和徐州等中心城市科研产出规模较大，但缺少最大流，从而和余下节点同为从属型城市。③ 沙特阿拉伯的吉达主导了第三个组团，总共 11 个节点。这些城市主要来自伊斯兰世界，如巴基斯坦、伊朗和埃及等国家。吉达和伊斯兰堡互为对方最大的科研伙伴，伊斯兰堡是巴基斯坦政治中心，集中全国主要的高等院校和研究机构，成为吉达组团唯一的次级主导型节点。剩余的 9 个节点则为从属型城市节点[16]。

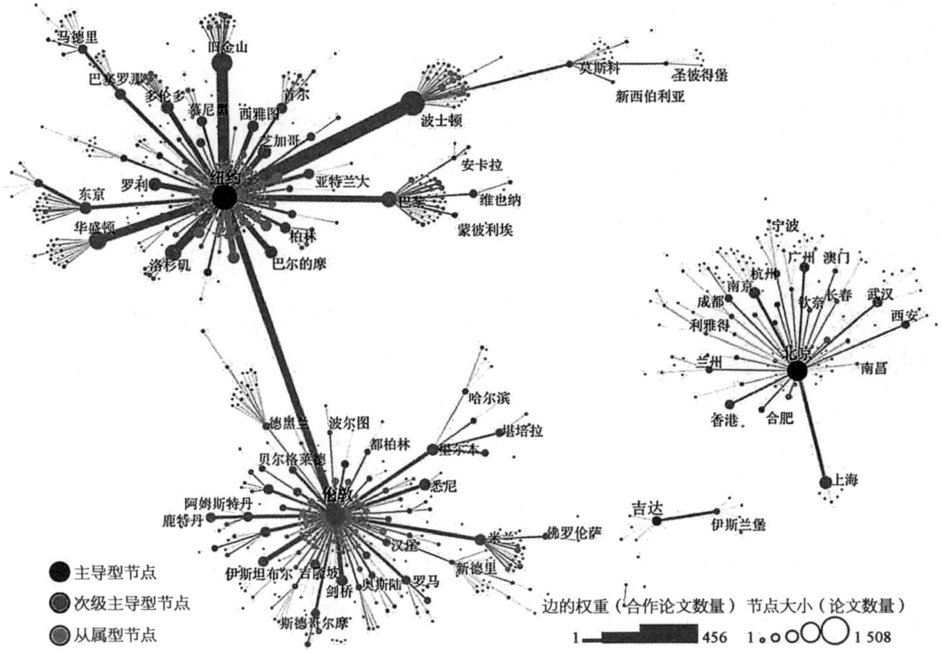

图 7.8　全球科技创新中心城际科研合作网络的等级层次性

资料来源：参考文献[16]。

三、全球科技创新中心城际技术合作初显网络化特征

基于专利合作的全球城市技术合作可以从另一视角展现全球城市科技创新合作的网络图景。对 2015 年 PCT 专利数据进行复杂网络分析和空间分析的研究结果显示，首先，全球城市之间专利合作网络的密度较低，仅为 0.002，平均度为3.34，属于稀疏网络。这表明技术在城市体系中的流动不畅，网络中城市之间分享技术的意愿较低，信任和互惠程度不强。其次，城市节点的对外合作次数分布极不均衡，合作次数低于平均水平的城市节点有 1 809 个，占节点总量的 85.86%；高于平均水平的城市节点仅有 412 个，占全部节点的 19.55%。这说明目前全球城市之间的科技合作的网络密度仍然较低，城市节点对外联系强度极不均衡。总之，以城市为空间尺度的全球技术合作网络尚处于形成的初级阶段，全球科技创新中心的网络结构尚不成熟[17]。

从全球科技创新中心技术合作网络节点的空间分布来看，北美洲合作频次较高的城市集中在加拿大的卡尔加里，美国的旧金山湾区、得克萨斯州的达拉斯-奥斯汀-休斯敦区域，以及东海岸的波士顿-剑桥-纽约-费城一带。欧洲合作频次较高的城市分布呈现出以巴黎大都市区为核心，向外辐射至英国伦敦、荷兰兰斯塔德地区（Randstad）、德国埃森、瑞士巴塞尔、法国克莱蒙费朗等地的空间格局。东亚合作频次较高的城市主要集聚于日本东京圈和关西地区、韩国首尔，以及中国的京津冀城市群、长三角城市群、珠三角城市群、成渝城市群。此外，位于西亚的以色列特拉维夫和沙特阿拉伯的达兰地区也与其他城市有密切的合作。从节点之间的联系格局来看，城市获取知识基础的过程并非局限于本地网络，而是内嵌于全球知识网络之中，网络节点之间的联系主要为不同国家城市之间的联系。而且越是高水平的集群，知识基础中非本地的知识越多，对外联系越强。城市节点参与技术合作网络的方式主要有3种：① 城市通过企业内部和企业之间共同的研发合作联系在一起，如纽约、东京等城市因其是跨国公司总部而与其他城市产生联系；② 城市通过技术服务企业联系在一起，如加拿大的卡尔加里、法国的巴黎、美国的休斯敦、荷兰的海牙等城市通过斯伦贝谢技术服务公司（SIS）参与到全球技术合作网络中；③ 城市通过产学研合作参与到技术合作网络中，如美国旧金山湾区奥克兰是世界最具影响力的公立大学系统——加州大学董事会的所在地，该系统拥有包含加州大学伯克利分校在内的10所著名高等院校，企业的研发外包活动与奥克兰产生联系，奥克兰在网络中起到重要的知识生产的作用[17]。

在网络结构中，度中心性（degree centrality）是刻画节点中心性（centrality）的最直接度量指标。一个节点的度中心性越高，该节点在网络中就越重要。研究发现，全球科技创新节点城市分布呈现出一定的区域性特征。在美国，度中心性高的城市节点主要分布于西海岸的西雅图、硅谷，南部的休斯敦-达拉斯、迈阿密，以及东海岸的波士顿-华盛顿城市带。在欧洲，度中心性的高值集中于伦敦、巴黎、阿姆斯特丹、斯图加特周边区域。在亚洲，度中心性高的城市分布于以色列特拉维夫和耶路撒冷等地、印度南部班加罗尔、新加坡、东京-横滨-大阪区域、首尔大都市圈，以及北京、上海和深圳及周边区域。度中心性在中国的分布初步呈现“四边形（北京-上海-深圳-成都）”格局，其中北京、长三角城市和珠三角城市在网络中的地位最为重要[17]。

而网络分析中的介数中心性则代表节点之间相互独立的程度，具有较高介数中心性的节点将对网络有更多的控制，反映了城市作为“中转站”的能力。在美洲，介数中心性高的城市主要位于美国的硅谷和波士顿-华盛顿城市带。在欧洲主要集中于大伦敦地区、巴黎大都市区、慕尼黑大都市区、巴塞尔大都市区等。在亚洲，介数中心性高的城市主要分布于东京圈、首尔大都市区、京津冀和长三角地区等。中国北京和上海的介数中心性位序远高于深圳。北京作为中国的首都，拥有众多高校和科研院所，基础科学和应用科学研究实力强大。同时北京是高科技企业总部所在地，高新技术产业发达，对外联系紧密，专利产出高。上海外资研发投入高，与国内外城市联系紧密，但自身专利产出相对较少。两城市在全球技术合作网络中都具有很强的枢纽作用。深圳 PCT 专利总量居全国首位，而合作量不及北京、上海，说明其本地需求规模大，技术产出主要依靠本土企业[17]。

虽然目前全球城市之间技术合作的网络密度较低，但是在稀疏网络特征下，节点城市间的技术合作网络社团结构显著。2015 年，全球城市技术合作网络可划分为 13 个社团，包括东京社团、奥克兰-剑桥社团、巴黎社团、北京-深圳-香港社团、纽约-上海社团、慕尼黑社团、首尔社团、苏黎世-埃因霍温社团、马德里-布鲁塞尔社团、巴塞尔-旧金山社团、伦敦社团等。社团结构的出现，说明虽然全球城市之间的科技创新合作网络还没有充分发育，但目前在网络中存在着紧密连接的区域，或者说城市节点集合，这些节点虽然与社团之外的连接相对稀疏，但是在社团内部却分工合作、联系紧密。全球技术合作社团结构的存在，表明全球科技创新合作网络尚处于初级阶段，但是它是全球科技创新网络形成的基础。

参考文献

[1] 杜德斌，段德忠.全球科技创新中心的空间分布、发展类型及演化趋势.上海城市规划，2015，1：76－81.

[2] 杜德斌.上海建设全球科技创新中心的战略路径.科学发展，2015，1：93－97.

[3] 杜德斌.“大洗牌”前夜：第 5 次创新资源跨国大转移看亚洲.东方早报，2014－10－14.

[4] McKinsey & Company and World Economic Forum，2009. Innovation Heat Map.

[5] 上海科学技术情报研究所，上海市前沿技术研究中心.全球科技创新中心战略情报研究：从园区时代到城市时代.上海：上海科学技术文献出版社，2016.

[6] 陆园园.国外一流科技创新中心是怎样建设的.北京日报，2021－7－14.

[7] Jewell C. The geography of innovation: local hotspots, global networks. WIPO Magazine. December 2019. https://www. wipo. int/wipo _ magazine/en/2019/06/article_0001.html.

[8] Borgatti S P, Mehra A, Daniel. Brass D J, et al. Network analysis in the social sciences. Science, 2009, 323(5916): 892 - 895.

[9] Phelps C, Heidl R, Wadhwa A. Knowledge, networks, and knowledge networks: a review and research agenda. Journal of Management, 2012, 38(4): 1115 - 1166.

[10] Tsai W P. Knowledge transfer in intraorganizational networks: effects of network position and absorptive capacity on business unit innovation and performance. Academy of Management Journal, 2001, 44(5): 996 - 1004.

[11] Adams J. The fourth age of research. Nature, 2013, 497(7451): 557 - 560.

[12] Royal Society. Knowledge, networks and nations: global scientific collaboration in the 21st Century, RS Policy document, https://royalsociety.org/-/media/Royal_Society_Content/policy/publications/2011/4294976134.pdf, March 2011.

[13] Adams J. Collaborations: the rise of research networks. Nature, 2012, 490(7420): 335 - 336.

[14] 桂钦昌,杜德斌,刘承良.全球科研合作网络的动态演化及其驱动机制.地理学报,2023,78(7): 423 - 442.

[15] Wanzenboeck I, Piribauer P. R&D networks and regional knowledge production in Europe: evidence from a space-time model. Regional Science, 2018, 97(S1): 1 - 24.

[16] 桂钦昌,杜德斌,刘承良,等.全球城市知识流动网络的结构特征与影响因素.地理研究,2021,40(5): 1320 - 1337.

[17] 焦美琪,杜德斌,桂钦昌,等.全球城市技术合作网络的拓扑结构特征与空间格局.地理科学,2019,39(10): 1546 - 1551.

第八章

全球科技创新中心发展的国际案例

任何模式和理论都是对现实的高度抽象和概括，这正如美国经济学家多马(E. D. Dorms)所言："建立一个模型，就在于从一大堆庞大而又复杂的事实中，抓住少数简单而又易于控制的要点，当这些要点被用某种巧妙的方法结合起来后，就在一定意义上成为现实的替代物。"本书从全球范围内选取部分典型城市案例，与全球科技创新中心发展的三维模式理论模型互相印证，以期进一步论证该模式的合理性和可行性，并为之后的理论模式完善积累素材。但需要指出，理论上的模式，在现实中很难泾渭分明，往往呈现出多种特征交织在一起的混沌状态，比如，大学驱动和企业驱动也会包含有政府这只有形的手的推动因素。全球科技创新中心的发展实践也证明，每个城市并非按单一类型发展，往往是几种模式交替进行，混合型模式较多。

第一节　硅谷：企业驱动＋内生机构＋多元化高新产业

硅谷是指美国加利福尼亚州北部旧金山湾区(San Francisco Bay Area)的高科技产业集聚区。数十年以来，该地区一直是世界技术和创新的旗舰中心[1]。硅谷不是一个地名，因此没有明确的地理边界。狭义的硅谷是指旧金山以南的旧金山湾区。按《2023 硅谷指数》的界定，其地理范围包括圣克拉拉县和圣马特奥(San Mateo)县的全部，以及阿拉梅达县的佛利蒙、纽瓦克、联合城和圣塔克鲁兹县的斯科茨谷(Scotts Valley)，面积为 4 800 平方千米，人口约 300 万①。随着该地区高科技产业不断向北扩展，特别是由于近年来旧金山市大量创业公司的涌现，硅谷的区域范围实际上已经覆盖到整个旧金山湾区②，面积约 18 000 平方千米，人口 776 万(2020 年)。旧金山和圣何塞是旧金山湾区人口最多的两个核心城市，所以旧金山-圣何塞常也被用作硅谷的代名词。硅谷是最早研究和生产以硅为基础的半导体芯片的地方，是世界上第一个高技术产业集聚区，尽管美国和世界其他地方的高新技术产业都在不断发展壮大，但硅谷是许多高新技术创新的源头，依然是世界上规模最大的高技术产业集聚区。

一、动力转换：从大学和政府驱动到企业驱动

任何科技创新中心的形成和发展都是政府、大学、企业三者共同作用的结果。从硅谷的发展过程来看，其早期发展的驱动力主要来自大学和政府，当地企业借助大学的技术和人才奠定了科技产业的基础，并依靠国防订单、政府采购和扶持政策，迅速带动科技产业走向繁荣；而硅谷后期发展则主要靠企业驱动。企业依托当地完善的创新生态系统获得强大的内生动力，在驱动自身不断壮大的同时带动关联产业集群繁荣兴盛，大学和政府则起到辅助发展的作用。

硅谷的起源可以追溯到 1937 年斯坦福大学的两位毕业生休特利(W. Hewlett)和帕卡德(D. Packard)创立惠普公司[2]。斯坦福大学由加州前州长、铁路大亨斯坦福(A. L. Stanford，1824—1893)于 1891 年出资建立。那时的旧金山湾区同美国整个西部地区一样，还是以农业为主的落后地区。“长久以来，西部一直梦想着有一个规模足够大的本地产业来平衡其农业资源”[2]。因此，斯坦福大学从成立之初就把振兴(美国)西部服务作为办学使

① 2023 Silicon Valley Index. https://jointventure.org/images/stories/pdf/index2023.pdf.

② High-tech employment in Silicon Valley, 2001 and 2008. U.S. Bureau of Labor Statistics. September 8, 2009. https://www.bls.gov/opub/ted/2009/ted_20090908.htm.

命，这一定位从很大程度上塑造了斯坦福未来的发展路径。20 世纪 30 年代，斯坦福大学工学院特曼教授鼓励自己的学生毕业后在本地创业而不是加入东部的公司，并借给休特利和帕卡德 538 美元在帕洛阿尔托的一间小车库里成立了惠普公司。这间车库后来被加州政府确定为“硅谷的诞生地”，特曼教授也因此被称为“硅谷之父”。之后，越来越多的斯坦福大学毕业生在当地创业成立科技公司，其中包括 1948 年成立的瓦里安联合公司(Variance Association)。这些初创企业的成立为旧金山湾区新兴的电子工业奠定了基础。第二次世界大战后不久，特曼教授又先后领导创建了产学研结合的斯坦福研究所(即后来的斯坦福国际研究所，Stanford Research International)和斯坦福工业园(即后来的斯坦福研究园，Stanford Research Park)，前者开创了大学服务于政府和企业的先河，后者成为硅谷高科技产业集群发展的开端。正是由于斯坦福大学面向社会、注重实践的办学方针，形成了与其他注重理论和基础研究的学院派完全不同的风格，使得后来斯坦福大学一跃成为全球顶尖大学。

斯坦福大学创立了与科技企业之间完善的产学研互动合作模式，不仅为硅谷培养出了包括休利特和帕卡德等在内的第一批科技企业创业者，而且还建立了先进的技术转移模式，与科技产业之间形成了积极的反馈。1970 年成立的斯坦福大学技术许可办公室(Office of Technology License, OTL)对硅谷的发展具有重要推动作用。OTL 的主要职责是促进学校科技成果产品化，包括技术成果评估和市场风险预测、技术许可、专利申请等知识产权管理工作。在 OTL 的努力工作下，斯坦福大学的大量研究成果从实验室走向广阔的市场，并衍生了大批高新技术创业企业。对于硅谷而言，OTL 许可出的技术成为该地区高技术产业成长和壮大的源泉。其中最著名例子是，1981 年 OTL 为斯坦福大学科恩(S. N. Cohen)教授和加州大学旧金山分校博耶(H. Boyer)教授于 1974 年联合发明的“基因切割”(gene-splicing)这一重大生物技术申请了发明专利，并以非独占性许可的方式将该技术许可给了众多企业，从而开启了全球生物技术产业。另一方面，OTL 用专利许可获得的报酬进一步投入科研中，从而使斯坦福大学在理工科领域能与麻省理工学院齐名，在社会科学领域能与哈佛大学媲美。

在政府层面，硅谷的诞生与国防工业密切相关。旧金山湾区长期以来一直是美国海军研究和技术开发的主要基地。1933年，位于旧金山湾南岸的莫菲特联邦机场(Moffett Field)成为美国海军飞艇测试和维修的航空站，吸引了众多服务于海军的科技公司入驻。1947年美国海军将在湾区的大部分业务转移到圣迭戈后，莫菲特联邦机场成为美国国家航空咨询委员会(NACA，NASA的前身)的研究基地，又吸引了包括洛克希德公司在内的众多航空航天公司入驻。这些与军事技术有关的企业成为硅谷早期科技产业发展的重要力量。

第二次世界大战期间，美国联邦政府通过引导资源流向大学实验室，发展军工技术来刺激新的行业和地区的发展，斯坦福大学和加州大学伯克利分校的科研人员作为国防和航天合同的主要受益人，成为加利福尼亚州北部经济转型的先锋。冷战伊始，美国联邦政府向各研究型大学和其他研究机构投入大笔经费以从事国防相关项目的研究，斯坦福大学和加州大学伯克利分校又都成为联邦政府资助的主要受益者。直到今天，联邦政府仍然是硅谷地区各研究型大学科研经费的重要来源。近10多年来，斯坦福大学从美国联邦政府获得的研发经费约占其全部研发经费的比例一直维持在60%～70%，加州大学伯克利分校、加州大学旧金山分校、加州大学戴维斯分校、加州大学圣塔克鲁兹分校4所研究型大学的这一比例也保持在40%～60%。2021年，上述5所大学从联邦政府获得的研究经费超过23亿美元，其中斯坦福大学超过8亿美元，加州大学旧金山分校接近7亿美元(表8.1)。

表8.1 硅谷地区主要大学从美国联邦政府获得的研究经费及占比

大学	指标	2010年	2015年	2018年	2020年	2021年
斯坦福大学	经费(百万美元)	593.0	675.9	711.4	751.4	811.2
	占比(%)	70.6	66.1	61.5	62.4	63.6
加州大学旧金山分校	经费(百万美元)	514.7	535.5	669.5	676.3	683.2
	占比(%)	55.0	47.5	42.0	41.0	40.0
加州大学戴维斯分校	经费(百万美元)	332.3	326.0	360.0	381.0	373.7
	占比(%)	48.9	45.2	45.6	46.6	45.7

续　表

大　学	指　标	2010 年	2015 年	2018 年	2020 年	2021 年
加州大学伯克利分校	经费(百万美元)	312.8	346.3	329.5	350.0	354.5
	占比(%)	45.1	43.9	41.4	41.7	41.9
加州大学圣塔克鲁兹分校	经费(百万美元)	84.5	92.9	63.2	76.5	86.3
	占比(%)	58.7	61.2	49.6	50.8	53.7

资料来源：National Science Foundation，Higher Education Research and Development Survey，Fiscal Year 2021. https://ncses.nsf.gov/surveys/higher-education-research-development/2021#data。

美国联邦政府在硅谷地区设立的多个国家实验室和研究设施则是硅谷科技创新产业发展的直接参与者。美国能源部在旧金山湾区设有 4 家国家实验室——劳伦斯伯克利国家实验室、劳伦斯利弗莫尔国家实验室、桑迪亚国家实验室加州园区和 SLAC 国家加速器实验室。其中，劳伦斯伯克利国家实验室始建于 1931 年，是美国最早建立的国家实验室之一，重点领域包括计算科学、核物理学、生物科学、纳米科学和工程技术，拥有 3 600 多名全职员工，其中包括 1 700 多位科学家和工程师、82 位美国科学院院士、500 多名博士后研究人员，15 位科学家获得诺贝尔自然科学奖，16 位科学家获得美国国家科学奖，在全球范围内有 14 000 多位研究者使用其研究设施①。劳伦斯利弗莫尔国家实验室是美国两个专门研制核武器的实验室之一（另一个是位于新墨西哥州的洛斯阿拉莫斯国家实验室），始建于 1952 年，拥有员工 6 500 多人，其中科学家和工程师 2 700 多位，装备有国家点火装置（National Ignition Facility）、世界最大的激光器以及世界上速度最快的电脑等设施②。桑迪亚国家实验室源于第二次世界大战的曼哈顿计划，主要负责核武器非核部分的发展测试，主实验室位于新墨西哥州的阿布奎基，位于旧金山湾区的利弗莫尔园区拥有 1 600 多名员工和 300 多名合同研究人员、博士后和研究生③。SLAC 国家加速器实验室成立于 1962 年，拥有 1 500 名员工，430 名博士后、研究生和 66 名教师，重点领域包括加速器科学和技术、粒子物理学以及等离子体和核聚变能量科学，

① https://www.lbl.gov/about/.

② https://www.llnl.gov/.

③ https://www.sandia.gov/.

自成立以来已有 5 位科学家获得诺贝尔物理学奖[①]。国家实验室作为美国国家战略科技力量的重要组成部分，每年有巨额稳定的研发投入。2021 年，这 4 家国家实验室从美国联邦政府获得的研发经费超过 60 亿美元，其中 77%来自能源部，其余来自国防部、国土安全部、卫生与公共服务部、航空航天局(NASA)、交通运输部和国家科学基金会(NSF)等部门(表 8.2)。除上述 4 家国家实验室外，在湾区的其他联邦设施还有艾姆斯研究中心(Ames Research Center)、旧金山退伍军人事务部医疗中心、退伍军人事务部帕洛阿尔托医疗保健系统和联合基因组研究所(由劳伦斯伯克利国家实验室管理)。其中，艾姆斯研究中心是 NASA 十大野外研究中心之一，拥有近 5 000 名员工，年度科研经费预算约 10 亿美元，在航空学、太空探索技术和科学研发领域居于世界领先地位。这些国家实验室和科研设施虽然主要服务于联邦政府，大部分成果不能商业化，但它们与当地大学和私营企业之间有广泛合作，并越来越关注将技术引入市场，所产生的知识和技术溢出对硅谷的科技创新发展无疑具有重要作用。

表 8.2　硅谷地区 4 家国家实验室从联邦政府获得的研发经费及来源构成(2021 年，万美元)

联邦资助经费及来源	劳伦斯伯克利国家实验室	SLAC 国家加速器实验室	劳伦斯利弗莫尔国家实验室	桑迪亚国家实验室*	合　计
合计	91 042.8	38 225.2	158 026.3	350 760.7	638 055.0
国防部	1 484.5	304.9	27 917.8	91 713.6	121 420.8
能源部	86 009.1	36 677.1	126 281.3	242 474.7	491 442.2
卫生与公共服务部	2 446.3	674.1	744.5	168.9	4 033.8
国土安全部	73.8	160.9	2 190.9	5 356.8	7 782.4
交通运输部	57.3	0.0	0.0	118.4	175.7
航空航天局	416.6	78.5	198.9	66.4	760.4
科学基金会	0.0	23.6	0.0	0.0	23.6
其他	555.2	306.1	692.9	10 861.9	12 416.1

* 桑迪亚国家实验室的研发经费包括在新墨西哥州阿尔伯克基和旧金山湾区两个园区的经费。
资料来源：National Center for Science and Engineering Statistics，FFRDC Research and Development Survey，FY 2021. https://ncses.nsf.gov/pubs/nsf22334。

① https://www6.slac.stanford.edu/.

在大学的人才和技术与政府的资金和需求相互作用下，硅谷地区孕育出一大批科技新创企业，随着科技产业集群的形成和引擎企业的崛起，企业逐渐成为该地区科技创新发展的主要驱动力。20世纪50年代至今，硅谷的发展演化经历了从国防工业到集成电路、个人电脑、互联网，再到社交媒体不断升级的5波技术变革浪潮(图8.1)[3]。冷战初期，美国政府在国防和太空领域的巨额投入，极大地刺激了该地区电子工业技术的发展，以惠普和瓦里安为代表的科技企业脱颖而出，成为这一时期代表性的引擎企业。众所周知，硅谷作为一个高技术产业集群和全球性创新高地的真正意义上的起点，是从1956年肖克利(W. Shockley)创办半导体实验室开始的[4]。这一标志性事件带动了旧金山湾区半导体工业的爆炸性增长，从肖克利半导体公司衍生出的仙童半导体公司(Fairchild Semiconductor)，后来又衍生出包括英特尔、AMD(超威半导体公司)和NSC(国家半导体公司)在内的许多半导体子孙公司。据统计，从1959年至1976年美国成立的45家独立的半导体公司中，仅有5家分布在硅谷地区以外[2]。1971年，英特尔公司微处理器的发明把这一波技术浪潮推向了一个新的高度，同时为下一波个人电脑(PC)时代的到来奠定了基础。国防工业和集成电路产业的蓬勃发展，吸引了大量人才、科技公司、风险资本以及相关服务行业向硅谷集聚，掀起了新一波个人电脑技术浪潮。在家酿电脑俱乐部(Homebrew Computer Club)聚会的年轻才俊创立了包括苹果公司在内的20多家个人电脑公司。这一波技术浪潮的爆炸性增长导致硅谷地区公司数量和就业人数急速增加，使个人电脑成为商品进入寻常百姓家庭，从而为以网络技术为核心的下一波技术浪潮播下了种子。90年代初，随着冷战结束国防开支的削减，全球经济增长缓慢，但半导体和计算机硬件行业的全球竞争更加激烈。1993年万维网的建立和互联网的商业化，硅谷地区再次凭借先前的技术优势，接续成为互联网革命的领导者，其结果是互联网相关公司的爆炸性增长，处于最前沿的公司包括网景、思科和3Com等企业。从1992年到1998年，硅谷地区软件行业的工作岗位增长了150%以上，计算机网络领域的工作岗位翻了一番[2]。在这一波浪潮中，惠普、英特尔和AMD等半导体公司也随着互联网市场的增长而获得新的发展。2000年前后硅谷地区在经历了互联网泡沫破灭的衰退之后，再次迎来了第五波技术浪潮——社交媒体时代。这一波技术浪潮被称为硅谷2.0版，在技术层面上表现为从个人电脑和互联网向智能手机和社交网络的转变，在社会层面表现为从产品和服务创新向消费市场创新的转变。智能手机使人们可以在任何地方轻松地使用社交媒体（脸书、推特、照片墙等）。企业（如谷歌、eBay等）与客户合作开发新产品，通过“众包”（一种用户对实际生产、开发和设计的内容有直接发言权的现象），用户和生产者之间的界限被打破。这一波浪潮中，硅谷企业利用先前技术浪潮出现的所有工具——硬件、软件和互联网——建立了新的商业模式，以创造性的方式将消费者和发明家连接起来。

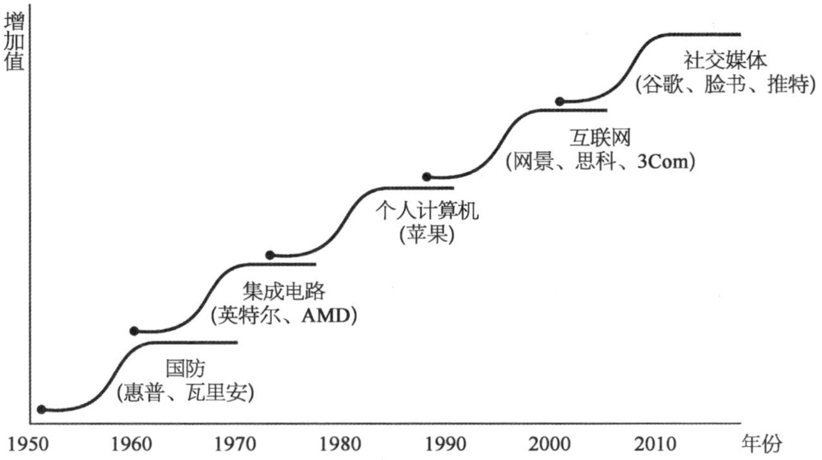

图8.1　硅谷技术发展演化过程

资料来源：参考文献[3]。

在硅谷发展的每一个历史阶段都会出现若干家代表性的科技引擎企业，成为带动该地区技术和产业发展的发动机（图8.1）。这些引擎企业以巨大的研发投入和创新产出，带动产业链和创新链上下游企业在硅谷集聚，硅谷也因之成为引领科技发展的“领头羊”。2021年，硅谷地区销售收入前150强企业的研发投入接近2 000亿美元，其中研发投入前10强企业的研发投入总额就超过1 200亿美元。从单个企业来看，字母公司的研发超过300亿美元，Meta和苹果超过200亿美元，英特尔超过150亿美元（表8.3）。正是这些引擎企业巨额的研发投入，为硅谷的科技创新发展提供了不竭的动力源泉。

表 8.3　硅谷地区研发投入前 10 强企业(2021 年)

企　业	所属行业	研发投入（亿美元）	研发强度（%）	销售收入（亿美元）	全球员工人数（万人）
字　母	互联网	315.6	12.3	2 576.4	15.7
Meta	互联网	246.6	20.9	1 179.3	7.2
苹　果	计算机	219.1	5.8	3 783.2	15.4
英特尔	半导体	151.9	19.2	790.2	12.1
思　科	通　信	65.5	12.7	515.5	8.0
吉利德	生物科技	53.6	19.6	273.1	1.4
英伟达	半导体	52.7	19.6	269.1	2.2
博　通	半导体	48.5	17.0	285.0	2.0
赛富时	软　件	44.7	16.9	264.9	7.4
贝　宝	商业服务	30.4	12.0	253.7	3.1
合　计	—	1 228.6	12.1	10 190.4	74.5

资料来源：2023 Silicon Valley Index. https://jointventure.org/images/stories/pdf/index2023.pdf。

二、创业文化和风险资本催生内生型新创企业持续繁荣

从机构来源考察，硅谷是一个典型的内生型科技创新中心。这里云集了许多世界上最大的高科技公司的总部，其中包括《财富》1 000 强中 30 多家企业的总部，以及数千家初创公司，被称为“创业者的天堂”。今天的硅谷，是当地各种创新主体和创新要素相互作用和不断演化的结果。硅谷之所以能够超越世界其他任何地方，始终居于世界科技创新的前沿，在于这里形成了最具活力的创新生态系统[5]。在这个创新生态系统中，政府、大学、科研机构、企业以及各类中介机构、风险投资机构、非正式社区组织等共同构成复杂的社会网络(图 8.2)。美国加州大学伯克利分校的萨克森尼安(A. Saxenian)教授将硅谷的创新生态系统比喻为热带雨林——一个去中心化的复杂的系统。在这个系统中，生产是由专业公司组成的网络组织来实现。这些公司彼此之间既激烈竞争，又以各种正式和非正式的方式相互合作，同时还与当地机构(如大学)进行广泛合作。她认为，在这个网络系统中，最重要的是“关系”。这里丰富的社会、技术和生产关系促进了该地区创业、实验和集体

学习。这种基于相互关系的网络系统，就是硅谷的竞争优势，是促使硅谷持续繁荣的“基因”[2]。

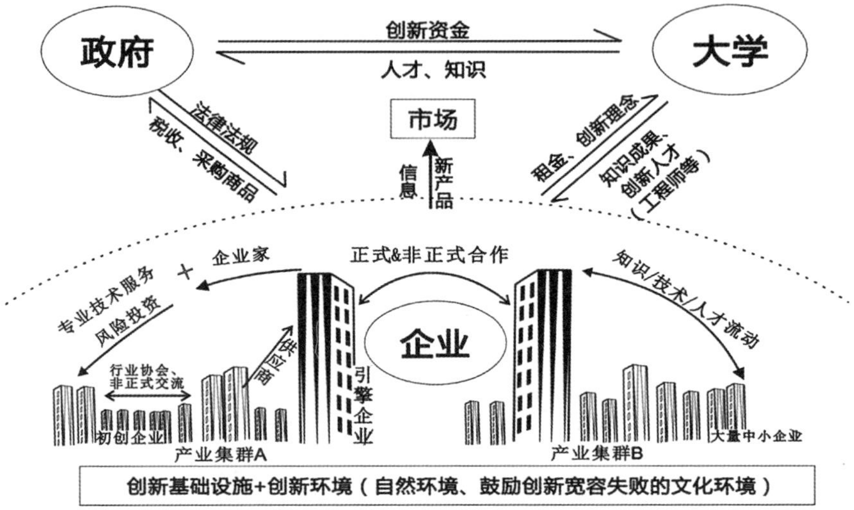

图 8.2　硅谷创新生态示意图

资料来源：参考文献[5]。

硅谷特有的创新创业文化是其创新生态环境的重要组成部分。创业文化的特质在于推崇冒险、宽容失败，硅谷尤其是以具有宽容失败的创业文化而闻名。这里的企业对待失败的态度不仅体现在失败发生之后对失败者的宽容，而且在于对创新创业一开始就做好了失败的准备。但是，尝试失败，就需要有人为失败买单。这些为失败买单者就是风险投资机构和天使投资人。可以说，没有风险资本，就没有高技术创业。硅谷之所以成为全球高技术创业的“圣地”，很大程度上源于此地活跃的风险资本市场。风险投资公司在支持初创公司方面发挥着关键作用，它们为这些初创公司提供资金、指导和联系，将大胆的想法转化为成功的公司。硅谷的初创公司及其风险投资公司持续吸引着来自世界各地最聪明的人才，使硅谷成为大胆的企业家和雄心勃勃的投资者的中心。硅谷是现代风险投资的发源地，同时也一直是世界上最大的风险投资中心。这里的每一家风投公司都有其独特的愿景和理念，积极投资于那些具有发展潜力的创新型初创公司。斯坦福大学附近的沙丘路（Sand

Hill Road)是世界上风险投资公司最集中的地区，硅谷地区几乎所有顶级科技公司在创业初期都获得过来自这里风投公司的资金支持，其地位可与华尔街相提并论。其中最活跃的风险投资公司包括安德森·霍洛维茨基金(Andreessen Horowitz)、阿克塞尔合伙公司(Accel Partners)和凯鹏华盈公司(Kleiner Perkins)。这 3 家公司投资过该地区一些最成功的初创公司，包括爱彼迎(Airbnb)、来福车(Lyft)、推特和脸书等。此外，风投公司还为投资的创业公司提供宝贵的资源和指导，以帮助它们在快速变化的科技环境中取得成功。

丰裕的风险资本是该地区创新创业持续繁荣的动力源泉。从早期的英特尔、苹果和谷歌，到近期爱彼迎和优步的成功故事，无一不是风险资本培育的产物。风险投资又称“创业投资”，泛指向初创企业提供金融支持的投资，它促进科技人才与风险资本家的合作，是将技术、资金及管理重新组合以促进高技术新企业的形成与发展过程。风险投资最早于 20 世纪 50 年代在美国东部由一些富有的追求冒险性投资的商人以一种非正式却有规律的方式开始的。1961 年，来自华尔街的投资银行家洛克(A. Rock)将这种投资形式带到了旧金山湾区，在这里创办了西海岸第一家风险投资公司，旨在向任何有突破性科技产品想法的人提供资金，并为其提供实际商业指导建议。在风险投资的帮助下，科学家和工程师们无须将他们的整个职业生涯都耗在某家大公司里，可以选择离开公司创办自己的企业。实际上，早在 1957 年著名的“八个叛离者”离职创立的仙童半导体公司(Fairchild Semiconductor)，其背后就有洛克的风险资本支持[6]。1967 年，“八个叛离者”由于对仙童母公司的不满意再次“叛逆”出走仙童成立自己的公司，这其中就有摩尔(G. E. Moore)和诺伊斯(R. Noyce)在洛克的风险资本支持下成立的英特尔(Intel)公司。随着“八个叛逆者”的出走，仙童的大批人才精英，在风险资本的支持下又纷纷出走仙童自行创业，掀起了巨大的创业热潮。如今，在纳斯达克或纽约证券交易所交易的 130 多家湾区公司中，约有 70%可以追溯到仙童公司的创始人和员工。

当洛克凭借第一家风投公司赚取了惊人的利润之后，其他投资人很快就开始纷纷效仿他的模式。1972 年，凯鹏华盈和红杉资本(Sequoia Capital)开始运作。当这两家风投公司大获成功之后，更多的模仿者蜂拥而至，创造了硅谷第一波风险投资热潮，从 1977 年一直持续到 1983 年。1980 年 12 月苹果电脑公司成功获得 13 亿美元的 IPO 后，硅谷地区的风险投资呈爆炸式增长。1994 年互联网浏览器问世后，硅谷地区的风险投资迎来了第二波高速增长期，并在 2000 年达到顶峰，之后急剧下降。在经历了互联网泡沫破灭的投资低潮后，2013 年以来硅谷地区的风险投资迎来了第三波高速增长期，年均增长率超过 20%。2021 年，硅谷吸引的风险投资达到接近 900 亿美元的历史新高，约占全美国风险投资总额的 35%（图 8.3）；获得的天使投资达到 12 亿美元，占美国的 18%，当年参与交易天使投资的人数超过 1 000 人①。随着风险投资的增加，硅谷地区新创企业数量也处于快速增长势头，近 10 年每年新增 500～700 家，2017 年达到 743 家的历史高度，之后虽然有所减少，但 2022 年仍有 561 家（图 8.4）。在这些新创企业中，涌现出不少独角兽企业（估值超过 10 亿美元的企业）和十角兽企业（估值超过 100 亿美元的企业）。截至 2022 年底，硅谷地区拥有的独角兽企业达 297 家，占全美国的 45%；十角兽企业 22 家，占全美国（31 家）的 71%，占全球（54 家）的 39%②。

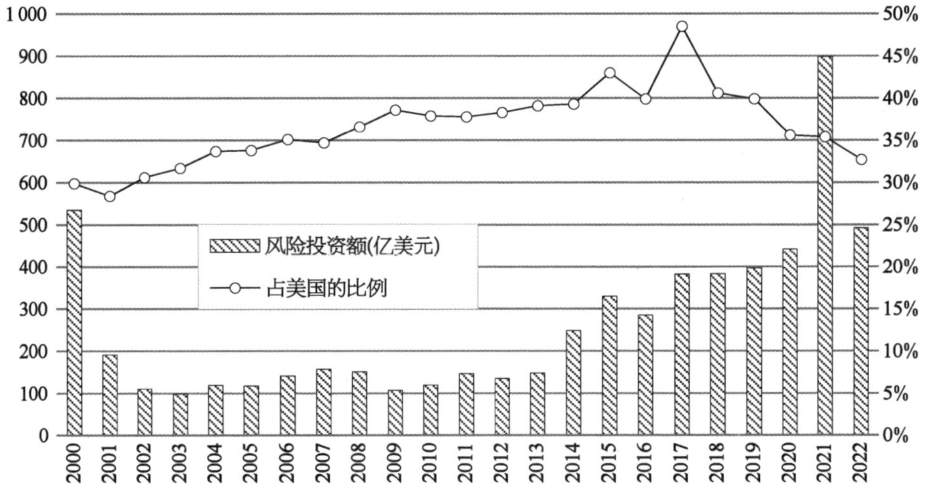

图 8.3　硅谷地区风险投资、新创企业及占比增长图

资料来源：2023 Silicon Valley Index. https://jointventure.org/images/stories/pdf/index2023.pdf。

① 2023 Silicon Valley Index. https://jointventure.org/images/stories/pdf/index2023.pdf.

② The Complete List of Unicorn Companies. https://www.cbinsights.com/research-unicorn-companies.

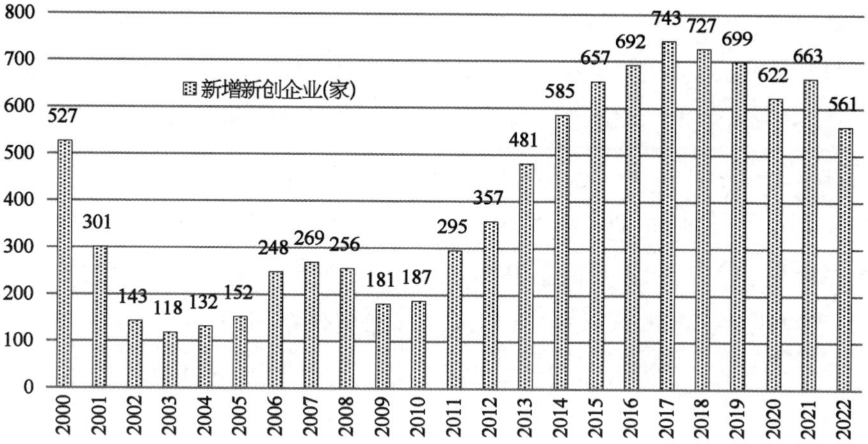

图 8.4　硅谷地区新创企业增长图

资料来源：2023 Silicon Valley Index. https://jointventure.org/images/stories/pdf/index2023.pdf。

从行业分布来看，硅谷地区的风险投资越来越高度集中到互联网行业。2000 年前后，硅谷地区的风险投资分散在医疗保健(19%)、电子(18%)、软件(不包括互联网和移动)(17%)、移动和通信(14%)、计算机硬件和服务(13%)和互联网(12%)等行业[①]，这 6 个行业吸引的风险投资占硅谷地区全部风险投资的 90%以上，具有明显的多样化特点。之后，这里的风险投资越来越高度集中到互联网等个别行业。2022 年，互联网行业吸引硅谷地区一半以上(52%)的风险投资，比 20 年前增长了 4 倍多。其次是医疗保健行业，占 18%，占比与 20 年前基本相当，其他行业的占比均大幅下降了，移动和通信行业、软件行业(不包括互联网和移动)下降到 6%左右，电子行业下降到 3%，计算机硬件和服务占比已不到 2%。风险投资行业方向的变化预示出硅谷未来产业发展趋势，表明互联网行业正在进入新一轮的繁荣时期，而医疗保健行业始终是长青产业。除此之外，近年来能源和公用事业、汽车和运输等行业也获得了风险投资的青睐，这两个行业在 2022 年均获得了 11 亿美元的风险投资，前者主要集中在清洁能源领域，后者则与汽车行业人工智能技术的发展有关。

① 2023 Silicon Valley Index. https://jointventure.org/images/stories/pdf/index2023.pdf.

从空间分布来看，旧金山已成为硅谷地区吸引风险投资最大和新创企业数量最多的地方。2015年以来，旧金山吸引风险投资额多数年份都已超过以圣何塞为中心的狭义的硅谷地区。2022年，旧金山吸引的风险投资额为285亿美元，硅谷其他地方仅为207亿美元。在新创企业数量上，旧金山自2011年开始超过其他地方，近几年更是占到整个硅谷地区的2/3左右。2022年硅谷地区新增的561家新创企业中，旧金山占370家。从独角兽和十角兽数量来看，旧金山多达169家，占硅谷地区全部独角兽企业的63%；21家十角兽企业则全部位于旧金山①。从这些数据可以看出，硅谷地区的创新创业活动的重心已逐步转移到旧金山。

三、多样化的高技术产业齐头并进

硅谷是世界上规模最大的高新技术产业集聚区，是世界顶级的全球科技创新中心。硅谷虽历经多次低谷与经济衰退，但每次都能凭借着斯坦福大学和加州大学伯克利分校等一流大学所提供的科学研究成果、创新创业动力进行技术革新而重获繁荣，并持续引领了半导体、个人电脑、互联网及社交媒体等革命性技术与新兴产业的发展，成为全球新技术、新产品、新产业最为重要的创新源地。

多样化的高技术产业集群齐头并进是当前硅谷科技创新发展的一个重要特征。据《硅谷指数2023》，2022年第二季度，创新与信息产品和服务行业的就业人数为60.8万，比2010年增长73.5%，占湾区全部就业人数(240万)的1/4(表8.4)。其中，计算机硬件设计和制造产业的就业人数最多，达25.4万；其次是互联网和信息服务，就业人数为11.5万；半导体及相关设备制造、技术研发(包括生命科学)和软件3个产业的就业人数均在5万左右；仪器制造(导航、测量和电子医疗)的就业人数在2.5万左右；电信制造与服务、生物科技(生命科学)、制药(生命科学)、传统媒体及广播(包括出版)3个产业的就业人数在1万～2万之间；医疗设备(生命科学)和信息技术维修服务两个产业的就业人数在1万以下。从发展趋势来看，这些行业多数处于增长态势，但增长幅度

① 2023 Silicon Valley Index. https://jointventure.org/images/stories/pdf/index2023.pdf.

差别较大，其中互联网与信息服务、生物科技（生命科学）、计算机硬件设计与制造3个产业处于快速增长状态，从2010年至2022年，就业人数分别增长300%、120%和100%。信息技术维修服务、传统媒体及广播（包括出版）、电信制造与服务和半导体及相关设备制造4个产业的就业人数出现一定幅度的萎缩。从区域分布来看，旧金山市就业人数的增长尤为迅猛，平均增长幅度达212%，远高于硅谷其他地区56%的增幅。其中旧金山市仪器制造（导航、测量和电子医疗）产业的增幅超过4 000%，互联网与信息服务产业的增长接近700%，计算机硬件设计与制造产业的增幅接近300%，技术研发（包括生命科学）和软件2个产业的增幅超过200%，半导体及相关设备制造产业和医疗设备（生命科学）产业的增幅超过100%，但电信制造与服务和传统媒体及广播产业的就业人数均有所减少。

表8.4　硅谷地区创新与信息产品和服务行业的就业人数及变化

产业类型	硅谷地区		其中：旧金山市	
	2022年就业人数	2010—2022年增长(%)	2022年就业人数	2010—2022年增长(%)
计算机硬件设计与制造	253 550	100.6	65 880	296
半导体及相关设备制造	43 190	−9.7	200	150
互联网与信息服务	115 310	301.9	30 910	685
技术研发（包括生命科学）	54 970	61.5	3 550	228
软件	44 280	83.6	7 070	218
电信制造与服务	17 270	−25.5	3 020	−23
仪器制造（导航、测量和电子医疗）	25 290	35.0	2 510	4 017
制药（生命科学）	14 800	14.4	310	37
传统媒体及广播（包括出版）	12 300	−30.9	6 800	−25
医疗设备（生命科学）	9 310	44.7	270	145
生物科技（生命科学）	17 080	120.3	1 870	9
信息技术维修服务	710	−74.2	100	1
合计	608 050	73.5	122 480	212

资料来源：2023 Silicon Valley Index. https://jointventure.org/images/stories/pdf/index2023.pdf。

表 8.5　硅谷地区进入世界研发 2 500 强企业的行业构成及代表性企业

行　业	企业数（家）	研发投入（亿欧元）	研发投入超过 2 亿欧元的企业
软件与计算机服务	72	875.5	字母、META、赛富时、威睿、奥多比、艺电、优步、Workday、财捷、推特、新思科技、布洛克、ServiceNow、派拓网络、铿腾、欧特克、盛庞卡、Twilio、拼趣、Dropbox、Aurora、Arista 网络、纯存储、路坦力、雪花、Zynga、罗宾汉、DocuSign、飞塔网络、众矢飞逐、Zoom、维娃系统、爱应用、环信通讯、曼迪安特、信息科技、比尔支付、Guidewire
技术硬件与设备	31	592.3	苹果、英特尔、思科、英伟达、AMD、应用材料、西部数据、惠普、柯林研发、美满科技、科磊、瞻博网络、NetApp、新思科技、英飞朗、超微
制药与生物科技	62	133.4	吉利德科学、拜玛林、伊克力西斯、桥生物制药、VIR、尼克塔、科赫勒斯、超基因制药、阿塔拉、Guardant、菲布罗根、阿库斯、纳特拉
通用零售	3	33.4	网飞、eBay
汽车及零部件	6	27.8	Rivian、路西德
电子与电气设备	10	23.1	是德科技、特瑞布尔、安捷伦科技、赛普瑞
健康设备与服务	13	22.8	直觉外科、Invitae、伯乐生命、艾利科技
金融服务	2	19.4	贝宝
媒体	2	6.32	Roku、杜比实验室
个人商品	2	3.40	雅诗兰黛
休闲商品	3	12.0	Unity、罗布乐思
其他	20	42.9	爱彼迎、来福车、雪佛龙
合计	226	1 792.3	—

资料来源：The 2022 EU Industrial R&D Investment Scoreboard. https://iri.jrc.ec.europa.eu/scoreboard/2022-eu-industrial-rd-investment-scoreboard。

从企业研发投入情况来看，2021 年硅谷地区共有 226 家企业进入世界研发投入 2 500 强榜单，研发投入总额接近 1 800 亿欧元，企业数量和研发投入额均远超世界其他城市或地区。从行业构成来看，这 226 家企业覆盖的行业虽然多达 20 多个，但高度集中于软件与计算机服务、技术硬件与设备、制药与生物科技 3 个新兴行业，这 3 个行业的企业数占比高达 70%，研发投入更接近 90%（表 8.5）。软件与计算机服务行业入榜企业数多达 72 家，研发投入达 870

多亿欧元，两者分别约占硅谷地区进入世界研发 2 500 强企业 32%和 49%。同年，全球该行业进入世界研发 2 500 强榜单的企业共有 336 家，研发投入 1 998.6 亿欧元，硅谷入榜企业数量和研发投入分别占全球的 21%和 44%；美国该行业入榜企业共有 196 家，研发投入 1 431.0 亿欧元，硅谷入榜企业数量和研发投入分别占美国入榜企业的 38%和 61%。同全球其他城市相比，硅谷该行业入榜企业数量和研发投入均遥遥领先。从单个企业的研发投入来看，该行业有 38 家企业的研发投入超过 2 亿欧元，其中字母和 META 公司的研发投入分别列全球第 1 位和第 2 位，前者的研发投入约占全球该行业入榜企业研发投入的 14%，后者约占 11%。此外，赛富时、威睿、奥多比、艺电、优步、Workday、财捷、推特、新思科技、布洛克、ServiceNow、派拓网络、铿腾等 14 家企业的研发投入也都在 10 亿～40 亿欧元之间，排名都在世界前 200 名以内。可见，无论从企业数量、研发投入总额或单个企业研发投入额来看，硅谷无疑是全球软件与计算机服务行业规模最大的科技创新中心。

在技术硬件与设备行业，硅谷入榜世界研发 2 500 强的企业数为 31 家，研发投入接近 600 亿欧元，两者分别占硅谷地区进入世界研发 2 500 强企业的 14%和 33%。同年，全球该行业进入世界研发 2 500 强榜单的企业共有 207 家，研发投入 1 642.7 亿欧元，硅谷入榜企业数量和研发投入分别占全球的 15%和 36%；美国该行业入榜企业共有 71 家，研发投入 874.5 亿欧元，硅谷入榜企业数量和研发投入分别占美国入榜企业的 44%和 68%。从单个企业来看，该行业有 7 家公司的研发投入进入世界前 100 名，包括苹果、英特尔、思科、英伟达、AMD、应用材料和西部数据，研发投入都在 20 亿欧元以上，其中苹果公司的研发投入接近 200 亿欧元，全球排名第 5 位，在行业中仅次于中国华为，全球排名第 2 位；英特尔、思科和英伟达在同行业中分别位列全球第 3 位、第 5 位和第 6 位。从企业数量、研发投入总额以及单个企业研发投入额来看，硅谷在技术硬件和设备行业无疑也是全球规模最大的科技创新中心。

硅谷在制药与生物科技行业有 62 家企业进入世界研发投入 2 500 强，上榜企业数量仅少于软件和计算机服务行业；研发投入超过 130 亿欧元，少于软件和计算机服务行业和硬件技术和设备行业。从全球来看，硅谷该行业入榜企业数量和研发投入约占同行业世界入榜企业数量(478 家)和研发投入(2 128.5 亿欧元)的 13%和 6%。从单个企业来看,2021 年硅谷该行业有 13 家企业的研发投入超过 2 亿欧元,其中吉利德科学公司(Gilead Sciences)的研发投入达 47.5 亿欧元,在世界研发 2 500 强榜单中排名第 40 位,同行业全球第 13 位。同全球其他城市比较,硅谷该行业入榜企业数量和研发投入略少于波士顿(69 家,150 亿欧元);入榜企业研发投入远低于纽约(484 亿欧元),但入榜企业数量远超纽约(33 家)。这说明硅谷在该行业的企业数量上具有明显优势,基本与波士顿旗鼓相当,而且远超其他国家所有城市(包括研发投入),反映出硅谷作为一个新兴的制药与生物科技创新中心的良好前景。

再从硅谷 2021 年销售收入 150 强企业的数据来看,该地区已形成互联网、软件、计算机、半导体、电信、电子、生物技术 7 大类高技术产业集群,共提供了 146 万多个工作岗位(表 8.6)。其中,互联网、软件、计算机和半导体 4 个产业的就业人员规模最大,都在 25 万人以上。互联网产业进入 150 强榜单的企业 24 家,就业人员达 36 万人,占 150 强企业就业人数的 1/4,代表性引擎企业包括字母、META、优步、网飞、ebay 等。软件产业进入 150 强排行榜的企业数量多达 45 家,就业人员超过 32 万人,代表性引擎企业包括赛富时、奥多比、财捷、艺电等。计算机产业的就业人员超过 31 万人,代表性引擎企业包括苹果、惠普、西部数据等。半导体产业进入 150 强榜单的企业有 12 家,就业人数接近 26 万人,代表性引擎企业包括英特尔、博通、英伟达、应用材料、AMD 等。电子和电信两个产业进入 150 强榜单的企业数分别是 9 家和 6 家,就业人数都在 10 万左右。生物科技有 9 家企业进入榜单,但就业人数规模较小,不足 2 万人。近年来,硅谷已有大量风险资本涌向绿色经济领域,其中,可再生能源、节能型建筑、绿色基础设施和清洁交通体系是硅谷风险投资的重点方向,绿色科技和清洁技术的初创企业数量不断增多,2021 年进入硅谷前 150 强榜单的 Sunrun 公司已是美国最大的住宅太阳能企业。这预示着硅谷在进一步巩固其在信息通信、互联网和社交媒体等领域技术竞争优势的同时,可能再次引领全球的技术创新步伐,成为可替代能源、清洁技术、新电池技术以及绿色设计的全球研发与创新中心。

表 8.6　硅谷销售收入 150 强企业的行业结构及员工人数(2021 年)

行　业	全球就业人数(万人)	企业数(家)	员工 1 万人以上的代表性企业
互联网	36.0	24	字母、META、网飞、优步、ebay、派拓网络、Stitch Fix
软　件	32.1	45	赛富时、奥多比、财捷、艺电、ServiceNow、聚思鸿、Workday、新思科技、欧特克
计算机	31.2	12	苹果、惠普、西部数据、NetApp、超微电脑、飞塔
半导体	25.7	16	英特尔、博通、英伟达、应用材料、AMD、科磊
电　信	10.5	9	思科、瞻博网络
电　子	9.3	6	拓达聚思、新美亚、安捷伦科技、天宝
健康产品	5.1	10	艾利科技
商业服务	4.3	7	贝宝、布洛克
生物技术	1.6	9	伯乐生命医、Bio-Rad、拜玛林制药
其　他	3.8	12	Sunrun、易昆尼克斯
合　计	159.5	150	—

资料来源：2022 Fenwick-Bloomberg Law SV 150 List. https://www.fenwick.com/2022-fenwick-bloomberg-law-sv-150-list。

硅谷多样化的高技术产业类型结构是该地区内生技术不断升级演化的结果。自 20 世纪 50 年代以来，每一波新的技术变革都会催生新的产业集群，由于每一波新技术的诞生都是以本地原有技术为基础，新的技术产业集群出现的同时，原有高技术产业集群得到进一步强化，因而使该地区的高技术产业类型日益多样化。

第二节　纽约：政府驱动＋混合机构＋单维高技术产业

纽约是美国最大的经济中心城市和全球最具影响力的金融、贸易和商务中心。纽约市由曼哈顿、布朗克斯、布鲁克林、昆士、里士满 5 个区组成，面积 945 平方千米，人口约 880 万。纽约大都市区的地域范围跨越纽约、新泽西和康涅狄格 3 州，面积 12 093 平方千米，人口超过 2 200 万。2021 年，纽约大都市区的生产总值接近2万亿美元，超过排名世界第9位的加拿大的经济规模。作为全球最重要的国际金融中心城市，在2008年的全球金融危机中，纽约受到严重冲击。为维持其全球领先的城市地位，纽约的城市发展战略开始从高度依赖华尔街向依靠科技创新转变。如今，诸多科技公司纷纷入驻，孵化器、初创企业、风投公司蓬勃发展，纽约已从科技创新洼地一跃成为科技创新高地。《全球科技创新中心发展指数2022》(GSTICI2022)显示，纽约的综合得分位居全球第2位，创新要素集聚力得分全球第3位，科学研究引领力得分全球第8位，技术创新策源力全球第4位，产业变革驱动力全球第4位，创新环境支撑力全球第1位。

一、政府驱动城市转型，大学及科研机构引领技术发展

纽约巨大的规模及其多样性、连通性、创业精神使其不仅成为全球商业中心，也是重要的科学研究中心和人才集聚中心。纽约大都市区有80多所高等院校，包括很多世界顶级名校，如普林斯顿大学、哥伦比亚大学、耶鲁大学、纽约大学、洛克菲勒大学等。还有众多科技科研机构，包括位于长岛的布鲁克海文国家实验室和新泽西的普林斯顿等离子体物理实验室。纽约拥有众多跨国公司总部和国际金融机构以及多样化的专业服务机构，是全球最重要的金融中心和国际经济控制决策中心。纽约曾经是美国重要的制造业中心和工业研发的发源地，至今仍有众多工业研发机构。这些科技和人才资源、产业基础以及文化和历史积淀，正是纽约能够从短时间内实现城市转型的重要支撑。

纽约的城市功能转型始于2008年金融危机爆发之后，在这一过程中政府起到了关键性作用。金融危机的冲击使纽约市政府认识到城市支柱产业不能再由金融一家独大。为摆脱对金融业的过度依赖，市政府开始谋划科技创新之路。2009年，纽约市发布《多元化城市：纽约经济多样化项目——五大行政区经济发展计划》，提出未来城市发展要聚焦生物科学、时尚、金融服务、绿色、制造/分销、媒体/科技、非营利、旅游8个有显著增长潜力的行业[7]。2010年，市政府进一步推出“纽约应用科学发展项目”(Applied Sciences NYC)，向全球征集应用科学学院发展计划，试图通过吸引世界顶级理工院校来共建大学和科技园区，以培养优秀的应用科学人才，把纽约打造成

新一代的科技中心①。为此，政府提供高达 1 亿美元的基础设施资金，以支持相关大学、机构或财团在市内经营新的或扩建科技园区。康奈尔大学和以色列理工学院合作建设的康奈尔科技城，已经成为纽约最重要的科创园区之一。2013 年 9 月，纽约市长布隆伯格（M. Bloomberg）发起"我们在纽约制造"（We are Made in NY）的倡议，以促进城市蓬勃发展的技术和数字部门②。2017 年，纽约市启动生命科学计划（LifeSci NYC），为生命科学研发和相关创新投资 10 亿美元，以加强生命科学生态系统建设，推进疑难疾病治疗的研发，包括 4.5 亿美元用于刺激新的研究，4.3 亿美元用于实验室和孵化器空间的建设，2 000 万美元用于在纽约建立一个多元化的生命科学人才通道③。此外，纽约市长以及纽约市经济发展公司（NYCEDC）还向纽约州立大学和纽约市立大学颁发了 1 500 万美元的奖励；2022 年 8 月，纽约西奈山医院也获得了 1.16 万美元的资助，旨在支持新设施的建设，促进医疗保健和技术领域的发展。

纽约市政府在科技创新方面提供了完善的公共服务和政策支持。2011 年 10 月，市政府成立科技与创新市长理事会（Mayor's Council on Technology and Innovation），以期通过理事会中的创业者和风投人及时了解高科技界的特别需求。市政府还对创新企业给予资金扶持或税收优惠，对创业者提供直接的政策优惠。符合城市主导方向的"新兴科技"企业，可获得每年 30 万美元税费抵免。

在政府一系列政策的激励和支持下，最近 10 多年来，纽约的科技产业发展态势迅猛。2011—2021 年间，纽约市技术部门的就业岗位持续保持强劲的增长势头，年均增长速度接近 12%（图 8.5）。所谓技术部门（the technology sector），按照美国纽约州审计办公室（The Office of the New York State Comptroller's, OSC）的定义，是指主要从事研究、设计、制造或维护与计算机系统、软件、计算机和通信设备、互联网和生物技术有关的公司及其雇用的公司[8]。依照这一定义，技术部门包括北美工业分类系统（NAICS）中以下行业：

① https://edc.nyc/project/applied-sciences-nyc.

② Mayor Bloomberg Launches New "We are Made in Ny" Initiative to Support New York City's Thriving Tech Industry and Continue Record Job Growth, February 19, 2013. https://www.nyc.gov/office-of-the-mayor/news/068-13/mayor-bloomberg-launches-new-we-made-ny-initiative-support-new-york-city-s-thriving#/1.

③ https://edc.nyc/program/lifesci-nyc.

半导体机器制造；计算机和电子制造；蓄电池制造；光纤制造；软件出版；电信；数据处理、托管及相关服务；互联网出版和广播及网络搜索；计算机系统设计及相关服务；纳米技术研发；生物技术研发（纳米生物技术除外）以及计算机培训[9]。据 OSC 的统计，2016—2021 年间，由于受新冠疫情冲击，纽约市私营部门总共失去了 121 360 个工作岗位（3.3%），但技术部门的就业岗位却增长了 33.6%（43 430 个工作岗位）。2020 年新冠疫情导致全市所有主要行业的就业人数大幅下降，私营部门的总就业人数下降了 12.6%（494 810 个工作岗位），但由于在封控期间人们更加依赖科技，技术部门的就业人数反倒增长了 9.4%（14 340 个工作岗位），这也是自 2012 年以来的最大增长。到 2021 年，技术部门的增长速度减缓至 3.1%，但仍高于私营部门 2.4%的总体增长速度，技术部门就业岗位达到 172 570 个的历史新高，约占全部私营部门就业岗位的 5%[8]。技术部门就业岗位的增长并不限于技术部门本身，因为非技术部门的企业（如零售贸易、休闲和酒店）也雇用了大量科技工作者，如软件开发人员或计算机程序员。据 OSC 估计，在 2021 年，纽约市的非技术部门大约有108 520个科技工作岗位，约占所有非技术部门工作岗位的 2.8%[8]。同期，纽约的专利授权数也保持了较快的增长（图 8.5）。美国专利商标局的数据显示，从 2016 年到 2021 年，纽约大都市区技术专利授权量增长了 4.7%，快于全国3.5% 的增长；自 2003 年以来，纽约一直稳居美国各大大都市区的第 2 名，专利授权量仅次于旧金山湾区。

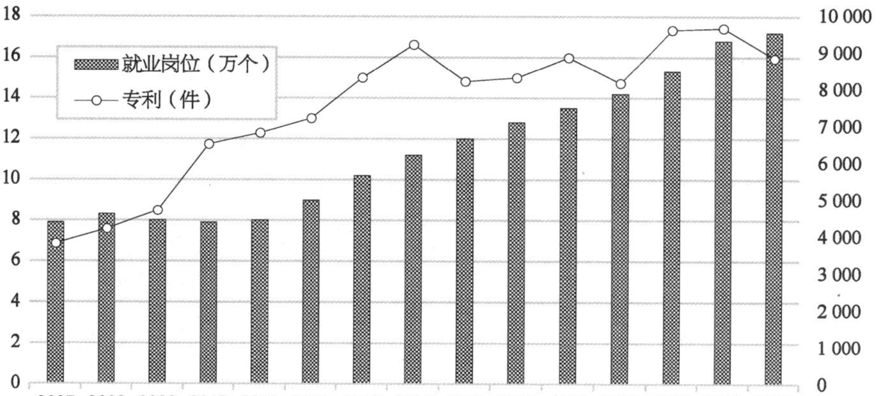

图 8.5　纽约市技术部门就业人数与纽约大都市区技术专利授权量增长图

资料来源：参考文献[8]。

二、内生型中小科技创新企业与大企业及研发机构协同发展

从科技产业的机构来源看，纽约具有较为典型的内生型特征。纽约是全球拥有跨国公司总部最多的城市，2022 年，纽约大都市区有 22 家《财富》世界 500 强（Global 500）和 65 家美国 500 强（Fortune 500）企业的总部①。这些企业中，不少企业的研发投入巨大。2021 年，纽约大都市区共有 77 家企业进入世界研发 2 500 强，6 家企业进入世界研发 100 强，前 10 强企业的研发投入总额达 525.6 亿欧元，销售额达 4 162.6 亿欧元，其中强生、辉瑞、百时美施贵宝、默克 4 家企业的研发投入都在 90 亿欧元以上，分别位居世界第 10 位、第 11 位、第 12 位和第 13 位（表 8.7）。同时，纽约作为新崛起的科技创新中心，集聚了众多以中小企业为主的本土科技创新型企业。据 OSC 的数据，2021 年，纽约市技术部门共有 10 340 家企业，其中 4/5 属于微型企业，即员工少于 10 人的公司，这与整个私营部门的企业（83%）相似。2016—2021 年，技术部门的企业数量增长了 34.4%（2 650 家），远高于同期私营部门 4.5%的增长速度；技术部门的微型企业数量增加了 38.5%，达到 8 270 家。2021 年，技术部门的企业数量只占纽约市私营企业总数的 3.8%，但过去 5 年中技术部门的新增企业数占全市新增企业总数的比例高达 22.3%[8]。另据城市未来中心（CUF）的报告，2021 年纽约市拥有 25 451 家技术支持型新创企业（tech-enabled startups），在美国各大都市区中仅次于旧金山湾区（31 194 家）[8]。

表 8.7　纽约都市区研发投入前 10 强企业（2021 年）

企　业	世界排名	行　　业	研发投入（亿欧元）	销售额（亿欧元）	研发强度（%）
强生	10	制药和生物科技	129.9	828.0	15.7
辉瑞	11	制药和生物科技	102.4	717.7	14.3
百时美施贵宝	12	制药和生物科技	92.8	409.5	22.7
默克	13	制药和生物科技	91.3	430.0	21.2
IBM	36	软件与计算机服务	52.5	506.4	10.4

① https://fortune.com/ranking/.

续 表

企　业	世界排名	行　　业	研发投入（亿欧元）	销售额（亿欧元）	研发强度（%）
再生元	68	制药和生物科技	25.7	141.9	18.1
碧迪医疗	171	健康设备及服务	11.8	178.8	6.6
ADP	272	支持服务	7.1	145.7	4.8
百事可乐	284	饮料	6.6	701.7	0.9
IFF	332	化学	5.6	102.9	5.4
合计	—	—	525.6	4 162.6	—

资料来源：The 2022 EU Industrial R&D Investment Scoreboard. https://iri.jrc.ec.europa.eu/scoreboard/2022-eu-industrial-rd-investment-scoreboard。

纽约市的科技初创企业吸引了许多科技领域的风险投资公司，如著名的安德森·霍洛维茨基金和红杉资本。受新冠疫情影响，2020 年纽约大都市区的风险投资比 2019 年减少了 21.6%，但在 2021 年几乎增长了 3 倍，达到 549 亿美元的纪录（图 8.6），占美国风险投资总额比例达 16.1%，是除硅谷地区（35.7%）之外吸引风险投资最大的地区[8]。在风险资本的支持下，不少初创企业的估值在过去几年内都突破了 10 亿美元的门槛，根据 CB Insights 的统计，截至 2022 年，纽约市共有 126 家独角兽企业，总估值 2 915 亿美元，在全球仅次于旧金山湾区（297 家），其中 OpenSea 和数字货币（Digital Currency）两家企业的估值超过 100 亿美元①。

另一方面，纽约强大的经济辐射力和良好的商业环境吸引了大批具有国际影响力和行业控制力的高科技引擎企业的入驻，如美国的苹果、微软、IBM、雅虎等，芬兰的诺基亚，韩国的 LG、三星，中国的 TCL、中兴，以及中国台湾的 HTC 等著名跨国企业，都在纽约设立了区域总部或研发机构。其中，谷歌在纽约设立了仅次于加州总部的最大办公室，雅虎等企业也在此设立了类似规模的研发机构。纽约作为全球商业之都，也是全球吸引外资直接投资（FDI）最多的城市之一，外资企业的就业岗位约占全市私营企业全部就业岗位的 1/10。从 2003 年到 2019 年，纽约市每年吸引的 FDI 流量从 10 亿美元稳步增长到 89 亿美元，复合年增长

① The Complete List of Unicorn Companies. https://www.cbinsights.com/research-unicorn-companies.

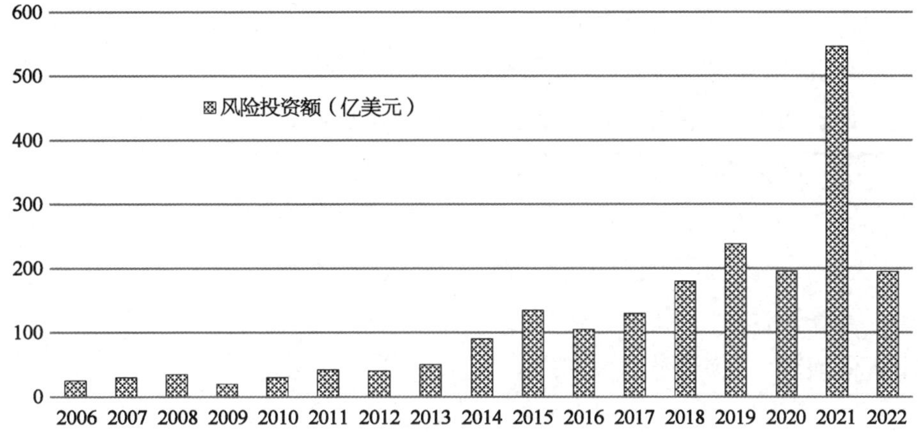

图 8.6　纽约大都市区的风险投资额增长图

资料来源：参考文献[8]。

率为 14%。同期，外国企业创造的新就业岗位平均每年增长 9%[①]。

从区域分布来看，纽约的科技企业高度集中在曼哈顿区，特别是以“熨斗区”(flatiron district)为核心的中城和下城区，即所谓的“硅巷”地区。2021 年，曼哈顿的科技部门集中了 150 400 个工作岗位，约占纽约市全部科技部门就业岗位的 87%。自 2016 年以来，曼哈顿区科技部门增加了 39 950 个工作岗位(36.2%)，占全市同期科技部门新增岗位的 90%以上。其余四个区中，布鲁克林区的科技部门相对较多一些，拥有 13 160 个科技工作岗位，占全市科技产业岗位的 7.6%，但近年来增长很快，2016—2021 年，该区的科技就业岗位增长率达到了 42.6%(3 930 个)，超过了曼哈顿。同期，皇后区的科技就业岗位增加了 3.5%(220 个工作岗位)，总计达到 6 280 个就业岗位。布朗克斯区和斯塔滕岛区的科技就业岗位分别仅有 1 500 个和 1 240 个，而且呈不断减少的趋势，2016—2021 年，两个区的科技就业岗位分别减少了 25.0% 和 11.7%。

三、以服务业支撑的全球制药与生物科技创新中心

2021 年，纽约市的就业总人数为 286 万，其中第三产业的就业人数超过

---

① NYCEDC. NYC: A Capital of Global Business. may-05-2021. https://edc.nyc/article/nyc-capital-global-business.

96%；第二产业（包括公用事业、建筑业和制造业）的就业人数约 7 万人，第一产业（林业、渔业、采矿、采石、石油和天然气开采）的就业人数只有 1 000 多人（表 8.8）。第三产业中，金融和保险业的就业人数最多，2021 年接近 50 万人；其次是专业、科学和技术服务业，就业人数超过 43 万人；保健和社会援助、政府及政府企业、信息 3 个行业均超过 20 万人。从变化情况来看，不同行业的就业人数有增有减，全市就业总人数总体上处于波动增长状态，从 2001 年到 2021 年增长了约 12%。同期就业人数增长最快的 3 个行业分别是房地产和租赁业（61.3%）、教育服务业（57.5%）以及公司和企业管理（42.0%），增长较快的 3 个行业分别是金融和保险业（31.2%），专业、科学和技术服务业（29.3%），保健和社会援助（22.7%）。批发贸易和政府及政府企业是第三产业中就业人数减少最快的两个行业，过去 20 年间分别减少了 24.0%和 18.1%。就业人数减少最快的是制造业，从 2001 年的 6 万多人减少到 2021 年的不足 2 万人，共减少了约 70%。不同行业就业人数的增减折射出纽约城市功能的演变，制造业就业人数的大幅减少反映出纽约作为美国传统制造业（服装和印刷）中心的地位已不复存在；金融和保险业、公司和企业管理等行业就业人数的增加反映出纽约作为重要的国际金融中心和国际商务中心的功能进一步巩固；专业、科学和技术服务、教育服务、保健和社会援助等行业就业人数的增长则反映出纽约的科技创新和专业服务的功能在不断提升。批发、零售以及政府服务行业就业人数的减少可能与互联网技术的广泛使用有关。

表 8.8　纽约市就业人数的行业构成及变化

行　业	2001 年（万人）	2006 年（万人）	2011 年（万人）	2016 年（万人）	2021 年（万人）	2001—2021 变化（%）
林业、渔业及相关活动	0.02	0.02	0.03	0.03	0.03	35.8
采矿、采石、石油和天然气开采	0.15	0.12	0.18	0.28	0.12	−22.0
公用事业	D	D	D	D	D	—
建筑	4.08	3.79	3.72	4.84	4.31	5.7
制造业	6.32	4.21	2.95	3.08	1.90	−69.9
批发贸易	9.83	9.33	8.49	8.80	7.47	−24.0

续　表

行　业	2001年（万人）	2006年（万人）	2011年（万人）	2016年（万人）	2021年（万人）	2001—2021变化(%)
零售贸易	14.05	15.04	16.58	17.48	12.89	−8.2
运输和仓储	D	D	D	D	D	—
信息	18.06	15.29	16.10	18.07	20.55	13.8
金融和保险	37.25	34.34	39.70	43.66	48.88	31.2
房地产和租赁	12.28	14.33	16.48	18.99	19.81	61.3
专业、科学和技术服务	33.33	34.48	36.00	43.36	43.10	29.3
公司和企业管理	5.05	5.69	6.32	7.40	7.17	42.0
行政和支持及废物管理及修复	16.37	14.89	14.69	17.06	15.72	−4.0
教育服务	9.38	10.55	12.11	15.16	14.77	57.5
保健和社会援助	21.23	23.59	24.15	25.73	26.06	22.7
艺术、娱乐和休闲	9.58	10.45	11.13	12.30	9.12	−4.8
住宿和餐饮服务	14.81	16.07	19.67	24.42	14.68	−0.9
其他服务（政府及政府企业除外）	11.50	12.36	12.74	14.00	12.31	7.1
政府及政府企业	28.23	27.77	27.11	27.30	23.12	−18.1
总计	255.59	255.69	271.00	305.62	286.03	11.9

D：数据缺失。
资料来源：U.S.Bureau of Economic Analysis. https://www.bea.gov/data/by-place-county-metro-local。

自2010年以来，技术部门成为纽约增长最快的部门，全市就业岗位的增长主要来自技术部门。据OSC统计，2016—2021年，纽约市技术部门的就业岗位增加了43 430个，贡献全市近一半的就业增长[8]。从技术部门的行业构成来看，就业岗位最多的是计算机系统设计行业，2021年共有68 380个岗位，约占全部技术部门就业岗位总数40%（图8.7）。其次是包括互联网出版、广播和网络搜索门户网站在内的互联网及相关行业，2021年就业岗位达48 220个，占28%。就业岗位增长最快的是软件出版行业，5年间共增加了16 660个岗位，几乎增加了3倍多，2021年共有22 110个工作岗位，占技术部门就业岗位总数的13%。该行业在2019—2020年疫情期间增长尤为强劲，3年间就业岗位共增加了97%。电信行业的就业岗位占9%，该领域的就业岗位在不断减少，2016—2021 年间减少了 20%(3 900 个工作岗位)。包括数据处理与托管、生物技术研究、技术制造和计算机培训等其他技术部门的就业人数占 10%。从 2016 年到 2021 年，该部门总共增加了 4 760 个工作岗位，增长了 35%[8]。计算机系统设计行业的就业岗位虽然最多，但过去 5 年仅增长了约 13%，低于科技部门平均 34%的增长水平，因此占技术部门就业总人数的比例下降了 1/5。

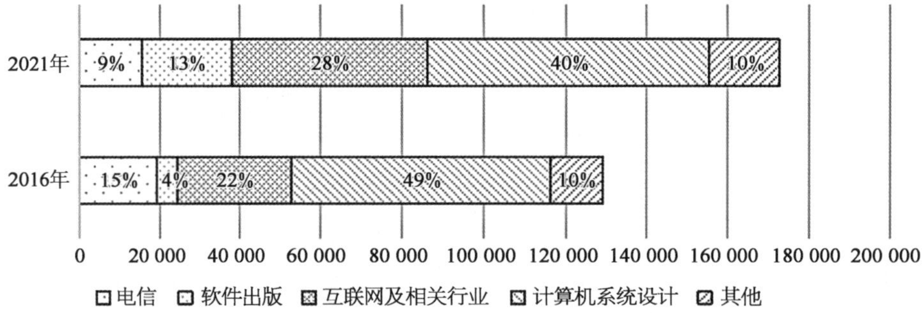

图 8.7　纽约市技术部门就业岗位构成

资料来源：参考文献[8]。

从进入全球研发 2 500 强榜单企业的行业分布来看，纽约大都市区入榜的 84 家企业中，有 33 家属于制药与生物技术行业，占 39%；软件与计算机服务行业有 24 家，占 29%，两个行业合计约占 70%，说明这两个行业是纽约科技创新的主导行业。此外，健康设备与服务行业有 7 家，支持服务、媒体、个人商品和金融服务各有 2～3 家，反映了纽约作为传统金融、商业、媒体中心的地位依然存在(表 8.9)。

表 8.9　纽约研发 2 500 强企业的行业构成及代表性企业

行　业	企业(个)	研发投入(亿欧元)	研发投入超过 2 亿欧元的企业
制药与生物技术	33	483.0	强生、辉瑞、百时美施贵宝、默克、再生元、硕腾、PTC、欧加隆、拜奥新、英斯梅德
软件与计算机服务	24	85.6	IBM、数据狗、TTWO、康帕斯、MongoDB、UiPath、IAC
健康设备与服务	7	19.1	碧迪医疗、远程医生
支持服务	2	7.9	ADP

续　表

行　业	企业（个）	研发投入（亿欧元）	研发投入超过 2 亿欧元的企业
饮料	1	6.6	百事可乐
化学	1	5.6	国际香精香料公司(IFF)
烟草	1	5.0	菲利普·莫里斯
金融服务	2	4.9	万事达卡
个人商品	2	3.6	高露洁-棕榄
电子和电气设备	2	3.6	安费诺
媒体	3	3.3	天狼星
其他	6	8.2	ETSY、派乐腾
合计	84	636.4	—

资料来源：The 2022 EU Industrial R&D Investment Scoreboard. https://iri.jrc.ec.europa.eu/scoreboard/2022-eu-industrial-rd-investment-scoreboard。

从研发投入来看，2021 年制药与生物技术行业的 33 家企业的研发投入合计达 483.0 亿元，占 84 家入榜企业全部研发投入的 76%，反映出该行业在纽约科技创新中的绝对主导地位。同年，全球进入 2 500 强榜单的制药和生物技术企业共有 478 家，研发投入 2 128.5 亿欧元，纽约入榜企业数量占全球入榜企业的 7%，研发投入占全球入榜企业的 22%；美国该行业共有 263 家企业进入 2 500 强榜单，研发投入总额 1 118.9 亿欧元，纽约入榜企业数量和研发投入分别占美国全国的 13%和 43%。同全球其他城市相比，纽约虽然在入榜企业数量上远少于波士顿（70 家）和硅谷（63 家），但研发投入远高于这两个城市（波士顿和旧金山湾区分别为 151.6 亿欧元和 135.7 亿欧元）和全球其他所有城市。从单个企业来看，纽约该行业有 5 家企业进入全球研发投入 100 强，其中强生、辉瑞、百时美施贵宝和默克 4 家企业的研发投入都在 90 亿欧元以上，分别位列全球研发投入第 10～13 位，位居本行业研发投入第 2～5 位，仅少于瑞士的罗氏公司。此外，硕腾（Zoetis）、PTC、欧加农（Organon）、拜奥新（Biohaven）和英斯梅德（Insmed）的研发投入也在 2 亿欧元以上，位列全球该行业研发投入 100 强之内。这些数据说明，纽约无疑是当今全球最具影响力的制药和生物科技中心。

纽约大都市区软件与计算机服务行业入榜的24家企业的研发投入达85.6亿欧元，入榜企业数和研发投入额分别占美国该行业(196家，1 431亿欧元)的12%和6%，但入榜企业数量和研发投入远少于硅谷(72家，875.5亿欧元)。国际商用机器公司(IBM)是纽约大都市区该行业唯一一家鹤立鸡群的引擎企业，也是本地区四大科技引擎企业之一，2021年研发投入达52.5亿欧元，在全球研发2 500强榜单中排名第38位，在同行业中排名全球第7位。IBM创立于1911年，最初的主要业务是生产商业打字机，之后转为生产文字处理机，再后是计算机及有关服务，目前是全球最大的信息技术和业务解决方案公司之一，拥有全球雇员30多万人，业务遍及160多个国家和地区。软件和计算机服务行业的其他23家企业的研发投入总额(33.1亿欧元)仅有IBM的3/5，其中，仅有数据狗(Datadog)、TTWO、康帕斯(Compass)3家企业的研发投入超过3亿欧元。

在健康设备与服务行业，纽约有6家企业进入全球研发2 500强榜单，其中碧迪医疗(Becton Dickinson)是全球最大的研发、生产和销售医疗设备、医疗系统和试剂的医疗技术公司之一，2021年研发投入接近12亿欧元。个人用品行业的高露洁成立于1806年，是全球最大的个人护理用品生产商之一，2021年研发投入超过2亿欧元，在全球仅次于法国的欧莱雅和日本的花王公司。金融服务行业的2家公司万事达卡和摩根士丹利是纽约金融业的代表，前者诞生于20世纪40年代末，是全球最大的信用卡发行商和刷卡支付结算服务商；后者成立于20世纪30年代，是全球领先的国际性金融服务公司。支持服务行业的ADP (Automatic Data Processing)成立于1949年，是世界最大的服务提供商之一，2021年研发投入超过7亿欧元，在该行业中仅次于爱尔兰的埃森哲(9.9亿欧元)。其他行业进入全球研发2 500强榜单的著名企业还有世界最大的饮料生产商百事可乐、世界最大的香料香精生产商IFF、世界最大的烟草企业菲利普·莫里斯公司、全球最大的健身平台派乐腾(Peloton)、美国老牌的电信及电子设备生产商ITT(国际电信电话公司)、北美最大的卫星广播公司天狼星(Siriu XM)、全球最大的图片库公司Shutterstock、美国三大电子商务平台之一的Etsy等。

上述进入全球研发2 500强榜单的企业，有的历经170余年，是19世纪美国工业革命的产物，而大多数企业是最近 20 年成立的，最年轻的只有数年历程。如制药与生物技术行业的四巨头：辉瑞成立于 1849 年，强生成立于 1886 年，百时美施贵宝成立于 1887 年，默克成立于 1989 年，而新秀企业 PTC 成立于 1985 年，再生元成立于 1988 年，Hookipa 制药成立于 2011 年，Immunic 和应用治疗公司（Applied Therapeutics）均成立于 2016 年。软件与计算机服务行业的 IBM 成立于 1911 年，TTWO 成立于 1993 年，MongoDB 成立于 2007 年，数据狗成立于 2010 年。这些企业的发展历程是纽约产业演变的缩影，即传统产业通过技术创新不断转型升级的过程。在这一过程中，随着新技术的发明和推广应用，新的企业不断诞生壮大，老企业则通过吸收新技术获得新生而长盛不衰，从而形成新老企业共生共荣的创新生态。

综上所述，作为一个以金融和商业服务业为主导的城市，随着科技的不断进步，纽约的城市功能正在向科技产业拓展，并逐步形成了以制药和生物技术为主导，以软件和计算机服务、金融服务、健康设备和服务等传统行业为辅助的创新行业结构。纽约科技产业的出现是以传统优势产业的技术进步和转型升级为基础，以大量科技新创企业的涌现为结果。因此科技产业并没有替代纽约的传统产业，传统产业通过科技赋能而获得新生。纽约在崛起成为新的全球科技创新中心的同时，仍然是世界的金融中心和商贸中心，依然是文化艺术、时尚休闲、科学教育、媒体传播、信息通信等诸多领域的世界中心。纽约的科技产业与其他新兴产业、传统产业相互依托、相互促进、相辅相成，共同促进了城市经济的持续繁荣。

第三节 伦敦：政府驱动＋混合机构＋传统产业科技化

伦敦是英国的政治、经济和文化中心，也是世界著名的国际金融中心、商业中心和全球经济的控制中心之一、快速崛起的全球科技创新中心。大伦敦（伦敦大区）的面积为 1 578 平方千米，人口约 900 万。其面积不足英国本土面积的 1%，但人口超过英国的 13%，GDP 更接近全国的 1/4。2008 年全球金融危机以来，英国大力发展科技创新，提出建设伦敦科技城战略，伦敦的科技新创企业蓬勃发展，涌现出一大批独角兽企业，已崛起为新的全球科技创新中心。《2023年全球创业生态系统报告》显示，在全球创业生态系统排名中，伦敦仅次于硅谷，连续4年（2020—2023）与纽约并列全球第2位①。《全球科技创新中心发展指数2022》（GSTICI2022）报告显示，伦敦综合得分仅次于硅谷、纽约和东京，位居全球第4位。

一、政府对提升科技创新功能起着关键作用

伦敦曾经是欧洲乃至世界的工业、文化和知识中心，引领过全球科技创新的一代风潮。但是从20世纪80年代以来，随着制造业的衰落，伦敦开始步入“服务经济”时代，金融及相关专业服务业快速发展。20世纪90年代初，英国政府在全球范围内最早提出发展创意产业，颁布《英国创意产业路径文件》，设立“创意优势基金”，鼓励社会资本支持伦敦创意产业中有才华的企业家。1997年，伦敦提出打造“创意之城”，伦敦东区逐渐形成数字经济产业集聚区。

2008年全球金融危机爆发后，英国经济社会发展面临着许多重大挑战，作为世界著名国际金融中心的伦敦首当其冲。2010年5月卡梅伦（D. Cameron）政府上台后，提出要推动和实现经济的强劲、可持续和平衡增长，强调要以创新引领科技经济发展，引领新的技术革命，保持英国科技和产业的国际领先地位。同年11月，卡梅伦首相提出要将伦敦东区打造成为与美国硅谷匹敌的世界领先的科技城——“目标是将肖尔迪奇（Shoreditch）的创造力和能量以及奥林匹克公园的令人难以置信的可能性结合起来，使东伦敦成为世界上最伟大的技术中心之一”②。一年后，卡梅伦首相任命企业家克莱吉（E. van der Kleij）领导这项计划，并启动了一系列推动创新创业发展的行动计划③。如，未来50强项目（Future Fifty），旨在从政策、平台、资金等方面支持入选英国B轮融资以上发展最快的50家科技创新企业；数字商业学院（Digital Business Academy），

① The Global Startup Ecosystem Report 2023. https://startupgenome.com/report/gser2023.

② PM Announces East London “tech city”. https://www.gov.uk/government/news/pm-announces-east-london-tech-city.

③ https://technation.techcityuk.com/.

与高校联合为毕业生提供免费在线的创业培训课程的项目；科技强国签证项目(Tech Nation Visa Scheme)，专门为从世界各地吸引数字专业人士的签证计划。为激励创业和创新发展，政府还推出一系列研发税收抵免(R&D Tax Credit)优惠政策。2013 年，颁布专利盒政策(PatentBox Scheme)，将企业知识产权开发所得利润的企业所得税降低 10%以鼓励创新；开放数据库资源，支持相关产品和服务的开发。同时修改了 IPO 规则，以进一步支持进入到成熟发展阶段的科创企业。除此之外，政府还出面设立“伦敦技术大使团队”，并由市长亲自挂帅，在引进科技龙头企业方面起到决定性作用。

在基础设施建设方面，伦敦市政府投入 4 亿英镑发展东伦敦科技城。其中，政府投资 5 000 万英镑建造欧洲最大的民用设施中心，为新兴科技公司提供礼堂、会议厅、实验室以及工作空间。随着越来越多的企业聚集于此，东区逐渐成为伦敦新的经济中心和最具活力的初创企业社区。政府还通过完善轨道交通建设，使科技城核心区“硅环岛”(Silicon Roundabout)能够快速抵达伦敦金融城等重要区域，也能抵达金丝雀码头和其他市中心重要区域。伦敦市政府重金规划打造的纵贯伦敦的大型城铁 Crossrail1 和 Crossrail2 也都从“硅环岛”附近穿过，2018 年跨城高铁开始运行，在皇家码头、金丝雀码头以及奥林匹克公园分别设有车站，为广大上班族的出行带来更多便利。同时，东伦敦毗邻伦敦最繁忙的火车站之一——利物浦火车站，提供覆盖东英格兰地区的通勤列车服务，还设有去往斯坦斯特德国际机场的机场快线。

英国政府发起的科技城倡议(The TechCity Initiative)成效可谓立竿见影。2011 年 9 月，谷歌宣布在东城老街环岛附近建立伦敦园区。紧接着，微软、苹果、思科、英特尔、亚马逊、Twitter、高通、脸书等国际著名跨国企业相继入驻。同时，随着风险投资企业的跟进，大量新创企业如雨后春笋般涌现，成为欧洲成长最快的科技创新中心，并有一大批独角兽企业脱颖而出。截至 2022 年，伦敦共有 42 家独角兽企业，在全球仅次于旧金山湾区(297 家)、纽约(126 家)、北京(79 家)和上海(66 家)[①]，居欧洲各大城市之首，被誉为欧洲的

① The Complete List of Unicorn Companies. https://www.cbinsights.com/research-unicorn-companies.

独角兽之都。如今，科技产业已经从“硅环岛”地区蔓延到整个大伦敦地区。据统计，2010—2021年，大伦敦地区的专业、科学与技术活动从业人员从约52.7万人增加到约73.5万人，占全部就业人数的比例从12.4%提升到13.9%（图8.8），已成为伦敦所有行业中就业人数最多和占比最大的行业。

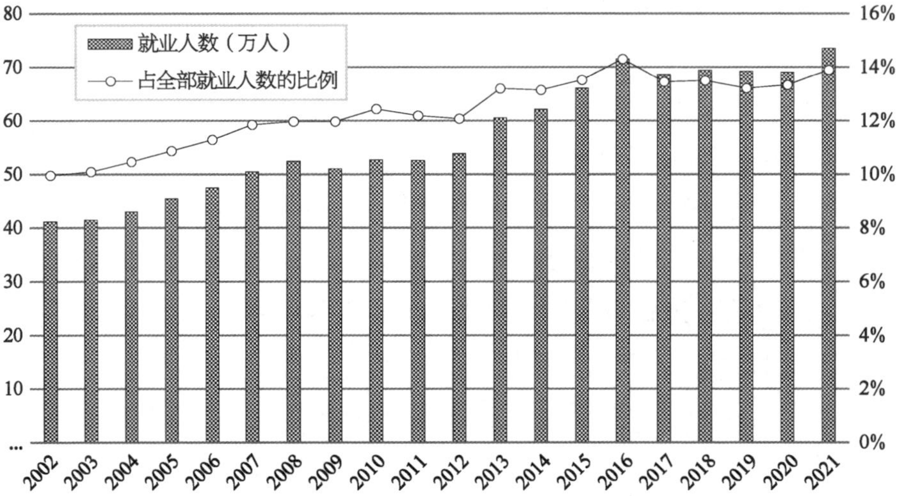

图8.8 伦敦专业与科学技术活动就业人数及占比增长情况

资料来源：London Datastore. https://data.london.gov.uk/dataset/london-s-sectors。

二、本土创新机构与跨国企业构成混合创新主体

伦敦的科技转型之所以能在很短的时间内取得巨大成效，除了政府的政策和资金驱动外，与其本身所具有的资源禀赋也有很大关系。伦敦不仅金融机构众多，而且高等学校和科研机构云集，除周边的剑桥大学和牛津大学外，还拥有伦敦帝国学院、伦敦大学学院、伦敦国王学院和伦敦政治经济学院等多所世界顶级的研究型大学，提供了无与伦比的世界一流人才和科学研究成果。拥有800多年历史的剑桥大学，培养了众多科学巨匠、文哲大师和政治家。牛津大学的校友、教授及研究人员中共有72位（截至2019年3月）诺贝尔奖得主（世界第9位）、3位菲尔兹奖得主（世界第20位）、6位图灵奖得主（世界第9位）。伦敦大学学院拥有国家医学研究中心（NIMR）、欧洲太空探索实验室（MSSL）以及世界著名的盖茨比计算神经科学中心（GCNU）等诸多领先科研

机构。这些大学共同组成的“科学与工程南联盟(SES)”是世界最领先的科学和工程研究中心之一。伦敦在人工智能领域的技术发展，与伦敦帝国理工、伦敦大学、剑桥、牛津在应用数学、计算机科学和机器学习领域的创新研究紧密关联。

伦敦的很多创新机构都与高校及科研机构有着密切联系。例如，伦敦生物科学创新中心是在英国皇家兽医学院的基础上创立的；帝国孵化器是帝国理工大学创新中心的一部分，也是一个技术转化公司；白教堂地区(Whitechapel)的玛丽皇后生物医学创新中心，属于玛丽皇后学院的技术转化中心。许多大型企业集团也对初创企业提供孵化功能。例如，伦敦谷歌园区为创业者提供免费活动的场所，包括快速 wifi、办公空间和初创空间等；由思科和西班牙电信公司资助成立的孵化器，属于伦敦大学学院孵化器的一部分，也是国际设施网络联系的一部分。

伦敦优越的地理位置和其在国际经济网络中的枢纽地位，加上政府的支持政策，使之成为国际跨国企业海外投资的首选城市，吸引了谷歌、脸书、推特、亚马逊等众多顶级公司落户于此，集结了数万家高科技企业和数十万名来自世界各地的科技精英。2005—2014 年，伦敦吸引了 1 000 个国际科技投资项目，是排名第二的巴黎的 3 倍。2008—2018 年，伦敦吸引的 FDI 项目总数为 4 619 个，吸引的外国企业数为 4 016 个。其中，金融服务业 FDI 项目 804 个，企业 740 个；信息通信和电子技术行业 FDI 项目 911 个，企业 822 个。上述各项指标数据伦敦均位居全球各大城市第 1 位(表 8.10)。2021 年，谷歌、脸书、亚马逊、苹果、微软、帕兰提尔(Palantir)和推特在内的美国科技巨头在伦敦雇用了数万名员工，不少公司还在快速扩张。

表 8.10　2008—2018 年全球吸引外国直接投资最多的 10 个城市

所有行业			金融服务行业			信息通信和电子技术行业		
目的地城市	项目(个)	公司(个)	城市	项目(个)	公司(个)	目的地城市	项目(个)	公司(个)
伦　敦	4 619	4 016	伦　敦	804	740	伦　敦	911	822
新加坡	4 330	3 668	新加坡	596	528	新加坡	839	718

续　表

所有行业			金融服务行业			信息通信和电子技术行业		
目的地城市	项目（个）	公司（个）	城市	项目（个）	公司（个）	目的地城市	项目（个）	公司（个）
迪　拜	3 002	2 707	香　港	540	484	悉　尼	442	395
上　海	2 853	2 422	迪　拜	418	389	迪　拜	430	400
香　港	2 573	2 253	纽　约	314	291	巴　黎	418	377
巴　黎	2 152	1 874	上　海	266	236	班加罗尔	410	339
纽　约	1 968	1 791	悉　尼	227	220	香　港	343	306
悉　尼	1 523	1 366	都柏林	210	170	上　海	307	279
北　京	1 481	1 336	巴　黎	193	186	都柏林	297	210
东　京	1 196	1 086	北　京	180	178	东　京	286	257

资料来源：fDi Markets，a Service from The Financial Times Limited 2019。

作为全球重要的科技创新中心之一，伦敦虽然吸引了大量世界顶级的科技公司，涌现出大量本土新创企业，但至今尚缺少具有全球影响力的科技引擎企业。从企业研发投入来看，根据《2022 欧盟企业研发投资记分牌》，2021 年伦敦仅有 60 家企业进入世界研发投入 2 500 强，数量虽然位居欧洲第一，但远不及硅谷（226 家）、东京（155 家）、北京（129 家）、波士顿（118 家）和纽约（84 家）等城市①。从单个企业的研发投入规模来看，伦敦仅有 2 家企业进入前 100 强，研发投入最多的企业是葛兰素史克（55 亿欧元），仅位居全球第 35 位；其次是汇丰银行（21 亿欧元），位居全球第 93 位（表 8.11）。伦敦研发投入前 10 企业的研发投入总额仅约 140 亿欧元，还不足排名世界第 1 位的字母公司研发投入的 1/2。从这 10 家企业的起源地来看，汇丰起源于香港，其现在的形式是 1991 年由香港上海汇丰银行在伦敦成立的一家新的集团控股公司；艾特莱森则是一家澳大利亚企业。这也反映出伦敦科技创新的外源性特点。

① The 2022 EU Industrial R&D Investment Scoreboard. https://iri.jrc.ec.europa.eu/scoreboard/2022-eu-industrial-rd-investment-scoreboard.

表 8.11　伦敦研发投入前 10 强企业(2021 年)

世界排名	企　业	行业门类	研发投入(亿欧元)	研发强度(%)
35	葛兰素史克(GSK)	制药与生物科技	55.0	13.6
93	汇丰银行(HSBC)	银行	21.0	4.5
162	艾特莱森(Atlassian)	软件与计算机服务	12.3	49.8
168	劳埃德银行(Lloyds)	银行	12.1	6.2
208	劳斯莱斯(Rolls-Royce)	航空与国防	9.6	7.0
230	联合利华(Unilever)	食品	8.5	1.6
246	英国电信(BT)	固定电话通信	7.9	3.2
324	国民西敏寺银行(Natwest)	银行	5.7	4.5
481	利洁时(Reckitt)	家居用品与建筑	3.7	2.4
487	励讯(Relx)	媒体	3.7	4.3
合计	—	—	139.5	—

资料来源：The 2022 EU Industrial R&D Investment Scoreboard. https://iri.jrc.ec.europa.eu/scoreboard/2022-eu-industrial-rd-investment-scoreboard。

从整个城市来看，伦敦的研发投入一直较低，尽管近年来保持了较高的增长速度，但直到 2019 年仍然只有 63.5 亿英镑，仅占英国研发投入总量的 16.5%，远低于其 GDP 占全国的比例(24%)①。而且伦敦研发投入强度长期低于 1%，近年来虽有所提升，但直到 2019 年也仅为 1.2%，不仅低于英国其他一些大城市，也低于英国全国平均水平(图 8.9)。从伦敦研发经费执行部门的构成来看，企业所执行的研发经费占比不到 50%②，远低于世界各国和主要城市 70%左右的平均水平，反映出伦敦企业研发能力相对不足。

缺乏科技引擎企业和城市总体研发经费投入不足是伦敦科技创新发展中存在的两大短板。城市研发经费投入不足，与其长期以金融为主导的服务性城市性质有关。英国政府提出的科技城倡议，即旨在改变伦敦的这一状况，以提升城市的科技创新能力。科技引擎企业缺乏则与城市功能转型的时间较短有关。企

① Office for National Statistics. https://www.ons.gov.uk/economy/grossdomesticproductgdp/datasets/.

② 同上。

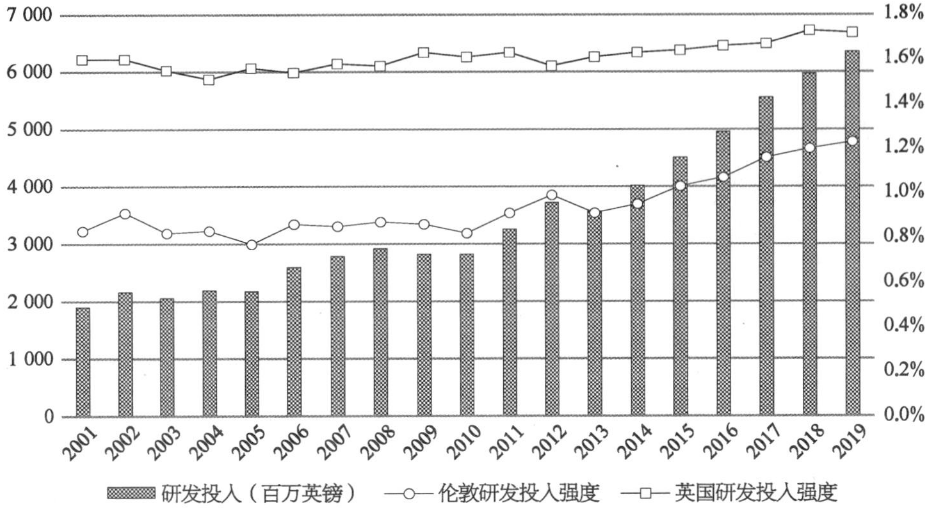

图 8.9　伦敦研发投入额和研发投入强度增长及与英国全国的比较

资料来源：Office for National Statistics. https://www.ons.gov.uk/economy/grossdomesticproductgdp/#datasets/。

业的成长壮大需要有一定的时间过程，毕竟从英国前首相卡梅伦提出科技城倡议至今只有 10 余年时间。伦敦科技城倡议实施以来，政府通过一系列刺激措施，吸引了大批国际企业的入驻，同时培育出了大批本土科技新创企业。随着这些本土科技新创企业的不断壮大，伦敦的科技创新投入和创新能力有望大幅提升。

三、新兴技术及服务与传统产业结合形成特色创新产业

20 世纪 90 年代初，伦敦金融科技、广告科技、教育科技等新兴产业相继形成，并带动诸如时尚设计、电影广播、手工艺、音乐、建筑等创意性行业的发展。统计显示，1997—2022 年，创意产业是伦敦产值年均增长最快的部门，已成长为产值仅次于金融服务业的第二大产业部门，就业人数已超过金融服务业，使伦敦享有了世界“创意之都”的美誉。目前伦敦产业结构中，第三产业占比接近 98%，全部 529.25 万就业人数中，制造业就业仅 11 万人，约占全部就业人数的 2.1%；农、林、渔和采矿业的就业人数只有 3 000 多人。服务业中就业人数最多的除专业、科学和技术活动行业外，就业人数在 40 万人以上的还有健康和社会活动、行政及相关支持服务、信息和通信、零售、金融和保险活动(表 8.12)。

表 8.12　伦敦就业人数的行业构成及变化(万人)

行　业	2000年	2005年	2010年	2015年	2020年	2021年
农业、林业和渔业	0.8	0.2	0.1	0.2	0.1	0.1
采矿和采石	0.4	0.4	0.2	0.3	0.3	0.2
制造业	23.1	15.7	11.2	10.9	11.4	11.1
电力、燃气、蒸汽和空调供应	0.8	0.4	0.6	0.9	1.3	1.6
供水、污水、废物处理和修复	1.7	1.5	1.8	1.6	1.8	1.8
建筑	16.4	15.1	13.2	14.7	17.9	17.2
零售	38.6	38.0	37.0	42.8	43.3	42.5
批发和电机维修	24.1	20.6	17.3	19.3	20.5	19.9
运输和仓储	24.1	23.6	21.9	22.9	26.0	23.9
住宿和餐饮服务活动	27.2	30.3	30.9	37.0	40.0	38.4
信息和通信	30.1	28.4	29.8	38.2	42.3	43.9
金融和保险活动	34.6	32.3	33.3	35.7	38.4	42.1
房地产活动	6.8	7.0	9.9	12.5	13.4	13.4
专业、科学和技术活动	41.1	45.5	52.7	66.1	69.0	73.5
行政及相关支持服务	45.6	44.4	44.3	52.3	50.0	51.2
公共行政和国防及强制性社会保障	22.5	24.7	22.6	21.5	24.4	25.6
教育	25.5	28.7	32.3	36.3	36.2	37.2
人类健康和社会工作活动	32.0	37.7	41.8	50.0	56.8	58.2
艺术、娱乐和休闲	10.4	11.2	10.7	13.2	12.3	14.0
其他服务活动	11.0	11.5	11.4	11.8	12.0	12.2
家政活动	—	1.4	1.1	0.7	0.7	1.2
合计	416.7	418.3	424.0	488.6	517.7	529.3

资料来源：Greater London Authority. The London Datastore. https://data.london.gov.uk/dataset/london-s-sectors。

从伦敦进入世界研发 2 500 强榜单的 60 家企业的行业结构来看，涉及 26 个行业，具有明显的多样性特点，既包括制药与生物科技、软件与计算机服务、航空与国防、硬件技术与设备等新兴行业，也包括食品生产、采矿、石油与天然气生产等传统行业，还有银行、保险、房地产、媒体等现代服务业部门（表 8.13）。在这些众多企业中，伦敦几乎没有任何具有特别优势的行业。在新兴行业中，制药与生物科技是伦敦相对最具优势的部门，入榜企业数（8 家）占伦敦全部入榜企业的13%，入榜企业研发投入(62.64亿欧元)占32%。但从世界范围来看，该行业入榜企业占全球同行业入榜企业数(478家)的比例不足2%，研发投入占全球(2 128.5亿欧元)的比例不足3%，反映出伦敦在全球制药与生物科技行业的地位不高。软件与计算机服务行业有6家企业入榜，数量仅次于制药及生物科技，但研发投入占比不到10%；入榜企业数和研发投入占全球同行业入榜企业的比例分别不足2%和1%。电子与电气设备行业仅有4家企业入榜，每家企业的研发投入都仅在1亿欧元左右，在全球249家同行业入榜企业中，排名都在110名以外。技术硬件与设备行业只有思博伦(Spirent)1家企业上榜，研发投入也仅1亿欧元，在全球同行业207家上榜企业中仅排名第135名，反映出伦敦和整个英国在硬件技术创新上的落后状况。

银行业是目前伦敦在全球唯一具有特别优势的行业。该行业有3家企业入榜，包括汇丰银行、劳埃德银行和国民西敏寺银行。这3家银行的研发投入在全球同行业入榜的21家银行中分别位居第1位、第3位和第7位，合计研发投入达38.7亿欧元，约占伦敦全部入榜企业研发投入的20%，占全球同行业入榜企业研发投入的35%，超过全球其他任何城市，反映出伦敦作为全球金融中心在金融研发创新方面的突出地位。

在传统产业领域的研发创新方面，伦敦在全球总体上都不具优势，但一些传统行业里的老牌企业依然具有很强的实力和国际影响力，如石油行业的BP(英国石油公司)、采矿行业的英美资源集团和力拓公司、食品生产行业的联合利华、烟草行业的英美烟草公司等，虽然研发投入都不足10亿欧元，但一直都是《财富》世界500强企业。2022年，BP营业收入达16 419.5亿美元，排名《财富》世界500强35位；力拓集团营业收入634.95亿美元，排名201位；联合利华营业收入620.06亿美元，排名205位；英美资源集团营业收入415.54亿美元，排名331位；英美烟草集团营业收入353.22美元，排名401位①。这反映出这些作为伦敦这座早期世界工业中心产物的老牌企业，通过研发创新依然能持续保持旺盛的生命力。

① 2023年《财富》世界500强排行榜.https://www.fortunechina.com/fortune500/c/2023-08/02/content_436874.htm.

表 8.13　伦敦进入世界研发 2 500 强榜单企业的行业分布

行　业	企业数（个）	研发投入（亿欧元）	企　业
制药与生物科技	8	62.6	葛兰素史克、诺沃库勒、赛纽仕、希克玛、奥托卢斯、艾昆纬、维洛纳、药学研究联合会
银行	3	38.7	汇丰银行、劳埃德银行、国民西敏寺银行
软件与计算机服务	6	19.2	艾特莱森、Amdocs、Playtech、卡巴斯基实验室、MimeCast、Avast(捷克)
航空航天与国防	2	10.5	劳斯莱斯、美捷特(Meggitt)
食品生产	3	9.7	联合利华、泰莱、安伟捷
固定电话通信	1	7.9	英国电信(BT)
健康设备与服务	3	5.7	施乐辉、理诺珐、纯净科技健康(PURETECH HEALTH)
媒体	3	4.8	悦刻、皮尔逊、AI PERFORM
电子与电气设备	4	4.2	LumiraDx、思百吉、豪迈、史密斯
个人商品	3	3.8	香奈儿、发发奇、Orchard
家居与建筑	1	3.7	利洁时
烟草	1	3.3	英美烟草(BAT)
工业工程	2	3.1	梅尔罗斯、IMI
通用零售	4	3.0	约翰路易斯、玛莎百货、户户送、NPL 管理
房地产投资与服务	3	3.0	特里顿、弗里莱、梅斯金融
石油与天然气生产	2	3.0	英国石油(BP)、德希尼布 FMC
旅游与休闲	2	2.6	国际游戏科技公司(IGT)、888 控股
化学	1	2.2	庄信万丰
采矿	2	1.8	英美资源集团、力拓
非生命保险	1	1.1	RSA 保险
食品与医药零售	1	1.1	奥凯多
技术硬件与设备	1	1.0	思博伦
煤气、水及多用途	1	0.8	肯布尔水务公司
支持服务	1	0.8	BenevolentAI
饮料	1	0.5	帝亚吉欧

资料来源：The 2022 EU Industrial R&D Investment Scoreboard. https://iri.jrc.ec.europa.eu/scoreboard/2022-eu-industrial-rd-investment-scoreboard。

在伦敦崛起为全球科技中心的过程中，上述诸多传统产业为科技创新提供了强力支撑，新兴技术及服务与传统产业结合形成特色创新产业是伦敦产业发展的突出特征。金融科技、医疗科技和绿色科技已成为伦敦新兴科技产业的主要支柱。依托庞大市场、金融机构和初创企业，在传统金融业基础上叠加科技创新，金融科技（FinTech）产业脱颖而出。近年来，一大批高成长的金融科技新创公司在伦敦迅速崛起，其中包括已经在伦敦交易所上市的 Wise 以及 Monzo、OakNorth 等一批在 2015 年左右创立、过去 10 年内迅速崛起成为当前欧洲市场估值最高的金融科技独角兽企业。根据《全球创业生态系统报告 2023》，2021—2022 年，虽然伦敦整体经济不景气，但金融科技产业逆势而上，整个领域全球吸引风险投资交易上升 4%，按融资规模计算，伦敦金融科技公司融资总额位居全球之冠，吸收资金 99 亿美元，而在 10 年前，这个数字仅为 4.95 亿美元。医疗科技（MediTech）领域的发展得益于一大批位于伦敦及周边的顶尖大学以及生命科学领域顶尖机构的底蕴支持，过去 10 年中，诞生了包括 Accurx、Kherion 等一批致力以创新技术对医疗产业带来革命性影响力的公司。伦敦很早就设立了要在 2023 年实现零碳排放，2050 年前实现零废弃物的目标，在气候领域的发展规划吸引了大量领域内优质的创业公司、人才以及资金的流入，使其成为清洁科技（CleanTech）领域的佼佼者，过去 10 年孵化出包括 Octopus Energy、Newcleo 等公司。与此同时，伦敦在气候领域的宏大目标和营商环境吸引了全球相关产业公司的入驻，其中来自中国的新能源汽车厂商比亚迪就是一个典型代表。比亚迪依靠与伦敦当地巴士汽车制造商 ADL 的合作，已经成为伦敦公共交通系统最大的纯电巴士生产商。此外，依托教育、时尚、广告、零售等优势传统行业，伦敦在人工智能（AI）、教育科技（EdTech）、时尚科技（FashionTech）、广告科技（AdTech）、零售科技（RetailTech）等领域也诞生了一大批科技新创企业，未来十分可期。

第四节　东京：政府驱动＋高度内生型机构＋传统产业

东京是日本政治经济中心，世界特大城市之一，与纽约、伦敦齐名的世界三大国际金融中心之一，也是世界重要的科技创新中心。在行政区划上，东京指的是日本首都东京都，面积 2 188 平方千米，人口 1 400 多万。广义的东京则是指以首都东京都为中心的都市区，称为东京大都市圈，简称东京圈，区域范围包括一都三县，即东京都、神奈川县、千叶县、埼玉县，面积 10 404 平方千米，人口约 3 500 万。另外，1956 年日本政府为整合东京都和周边区域发展而制定的《首都圈整备法》，将东京都及其周边的神奈川县、千叶县、埼玉县、茨城县、栃木县、群马县和山梨县（一都七县）划定为首都圈，面积为 3.7 万平方千米，约占日本全国面积的 10%；人口超过 4 400 万，占全日本人口 1/3 以上。《全球科技创新中心发展指数 2022》（GSCITI2022）显示，东京的综合得分排名世界第 3 位，仅次于旧金山-圣何塞和纽约。

一、政府是驱动东京城市功能转型的主导力量

东京大都市圈是日本社会经济和科技创新活动的核心地区，人口和产业高度极化且呈不断增强的趋势。21 世纪以来，在日本整体人口处于下降的趋势下，东京圈（1 都 3 县）的人口仍然保持增长态势，占全国人口的比例由 2000 年的 26.3%上升到 2019 年的 29.2%。东京圈经济活动的集中程度比人口的集中程度更高，经济增长速度也明显高于全国平均水平①。2000 年，东京圈的 GDP 占全国的比重为 31.1%，高出当时人口比重 4.8%，之后虽有所下降，但至 2019 年又进一步回升到 33.8%的新高②。

东京圈也是日本教育和科技创新资源高度集中的地区，仅东京都就有 140 多所大学，其中有 13 所大学进入泰晤士大学排名榜，比较著名的大学有东京大学、东京工业大学、早稻田大学、明治大学等。东京大学科研实力雄厚，在国际上享有很高的声誉，下设 2 个国际高等研究所、12 个尖端研究中心、16 个直属科研机构，11 个附属研究所建有 47 个高水平研究中心，研究生院建有 30 余个附属科研机构，培养了包括 9 名诺贝尔奖得主在内的大批杰出科技创新人才。在 2023 自然指数年度榜单（Nature Index 2023 Annual Tables）中，东京大学排名全球第 20 位。东京还拥有许多重要的国立科研机

① 日本人口普查（国勢調査）。
② 日本总务省-统计研修所.都道府県の社会生活统计。

构，如日本理化学研究所、日本国立聚变科学研究所、日本国立材料研究所、日本国立环境研究所等。日本理化学研究所是世界著名的科学研究机构，创立于 1917 年，约有 3 000 多名研究人员，研究领域涉及物理、化学、生物学、工学、医学、生命科学、材料科学等，并在日本全国各地成立多个实验室，每个实验室专注于一个研究领域，培养了许多杰出的科学家，也获得了享誉世界的科研成果。

东京尽管创新资源高度集聚，各类创新主体众多，但科技创新发展主要依赖于政府驱动，特别是日本中央政府的政策驱动。从 20 世纪 50 年代到 80 年代，日本经济发展迅速，很快从战争的废墟中跃升成为世界第二经济大国。然而，由于日本企业多年来一直以“引进、模仿、再改造”为发展模式，鲜有自己的原创性和基础性研究，经济发展后劲明显不足。90 年代以后，由于缺乏科学技术的强力支撑，日本经济陷入低迷。为振兴经济和提高国家整体竞争力，日本国会于 1995 年通过《科学技术基本法》，确立了以“科学技术立国”的基本方针①。根据《科学技术基本法》的要求，日本政府于 1996 年制定了 5 年一期的“科学技术基本计划”，开始实施长期、系统、连贯的科技政策。2020 年，日本政府时隔 25 年对《科学技术基本法》进行了修订，并将该法更名为《科学技术与创新基本法》，后者强调对人文社会科学的振兴，以及提升创新能力的重要性，科学、技术和创新被定位为国家经济增长战略的重要支柱。与此相对应，原来的“科学技术基本计划”也更名为“科学技术与创新基本计划”。2021 年 3 月，日本政府发布《科学技术与创新基本计划》，即第 6 期科技创新基本计划，也被称为日本科技创新“六五计划”，其核心目标是如何通过科技创新政策实现“社会5.0”[10]。“社会 5.0”是日本第 5 期《科学技术基本计划》中提出的一个新概念，被定义为一种网络空间和物理空间高度融合的社会，是继狩猎社会、农耕社会、工业社会、信息社会之后的新型社会，科技创新将在此次变革中发挥引领作用[11]。

《科学技术与创新基本计划》将“社会 5.0”的愿景具化为“确保国民安全与

① 科学技術基本法(平成 7 年 11 月 15 日法律第 130 号). https://www.mext.go.hpaa201901/jp/b_menu/hakusho/html/detail/1418474.htm.

安心的可持续发展的韧性社会”和“实现人人多元幸福的社会”，提出了实现“社会 5.0”目标的三大支柱：数字化社会变革、研究能力提升、人才培养。在数字化社会变革方面，注重以数字技术推动产业“数字化转型”，建设脱碳社会，加强 5G、超级计算机、量子技术等重点领域的研发。在强化研究能力和人才培养方面，尤其注重对博士人才的支持与培养，鼓励女性研究者做出贡献。新的科学技术创新基本计划还增加了振兴人文社会科学领域的内容，提出通过人文社会科学知识与自然科学知识的融合来创造“综合知识”，并运用“综合知识”解决人类社会面临的发展问题[10]。为了早日实现“社会 5.0”，该计划提出未来五年日本政府将投入 30 万亿日元支持研发，比第 5 期《科学技术基本计划》确定的政府研发投资目标额高出 4 万亿日元，增幅达 15.4%。日本政府希望以此带动民间投资，使官民研发投资总额达到 120 万亿日元。

从 2013 年开始，日本政府还根据“科学技术基本计划”，每年制定“科学技术创新综合战略”，逐年推进实施各项计划。从 2018 年开始，将科学技术创新综合战略从基础研究扩大到社会各个层面的年度综合创新战略①。最新的《综合创新战略 2023》作为“第 6 期科学技术与创新基本计划”第 3 个年度实施内容，聚焦“尖端科学技术的战略性推进”“知识基础和人才培养的强化”“创新生态系统的形成”3 个重点。在尖端科学技术推进方面，该报告强调在生成式 AI 和量子技术快速发展、尖端技术开发和人才投资的国际竞争不断加剧的情况下，旨在通过重要领域的国家战略和智库功能，确保日本技术的优势以及不可或缺性的同时，战略性地推进研究开发，培养支撑未来的技术并实现社会实际应用。在知识基础和人才培养方面，提出通过发展大学基金和建设有特色的研究型大学来提高研究能力和加强领导型创新人才，特别是青年和女性研究人才的培养。在创新生态系统建设方面，提出将创造一个能使多样性人才发挥各自潜力，实现新产业的创出和社会变革的环境，通过推进全球创业校园构想，吸引麻省理工学院（MIT）等海外顶尖大学到东京办学，培育能在世界立足的初创公司[12]。

科学技术与创新基本法的颁布和一系列计划、战略和政策的持续推进，极

① 統合イノベーション戦略. https://www8.cao.go.jp/cstp/tougosenryaku/.

大地促进了日本科学技术的发展和社会经济的转型。20 世纪 90 年代以来，日本经济虽然一直处于低迷状态，但其研发投入额和研发投入强度一直在稳步增长(图 8.10)。2021 年，日本的研发投入达 19.41 万亿日元(约合人民币 1.14 万亿元)，略低于 2018 年的 19.46 万亿日元，在全球仅次于美国和中国。从 1998 年开始，日本研发投入强度超过 3%，2008 年达到 3.64%的历史最高水平，2021 年为 3.59%，持续成为世界研发投入强度最高的国家之一。高强度的研发投入带来的是高质量的创新产出。以 PCT 国际专利授权量为例，1995—2019 年，日本的 PCT 国际专利受理量由 2 775 件猛增到 52 702 件历史最高纪录，年均增长速度接近 14%，之后虽有所减少，但每年仍然在 50 000 件以上(图 8.11)；占世界 PCT 专利受理量总额的比例也随之迅速上升，在 2012 年曾一度超过 22%，之后有所下降，至 2022 年仍超过 18%；在世界各国中的位次，先后超过英国(1995 年)和德国(2003 年)，长期位居世界第 2 位，直到 2017 年被中国超越才退居世界第 3 位。在科技创新动力的驱动下，日本的经济发展模式也由原来的“贸易加工型”及“产品出口型”向“技术出口型”转变。1993 年，日本技术出口额超过技术进口额，首次成为技术贸易顺差国。此后，日本的技术出口额持续增长，一直是世界上仅次于美国的第二大技术贸易出口国。

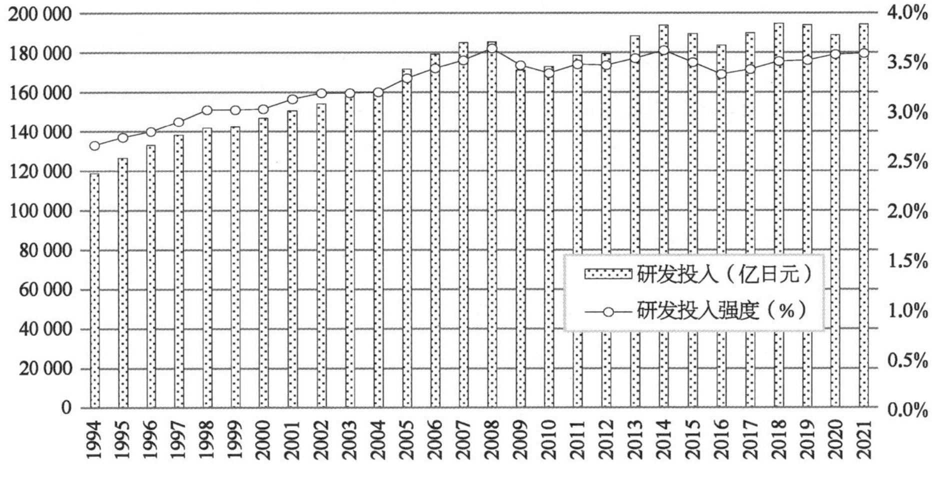

图 8.10　日本研发投入额及研发投入强度增长图

资料来源：科学技術指標 2023 -統計集.https://nistep.repo.nii.ac.jp/records/2000006。

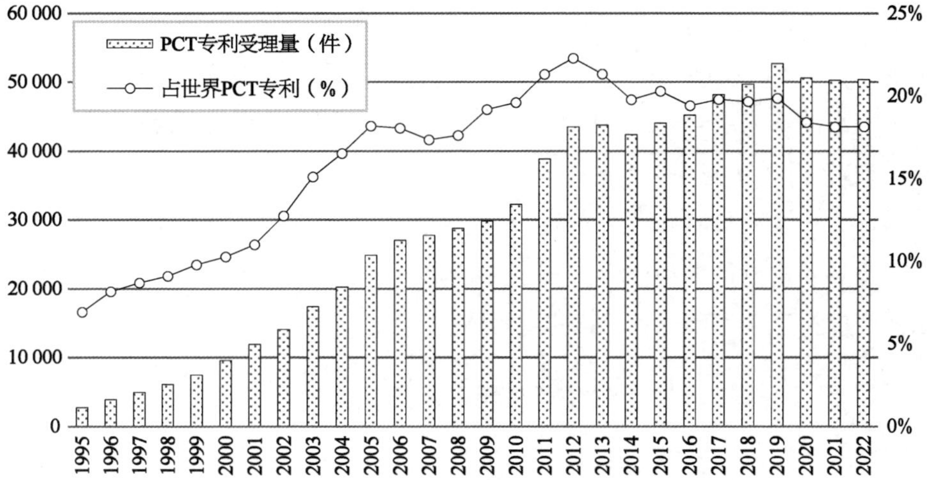

图 8.11　日本 PCT 国际专利受理量及占世界的比例

资料来源：科学技術指標 2023 -統計集.https://nistep.repo.nii.ac.jp/records/2000006。

以东京都为核心的东京大都市圈作为日本社会经济活动高度极化的地区，也是日本整个国家科技创新活动的核心依托。因此，日本政府从国家到地方都高度重视东京的科技创新发展，从优化投资环境、加快创新要素集聚、激发创新活力等方面制定了一系列旨在推动东京科技创新发展的政策与措施。东京都政府先后于 2004 年、2008 年和 2013 年发布三期《东京都产业科学技术振兴指南》，旨在通过科技创新巩固和提升东京的产业竞争力①。2014 年 3 月，日本政府正式指定东京圈、关西圈、新潟县新潟市、兵库县养父市、福冈县福冈市、冲绳县 6 个地区作为国家战略特区。其中，东京圈定位为“国际商务创新中心”，战略任务是促进国际资本、国际人才、国际企业聚集东京，开创具有国际竞争力的东京新产业②。2017 年，东京都政府发布《新东京、新明天：2020 行动规划》，提出金融（Finance）、创新（Innovation）、提升（Rise）、成功（Success）和技术（Technology）5 项战略，简称 FIRST 战略（由每项战略的英文首个字母组成），目标是将东京打造成“世界第一”和“率先迎接挑战，促进国家发展”的城市（表 8.14）。2017 年，东京都还提出了《东京都 ICT 战略》，对教

① 東京都産業科学技術振興指針.https://www.soumu.metro.tokyo.lg.jp/08daigaku/shishin.html.

② 国家戦略特別区域の概要（案）. https://www.mhlw.go.jp/file/05-Shingikai-12602000-Seisakutoukatsukan-Sanjikanshitsu_Roudouseisakutantou/0000040259_1_1.pdf.

育、医疗、旅游、政府行政等多个领域提出了 ICT 的应用方案[①]。2020 年 2 月又发布了《智慧东京实施战略——为了实现东京版的社会 5.0》，面向 2040 年智慧东京的未来愿景，提出了城市数字化转型的路径与举措，以助力城市数字化转型，提升城市竞争力[②]。日本中央政府和东京都政府针对东京科技创新发展制定的一系列战略和政策措施，对巩固和提升东京的科技创新实力起到了方向指导和重要的推动作用，这也是在日本整体经济持续低迷的背景下，东京依然能保持强大国际竞争力的重要原因。

表 8.14　东京都的 FIRST 战略

目　标	举　措
F(金融)：成为国际金融中心	◆ 国际金融城东京咨询小组研究和讨论措施 ◆ 积极推进吸引国外金融企业的步伐
I(创新)：利用新技术新理念催生创新	◆ 实施措施以吸引物联网等领域的外国企业 ◆ 为东京的外国企业和中小企业创造业务对接机会 ◆ 推动国家战略特区制度下的国际商业项目发展 ◆ 通过特区制度等方式改善外籍人士的营商和生活环境 ◆ 为进入成长型行业的企业提供支持，培育全球企业
R(提升)：提升实力以增强城市活力	◆ 培育旅游业成为主导产业 ◆ 加强海陆空交通基础设施建设 ◆ 推进城市更新，增强东京的国际竞争力 ◆ 抓住海外需求，提升东京产业的吸引力
S(成功)：打造一座人人都能发挥积极作用的城市	◆ 推进工作方式改革 ◆ 促进妇女积极参与社会 ◆ 促进老年人和残疾人积极参与社会 ◆ 培养具备全球竞争力的人才 ◆ 强化培育创造新价值能力的教育
T(技术)：利用尖端技术加快发展	◆ 采取措施应对第四次工业革命 ◆ 成为领先的生态友好型城市 ◆ 将 2020 年东京奥运会打造成尖端技术的展示窗

资料来源：参考文献[13]。

---

① 東京都 ICT 戦略. https://www.soumu.metro.tokyo.lg.jp/13it/pdf/ictstrategy/00_ict_honbun.pdf.

② スマート東京実施戦略～東京版 Society 5.0の実現に向けて～. https://www.digitalservice.metro.tokyo.lg.jp/tokyodatahighway/pdf/st_0206_001.pdf.

二、本土企业是东京科技创新的绝对主力

东京是一个典型的内生型全球科技创新中心，本土企业是其科技创新的绝对主力。东京科技创新机构的内生性来源于其本身在人口、经济和科技资源等各个方面的高度集聚性。东京集聚了日本绝大多数行业龙头企业。据统计，东京都集中了约 3 000 家资本在 10 亿日元以上的大企业总部，占全日本的一半左右①。东京也是世界上全球 500 强企业总部最多的城市。2023 年《财富》世界 500 强榜单显示，47 家上榜的日本企业中，有 37 家企业的总部位于东京圈②，占日本上榜企业的 80%。这些龙头企业在推动东京科技创新发展中起到了至关重要的作用。《2022 欧盟工业研发投资记分牌》显示，东京大都市圈有 157 家企业进入世界研发 2 500 强榜单，上榜企业研发投入总额高达745.5亿欧元，在全球仅次于硅谷，企业数量占全日本进入 2 500 强企业(254 家)的 62%，研发投入占日本进入 2 500 强企业(1 138.0 亿欧元)的 66%。本田、NTT(日本电报和电话公司)、索尼、日产、日立、佳能、第一三共、安斯泰来 8 家企业进入世界研发投入 100 强，其中本田的研发投入 63.7 亿欧元，居全球第 24 位；NTT 研发投入为 57.3 亿欧元，居世界 31 位(表 8.15)。

表 8.15　东京都市圈研发投入前 10 强企业(2021 年)

企业	世界排名	行　业	研发投入(亿欧元)	销售额(亿欧元)	研发强度(%)	员工人数(万人)
本　田	24	汽车及零部件	63.7	1 125.0	5.7	20.4
NTT	31	固定电话	57.3	939.8	6.1	33.4
索　尼	39	休闲产品	49.0	767.0	6.4	10.9
日　产	51	汽车及零部件	37.4	651.3	5.7	13.4
日　立	66	电子和电气设备	26.6	793.5	3.3	36.8
佳　能	86	技术硬件及设备	22.2	271.6	8.2	18.4
第一三共	95	制药与生物科技	20.1	80.8	24.9	1.6

① Tokyo Metropolitan Government. Tokyo Leading World Business. https://www.investtokyo.metro.tokyo.lg.jp/en/resources/data/2020/pamphlet-en.pdf.

② https://www.fortune.com/ranking/global500/.

续　表

企业	世界排名	行　业	研发投入（亿欧元）	销售额（亿欧元）	研发强度（%）	员工人数（万人）
安斯泰来	100	制药与生物科技	19.0	100.2	19.0	1.5
大　冢	106	制药与生物科技	18.0	115.8	15.5	3.3
软　银	121	软件与计算机服务	15.5	481.0	3.2	6.0
合　计	—	—	328.9	5 326.0	6.2	145.7

资料来源：The 2022 EU Industrial R&D Investment Scoreboard. https://iri.jrc.ec.europa.eu/scoreboard/2022-eu-industrial-rd-investment-scoreboard。

高强度的研发投入带来了高质量的创新产出。以 PCT 国际专利授权量为例，多年来东京一直是全球 PCT 专利产出最高的地区。世界知识产权组织（WIPO）发布的全球科技集群 100 强排名中，“东京—横滨”科技集群已连续多年排名全球第 1 位。2016—2020 年，东京—横滨地区的 PCT 专利申请量超过 12 万件，占全球的比重超过 10%，居世界第 1 位；发表科学论文 11 万多篇，占世界科学论文发表量的 1.6%，少于北京、上海-苏州、深圳-香港-广州和首尔，排名世界第 5 位；两项指标合计占世界的 12.3%，居全球各大科技集群之首（表 8.16）。2021 年，东京都市圈的 PCT 国际专利授权量超过 3 万件，占日本 PCT 专利授权总量的 74%，占同年全球 PCT 专利授权量的 18%；三菱电气、索尼、NTT、NEC 和福吉电影 5 家公司的 PCT 国际专利授权量超过 1 000 件，其中三菱电气达 2 673 件，排名日本第 1 位，世界第 5 位[①]。

表 8.16　世界十大科技创新集群(2016—2020 年)

世界排名	城市或区域	国家	PCT 申请量	占世界（%）	科学论文发表量（篇）	占世界（%）	合计占世界（%）
1	东京-横滨	日本	122 526	10.7	112 890	1.6	12.3
2	深圳-香港-广州	中国	94 340	8.2	133 327	1.9	10.1
3	北京	中国	32 016	2.8	26 097	3.7	6.5
4	首尔	韩国	46 273	4.0	124 530	1.8	5.8

① WIPO PCT Statistics. https://www.wipo.int/ipstats/en/.

续　表

世界排名	城市或区域	国家	PCT申请量	占世界(%)	科学论文发表量(篇)	占世界(%)	合计占世界(%)
5	圣何塞-旧金山	美国	42 884	3.7	58 087	0.8	4.6
6	上海-苏州	中国	22 869	2.0	148 203	2.1	4.1
7	大阪-神户-京都	日本	34 738	3.0	50 605	0.7	3.8
8	波士顿-剑桥	美国	16 172	1.4	73 457	1.0	2.4
9	纽约	美国	13 020	1.1	73 623	1.0	2.2
10	巴黎	法国	14 147	1.2	62 793	0.9	2.1
合计	—	—	438 985	38.1	863 612	15.5	53.9

资料来源：WIPO. Global Innovation Index 2022：What is the future of innovation driven growth? https://www.wipo.int/edocs/pubdocs/en/wipo-pub-2000-2022-en-main-report-global-innovation-index-2022-15th-edition.pdf。

除大型企业外，东京本土中小企业在城市科技创新中也发挥着重要作用。据统计，东京都共有大中小企业 418 383 家(2016 年)，占日本企业数量的11.8%，其中 98.8%为中小企业①。这些中小企业大多立足于专门技术的开发和积累，利用其在某个领域的技术专长填补大企业生产的空白，或通过承包制成为大企业零配件的专业生产厂家。另外，由于中小企业主要针对特定市场，在研发方面更加注重保持技术的独创性和产品的多样性。因此，中小企业的研发活动日益受到重视，从事研究开发的人数和研发经费显著增长，研发成果也迅速增加。例如，以机械工业的高、精、尖产业集聚地而闻名世界的东京大田区，便是一个以个性化、小批量、试制生产为主的技术型工业区，其中规模在 100 人以下的企业比例高达 80%。

尽管东京是一个内生型科技创新中心，但其科技国际化程度和对外联系强度仍旧保持很高的水平。一方面，东京内生的跨国公司通过全球研发组织体系的空间扩张和地方镶嵌与其他城市开展频繁的研发合作，拓展了技术与知识扩散的广度与深度，进而保持其在全球研发合作格局中的领导地位。例

① Bureau of Industrial and Labor Affairs Tokyo Metropolitan Government. Industry and Employment in Tokyo A Graphic Overview 2023. https://www.sangyo-rodo.metro.tokyo.lg.jp/toukei/total-2023en.pdf.

如，日立集团的日立制作所研发本部，除在日本国内设有三大研究所外，同时在美国、欧洲、中国、新加坡、印度、巴西设立了海外研究机构。另一方面，东京也集聚了不少世界著名跨国公司的区域总部或研发中心，如埃森哲、博世、宜家、阿斯利康、葛兰素史克、阿德科（Adecco）、欧莱雅、拜耳、雀巢、飞利浦、法雷奥（Valeo）、黛安芬（Triumph）等，其中埃森哲在东京的员工人数多达 13 000 人，其余几家公司在东京的员工数也都超过 2 000 人[①]。截至 2022 年，东京都集聚的外国附属公司接近 2 400 家，占日本境内全部外国附属公司的 75%[②]。位于市中心的亚洲总部特区吸引了 400 多家外国公司[③]。这些机构同本土创新机构保持密切合作，成为东京创新体系的一部分。

三、科技创新推动传统产业转型升级

从产业结构来看，东京圈的第一、二、三产业在全国都占有举足轻重的地位，尤其是第三产业的产值占全国的比重超过 40%。就城市内部来看，东京都的 GDP 构成中，2019 年第三产业占 87.4%，第二产业占 12.7%，第一产业占比为零；第三产业中，专业、科技和商业支持服务业占 11.6%；第二产业中，制造业占 7.2%[④]。东京的制造业的占比虽然不高，但企业的科技创新活动高度依赖制造业。

历史上，东京长期是日本最大的制造业中心，工业部门以出版印刷、电机、运输机械、食品、通用机械和精密机械为主。20 世纪 50 年代以来，城市发展沿东京湾向南、向东延伸，通过填海造陆发展工业，形成了京滨和京叶工业地带。濒临东京湾的沿海以钢铁、化工等基础材料型重化学工业为主。东京城南、城北以高附加值的机械工业为中心，集聚着大批中小型企业。20 世纪 90 年代以来由于经济服务化、工厂外迁等原因，东京制造业的工厂数、从业人员数、产值

---

① Pernille Rudlin. Who Are the Biggest Foreign Companies in Japan in 2020? https://rudlinconsulting.com/who-are-the-biggest-foreign-companies-in-japan-in-2020/.

② Bureau of Industrial and Labor Affairs, Tokyo Metropolitan Government. Industry and Employment in Tokyo: A Graphic Overview 2023. https://www.sangyo-rodo.metro.tokyo.lg.jp/toukei/total-2023en.pdf.

③ Tokyo Metropolitan Government. Tokyo Leading World Business. https://www.investtokyo.metro.tokyo.lg.jp/en/resources/data/2020/pamphlet-en.pdf.

④ https://www.toukei.metro.tokyo.lg.jp.

和附加值等均呈下降趋势。21 世纪以来，东京都的制造业在企业数量、就业人数和产值等各个方面，仍然处于持续下滑态势。2003—2015 年间，制造业的机构数量从 5 万家减少到 2.7 万家，从业人数从 46.7 万人减少到 29.6 万人，制造产品的出货价值 11.6 万亿日元减少到 8.5 万亿日元，产品增加值从 4.8 万亿日元减少到 3.4 万亿日元①。从制造业产值的部门构成来看，运输机械、电气机械、印刷及相关行业、食品、通信设备是最大的几个部门。2019 年，运输机械的产值占比达 16.9%，电气机械、印刷及相关行业、食品行业分别占 10.8%、10.4% 和 10.2%，通信设备占 6.7%，其余 19 个行业占 45.1%②。

从东京都市圈进入世界研发 2 500 强的 157 家企业的行业分布来看，几乎全部集中在制造业领域，涵盖了东京几乎所有的制造业行业，而且以传统产业居绝对主导优势（表 8.17）。这 157 家企业行业结构具有典型的多样性特征。比较典型的传统制造业行业主要包括化学（24 家）、工业工程（15 家）、汽车及零部件（12 家）、通用工业（8 家）、食品生产（7 家）、建筑与材料（6 家 ）、休闲商品（6 家）、工业金属与采矿、个人商品（4 家）、健康设备与服务（3 家），以及饮料、电力、森林与造纸、石油与天然气生产、烟草等行业，共计 106 家，占 67.5%；研发投入达 460 亿欧元，占 62.4%。涉及新兴产业的行业主要包括电子和电气设备（19 家）、制药与生物科技（13 家）、技术硬件与设备（13 家）、软件与计算机服务（5 家），共计 51 家，占 32.5%；研发投入 294 亿欧元，占 37.6%。

表 8.17　东京进入研发 2 500 强企业的行业结构及代表性企业及成立时间

行　业	企业数	代表性企业（成立时间）
化学	24	住友化学（1913 年）、三菱化学（1934 年）、旭化成（1893 年）、信越化学（1926 年）、东丽工业（1926 年）、昭和电工（1939 年）、三井化学（1912 年）、帝人（1918 年）、钟化（1949 年）、JSR（1957 年）、三菱瓦斯化学（1918 年）、可乐丽（1926 年）

① Bureau of Industrial and Labor Affairs, Tokyo Metropolitan Government. Industry and Employment in Tokyo A Graphic Overview 2023. https://www.sangyo-rodo.metro.tokyo.lg.jp/toukei/total-2023en.pdf.

② https://www.toukei.metro.tokyo.lg.jp.

续 表

行　业	企业数	代表性企业(成立时间)
电子和电气设备	19	日立(1910年)、三菱电机(1921年)、TDK(1935年)、株式会社、瑞萨电子(前身NEC成立于1899年)、富士胶片(1934年)、尼得科(1973年)、京瓷(1959年)、欧姆龙(1930年)、富士电机(1923年)、阿尔卑斯阿尔派(1948年)、横河电机(1915年)
工业工程	15	五十铃汽车(1916年)、小松(1921年)、发那科(1958年)、美蓓亚三美(1951年)、IHI(1853年)、SMC(1959年)、住友重机械(1888年)、日本精工(1914年)、荏原制作所(1912年)
制药与生物科技	13	第一三共(1894年)、住友制药(1897年)、大塚制药(1921年)、卫材(1941年)、大正药业(1928年)、沢井制药(1929年)、持田医药(1913年)
技术硬件与设备	13	佳能(1933年)、东京电子(1963年)、理光(1936年)、柯尼卡美能达(1936年)、爱德万测试(1954年)、罗姆半导体(1958年)、KDDI(1953年)、斯库林(1943年)、三垦电气(1946年)、DISCO(1937年)
汽车及零部件	12	本田(1948年)、尼桑(1911年)、斯巴鲁(1917年)、普利司通(1931年)、三菱汽车(1917年)、小糸制作所(1915年)、斯坦雷电气(1920年)、日本发条(1936年)、横滨轮胎(1917年)
通用工业	8	东芝(1904年)、三菱重工业(1884年)、艾杰旭(1907年)、川崎重工业(1896年)、日新纺(1907年)、东洋制罐(1917年)、UBE(1897年)、明电舍(1897年)
食品生产	7	明治(1916年)、味之素(1925年)、日清食品(1948年)、养乐多本社(1955年)、山崎烘焙(1948年)
建筑与材料	6	骊住(1949年)、鹿岛建设(1840年)、清水建设(1804年)、大成建设(1873年)、富士通将军(1936年)
休闲商品	6	索尼(1946年)、任天堂(1889年)、尼康(1917年)、万代南梦宫(2005年)、豪雅(1944年)
软件与计算机服务	5	软银(1981年)、NEC(1898年)、富士通(1935年)、科乐美(1969年)、乐线(1994年)
工业金属与采矿	4	日本制铁(1950年)、JFE(1912年)
个人商品	4	花王(1940年)、资生堂(1872年)、狮王(1918年)、尤妮佳(1961年)
健康设备与服务	3	奥林巴斯(1919年)、泰尔茂(1921年)、拓普康(1932年)
饮料	2	麒麟(1907年)、朝日集团(1889年)

续　表

行　业	企业数	代表性企业(成立时间)
电力	2	东京电力(1883年)、日本电力(1920年)
森林与造纸	2	大王制纸(1928年)、琳得科(1927年)
石油与天然气生产	2	出光新产(1911年)、新日本石油(1888年)
支持服务	2	凸版印刷(1900年)、西科姆(1962年)
旅游与休闲	2	世嘉飒美(2004年)、东日本旅客铁道(1987年)
固定电话	1	NTT(1868年)
天然气、水及多用途设施	1	东京瓦斯(1876年)
通用零售	1	乐天(1948年)
媒体	1	大日本印刷(1876年)
烟草	1	日本烟草(1898年)

资料来源：① The 2022 EU Industrial R&D Investment Scoreboard. https://iri.jrc.ec.europa.eu/scoreboard/2022-eu-industrial-rd-investment-scoreboard。
② 各公司网站。

东京化学行业入榜世界研发2 500强榜单的企业数量最多，多达24家，占东京入榜企业的14%；研发投入达72.3亿欧元，约占东京入榜企业10%。从全球范围来看，东京在化学行业的研发创新方面具有明显优势，入榜世界研发2 500强企业数量和研发投入额均远高于世界其他城市，入榜企业的研发投入约占全球化学行业入榜企业研发投入的30%。其中住友化学、三菱化学、旭化成、信越化学、东丽工业、昭和电工、三井化学的研发投入分别排名全球同行业第3位、第4位、第6位、第11位、第12位、第16位和第18位。从这些数据可以看出，东京毫无疑问是化学工业领域全球最大的研发创新中心。

东京汽车行业入榜企业数量虽然少于化学行业和工业工程行业，但研发投入最大，入榜的12家企业2021年研发投入达132亿欧元，占东京全部入榜企业研发投入的17.5%，说明汽车行业是东京科技创新活动最主要的产业部门。其中，本田汽车是东京研发投入最多的企业，2021年的研发投入为63.7亿欧元，占东京都市圈全部入榜企业研发投入的8.4%，在日本仅次于丰田汽车，在全球汽车行业排名第7位。同全球其他城市比较，东京汽车行业进入世界研发 2 500 强的企业数量最多，研发投入仅次于德国的斯图加特和美国的底特律。

在电子和电气设备行业，东京共有 19 家企业进入世界 2 500 强榜单，2021 年研发投入达 108.3 亿欧元，入榜企业仅少于化学行业，研发投入仅少于汽车及零部件行业，约占东京全部入榜企业研发投入的 15%。从全球范围来看，东京在该领域入榜企业数量仅少于中国深圳（21 家），入榜企业研发投入仅低于韩国首尔（181.3 亿欧元），约占全球电子和电气设备行业入榜企业研发投入的 13%。可见，东京也是全球电子和电气设备行业领域重要的研发创新中心。

在制药与生物科技行业，东京有 13 家企业进入世界研发 2 500 强榜单，研发投入达 76.8 亿欧元，占东京全部入榜企业研发投入的比值超过 10%。从全球范围来看，东京入榜企业远少于波士顿（70 家）、旧金山-圣何塞（63 家）、纽约（26 家）、圣迭戈（26 家），也少于北京的 14 家；研发投入远低于纽约（475.4 亿欧元）、波士顿（150.7 亿欧元）和旧金山-圣何塞（135.7 亿欧元），约占全球该行业入榜企业研发投入的 4%。

此外，东京在工业工程、通用工业、食品生产、建筑与材料、休闲商品等传统行业的企业研发投入也都较高。休闲商品行业 6 家企业 2021 年的研发投入达 66.8 亿欧元，占该行业全球入榜 2 500 强企业研发投入的 36%，是全球该行业研发投入最多的城市，其中仅索尼公司的研发投入就接近 50 亿欧元，在同行业里全球排名第一，约占全球入榜企业研发投入的 27%。在通用工业行业，东京是全球进入世界研发 2 500 强榜单企业数量多（8 家）和研发投入最大的城市，研发投入占该行业全球入榜企业研发投入 16%，其中东芝和三菱重工的研发投入在同行业分别位居全球第 5 位和第 8 位。在工业工程行业，东京共有 15 家企业进入世界研发 2 500 强榜单，在同行业里居全球各大城市之首。2021 年研发投入 32.4 亿欧元，约占全球同行业入榜企业研发投入（349.4 亿欧元）的 10%，研发投入略少于北京（32.7 亿欧元）。这些数据表明，东京也是全球休闲商品、通用工业和工业工程行业领域最重要的研发创新中心。

东京各行业的龙头企业都具有悠久的历史，特别在传统行业领域，多数龙头企业都是百年以上的老店（表 8.17）。如，化学行业的钟化公司的前身钟渊纺织株式会社最早可以追溯到 1893 年；三井化学的前身是成立于 1912 年的三井矿山株式会社；创立于1913年的住友化学公司，其母公司住友集团源于1590年创立的住友财阀。工业工程行业的五十铃汽车创立于1916年，小松创立于1921年，IHI（石川岛重工业）创立于1853年，住友重机械成立于1888年，日本精工创立于1914年，荏原制作所创立于1912年。汽车行业的尼桑公司的前身之一是1911年成立的快进社汽车工厂；斯巴鲁的前身是成立于1917年的飞行机研究所；三菱汽车由成立于1917年的三菱重工分离而来；小糸制作所最早源于1915年成立的小糸源六郎商店。通用工业行业的东芝公司由1890年创立的东京电器和1904年成立的芝浦制作所于1939年合并而成；三菱重工的前身是创立于1884年的“长崎造船所”；UBE和明电舍同时创立于1897年。固定电话行业的NTT成立于1952年，但其前身日本“电电公社”的电报业务则可追溯到1870年；电力工业行业的东京电力成立于1951年，其前身东京电灯创立于1883年。建筑与材料行业的鹿岛建设创立于1840年，清水建设创立于1804年，大成建设创立于1873年；工业金属与采矿行业的JFE的前身之一日本钢管株式会社的创立可以追溯到1912年；食品行业的明治成立于1916年；休闲商品行业的任天堂创立于1889年；个人商品行业的资生堂创立于1872年；饮料行业的朝日集团创立于1889年；石油与天然气生产行业的新日本石油创立于1888年；支持服务行业的凸版印刷株式会社1900年；媒体行业的大日本印刷创立于1876年；烟草行业的日本烟草创立于1898年；公用设施行业的东京瓦斯成立于1876年。

在新兴技术行业，东京的许多龙头企业也都具有悠久的历史。如，制药和生物科技行业的第一三共创立于1894年，住友制药创立于1897年，持田医药成立于1913年，大塚制药成立于1921年；软件和计算机服务行业的NEC成立于1898年；富士通成立于1935年；电子和电气设备行业的日立创立于1910年，三菱电机创立于1921年，横河电机成立于1915年，富士电机成立于1923年；技术硬件与设备行业的佳能创立于1933年，柯尼卡美能达和理光均创立于1936年，DISCO创立于1937年。

相较于世界其他著名科技创新中心，长寿企业众多是东京特有的现象，它与日本社会的特有商业文化有关，反映出这些企业强大的创新力和生命力。科睿唯安发布的《全球百强创新机构》报告显示，东京圈的上榜企业数多年来一直居全球各大城市地区之首，在最新的2023年度报告中，东京都市圈的上榜企业达23家，约占全部上榜企业的1/4①。能使东京企业长期保持旺盛生命力和持续创新力的秘籍，除了日本企业家独特的经营理念和管理方法外，与企业持续高强度的研发投入和高质量的创新产出不无关系。如前所述，同全球其他城市相比，东京都市区进入世界研发2 500强榜单的企业数量和研发投入额仅次于美国硅谷地区。

凡事有利也有弊。东京大量长寿企业的存在势必对新创企业的成长产生一定的抑制和排挤作用。《全球创业生态系统报告》显示，2019—2023年，东京的创业生态系统全球排名持续徘徊在第9位至第20位②，这显然与其庞大的创新投入和产出规模极不匹配。2023年，东京的创业生态环境位居全球第15位，位居亚洲第5位，落后于北京、新加坡、上海和首尔。根据CB Insights的统计，截至2022年，东京仅有6家独角兽企业，总估值仅100亿美元③。从东京科技创新的产业结构来看，软件与计算机设备、技术硬件与设备等新兴技术行业的研发创新十分薄弱，这可能就是传统行业大量长寿企业的存在导致新创企业难以发展的结果。

参考文献

[1] Bay Area Council Economic Institute. The Bay Area innovation system: science and the impact of public investment. March 2019. http://www.bayareaeconomy.org/files/pdf/BayAreaInnovationSystem2019.pdf.

[2] 安纳李·萨克森尼安.区域优势：硅谷与128号公路的文化和竞争.温建平，李波，译.上海：上海科学技术出版社，2020.

[3] Doug H, Kim H. The dynamics of Silicon Valley: creative destruction and the evolution of the innovation habitat. Social Science Information, 2013, 52(4): 4539－4557.

[4] 阿伦·拉奥，皮埃罗·斯加鲁菲.硅谷百年史——伟大的科技创新与创业历程.闫景立，侯爱华，译.北京：人民邮电出版社，2014.

[5] 胡曙虹，黄丽，杜德斌.全球科技创新中心建构的实践——基于三螺旋和创新生态系

① 科睿唯安.2023年度全球百强创新机构.https://clarivate.com.cn/top-100-innovators/.

② Startup Genome. Global startup Ecosystem Report 2023. https://startupgenome.com/report/gser2023.

③ The Complete List of Unicorn Companies. https://www.cbinsights.com/research-unicorn-companies.

统视角的分析：以硅谷为例.上海经济研究，2016，3：21－28.
[6] 塞巴斯蒂安·马拉比.风险投资史.田轩，译.杭州：浙江教育出版社，2022.
[7] New York City Economic Development Corporation. Diverse City: NYC Economic Diversification Program—The Five Borough Economic Opportunity Plan, 2009. https://www.nyc.gov/html/econplan/downloads/pdf/diversification_final.pdf.
[8] The Office of the New York State Comptroller, The Technology Sector in New York City, October 2022. https://www.osc.state.ny.us/files/reports/osdc/pdf/report-10-2023.pdf.
[9] The Office of the New York State Comptroller, The Technology Sector in New York City, September 2017. https://www.osc.state.ny.us/files/reports/osdc/pdf/report-10-2018.pdf.
[10] 閣議決定.科学技術・イノベーション基本計画.令和三年 3 月 26 日.
[11] 閣議決定.科学技術基本計画.平成二十八年 1 月 22 日.
[12] 閣議決定.統合イノベーション戦略 2023.令和五年 6 月 9 日.
[13] Tokyo Metropolitan Government. New Tokyo, New Tomorrow: The Action Plan for 2020. June 2017. https://www.metro.tokyo.lg.jp/english/about/plan/documents/pocket_english.pdf.

第九章

全球科技创新中心建设的中国实践

全球科技创新中心是全球创新网络中的枢纽性节点城市，是世界创新资源的集聚中心和创新活动的控制中心，也是一个国家或地区综合科技实力的集中体现和核心依托，它代表着这个国家在世界分工体系中所能达到的最大高度。2021年3月，国务院发布的《中华人民共和国国民经济和社会发展第十四个五年规划和2035年远景目标纲要》明确提出：支持北京、上海、粤港澳大湾区形成国际科技创新中心。这表明中国已开启建设全球科技创新中心的伟大实践。在中国加速崛起和科技创新实力加快提升的过程中，上海、北京、深圳等中心城市因其产业基础相对雄厚或创新环境相对优越而成为全国科技创新的龙头，具备了较大的国际影响力，为建设成为高等级的全球科技创新中心奠定了坚实的基础。本章运用本书第六章构建的全球科技创新中心三维发展模式，从发展驱动力、机构来源和产业类型三个维度对北京、上海和深圳这三个建设中的全球科技创新中心城市进行考察，并同国外著名科技创新中心进行比较，分析其各自的优势与短板，以明晰其未来的发展方向和演化趋势。

第一节　北京：政府驱动＋内生创新机构＋高技术服务业

北京是中国规划建设的三个全球科技创新中心之一。作为首都，北京科技创新资源高度集聚，科技创新活动高度集中，科技创新投入远超中国其他城市，科技创新产出的国际影响力不断提升。《全球科技创新中心发展指数2022》(GSTICI2022)显示，北京的综合得分位居全球第5位，仅次于旧金山-圣何塞、纽约、东京、伦敦，创新要素全球集聚力位居第9位，科学研究全球引领力位居第1位，技术创新全球策源力位居第6位，产业变革全球驱动力位居第2位，创新环境全球支撑力位居第11位。在其他全球性科技创新中心排名中，北京自2016年起在《自然指数-科研城市》榜单中一直位居榜首；自然集团与清华大学发布的《全球科技创新中心2022》显示，北京全球排名第3位。

一、政府主导的发展驱动力

创新要素的集聚程度在很大程度上决定着科技创新城市在全球创新网络中的等级和地位。北京作为首都，具有独特的政治和文化优势，天然地成为资金、人才等各类创新要素的集聚地[1]。北京拥有最强的科技创新资源集聚能力，丰富的科技智力资源带来强大的知识创造能力，这是北京科技创新中心形成的重要基础。

北京各类人才高度集聚，不仅在中国各大城市中遥遥领先，与其他著名科技创新中心相比也是首屈一指。统计显示，2021年北京拥有的研发人员为47.28万，占全国的5.5%；拥有本科以上学位的各类人才43.34万，占全国的7.9%，其中，具有博士学位的人才12.35万，占全国的16.9%①。而且北京的高级人才占比很高，两院院士913人，约占全国的一半。在科睿唯安2021年度“高被引科学家”名单中，北京入选全球高被引科学家人数为253人次，约占中国总量的1/3，并首次超过硅谷。据爱思唯尔(Elsevier)对全球20个城市2016—2020年的考察，基于斯科普斯(Scopus)收录期刊的论文作者数量统计，北京的研究人员(Researchers)绝对数量稳居第一，多达476 644人，不仅远远超过伦敦(187 324人)、波士顿(185 779人)、纽约(161 885人)、巴黎(129 790人)、东京(128 862人)等城市，而且比位居全球第二的上海(232 201人)多出一倍多；在增长速度上，2016—2020年间北京研究人员数量的年增长率为12.1%，

---

① 2022中国科技统计年鉴。

与莫斯科并列第3位，仅次于深圳和上海，而伦敦、纽约、东京、波士顿等城市的年增长率普遍在5%～6%之间，旧金山的研究人员年增长率仅为3.7%[①]。

北京高等学校和科研机构众多，是高水平科学研究和高层次人才培养的高地。根据教育部公布的全国普通高等学校名单，截至2022年5月31日，主校区位于北京的高等学校（包含本科和专科院校）共有92所，其中双一流高校达34所，居全国之最。在2022年QS世界大学排名中，北京有16所大学上榜，占中国上榜高校总数的27.6%。北京拥有185所中央级科研院所、120个国家重点实验室、66个国家工程技术研究中心、16个国家临床医学研究中心和450多个市属重点实验室。据斯科普斯的数据，北京有555家研究机构，约占中国研究机构总数的18%。爱思唯尔基于2016—2020年间的学术成果统计，中国排名前10的研究机构中，有4家在北京[②]。自然指数（Nature Index）发布的全球百强研究机构中，北京占18所，其中，中国科学院、中国科学院大学、北京大学进入世界前10强[③]。

在科技创新基础设施方面，北京大科学设施集聚，国际影响力不断增强。目前北京建成和在建的国家重大科学基础设施约20个，其中包括国家蛋白质科学中心（北京）、正负电子对撞机、微重力落塔、多尺度离散模拟超级计算系统等多个具有国际影响力的重大科学基础设施。北京拥有众多科技创新服务平台。截至2021年底，在京国家级双创示范基地达30家，国家级孵化器64家，市级孵化器81家，国家级众创空间147家，市级众创空间302家。依托这些创新服务载体，北京的科技服务业得到快速发展。2021年，北京信息传输、软件和信息技术服务业地区生产总值达6 535.3亿元，科学研究和技术服务业的地区生产总值达3 198.2亿元，两项合计约占第三产业地区生产总值的30%[④]，显示出北京的科技服务业已达到相当规模。

---

① Data and Insights on International Science, Technology, and Innovation—Comparative Research Report of 20 Global Cities (2016 - 2020). https://assets.ctfassets.net/o78em1y1w4i4/3SHxnp86SvJgJAOCLdQQJG/cd18e748df3199815b3b64acd9744d5d/20-Global-Cities-Research-Report Elsevier202106FINAL.pdf.

② 同上。

③ Natural Index. 2022 tables: Institutions. https://www.nature.com/nature-index/annual-tables/2022/institution/all/all/global/.

④ 北京统计年鉴2022。

在创新资本方面，作为国家金融管理部门所在地，北京是众多金融机构和上市公司总部的所在地，境内外上市公司760余家。北京的风险投资也非常活跃，已成为全球风险投资高地。《全球创业城市的崛起：创业与风险资本新地图》显示，2015—2017年，北京的风险投资超过700亿美元，仅次于旧金山，位居全球第2位；北京还是2010—2012年及2015—2017年间全球风险投资增长最快的城市，贡献了全球风险投资增长量的20%（表9.1），北京与旧金山湾区、纽约、伦敦、洛杉矶和波士顿一同被列为全球6个超级巨星创业中心[2]。

表9.1　全球风险投资最多的10个城市或地区

排序	城市(国家)	2015—2017年		2010—2012年	
		风险投资额（亿美元）	占全球比例(%)	风险投资增加量（亿美元）	对全球风险投增长贡献(%)
1	硅谷*(美国)	1 066.65	20.9	609.68	19.0
2	北京(中国)	728.19	14.2	656.14	20.5
3	纽约(美国)	337.63	6.6	236.13	7.4
4	波士顿(美国)	245.67	4.8	126.76	4.0
5	上海(中国)	238.39	4.7	211.74	6.6
6	洛杉矶(美国)	173.91	3.4	97.78	3.0
7	伦敦(英国)	156.50	3.1	115.54	3.6
8	杭州(中国)	113.90	2.2	108.56	3.4
9	班加罗尔(印度)	105.68	2.1	91.42	2.8
10	德里(印度)	87.49	1.7	78.17	2.4
—	合计	5 120.97	100.0	3 207.82	100.0

*注：此处硅谷包括旧金山和圣何塞。
资料来源：参考文献[2]。

从全球科技创新中心形成的三维发展模式来考察，尽管北京集聚着丰富的创新人才、各类强大的创新机构和优良的创新支撑环境，但科技创新发展仍然高度依赖于政府驱动，主要表现为政策驱动和经费驱动两大方面。政府研发投入是推动城市科技创新发展的重要力量。北京作为中国最重要的科技创新中心，长期以来，其研发投入额和研发投入强度均高于上海、深圳等中国其他城市，而且保持了较快的增长速度（图 9.1），2010—2021 年间年均增速超过 11%①。2021 年，北京全社会研发经费支出总量达 2 629.3 亿元，约占全国的 1/10，研发强度高达 6.53%，其中基础研究经费 422.5 亿元，约占全国的 1/4，占全部研发经费的比例超过 16%②，与美国等发达国家的水平基本相当。从投入来源来看，政府投入一直是北京研发经费投入的最大来源。2018 年以前，政府投入占北京研发投入总额的比例一直高于 50%，近年来随着企业研发投入的快速增加，政府占比才逐渐下降（图 9.2）。2021 年，政府研发投入达 1 186 亿元，企业研发投入为 1 247 亿元，政府研发投入占比仍然达 45%。这一比例不仅高于国内其他城市，也远高于世界其他国家的平均水平和国外其他科技创新中心城市，充分反映出政府在驱动北京城市科技创新中的主导作用。

政策驱动对北京科技创新发展的作用更加重要，它具有战略指导性和引领性。北京作为首都，城市发展的各项相关政策往往是按照中央政府对城市功能的定位来制定和实施的，具有典型的自上而下的城市治理模式特征。早

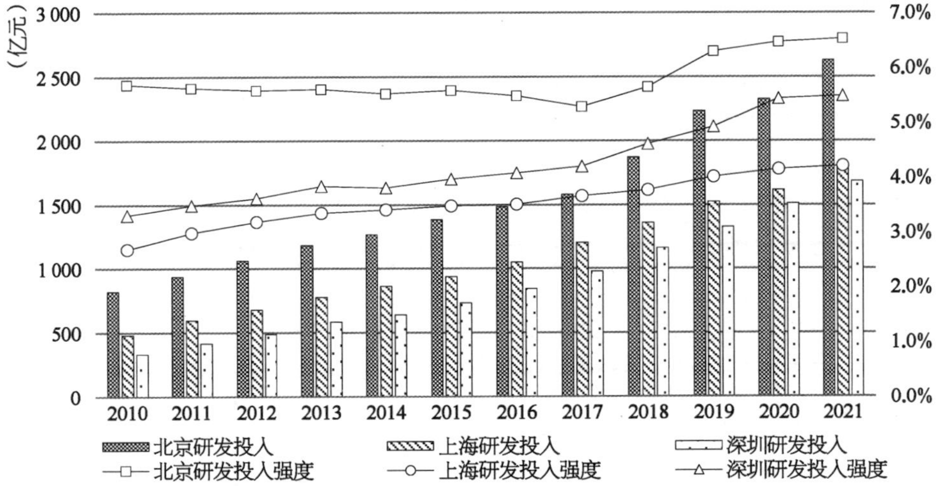

图 9.1　北京、上海、深圳的研发经费支出和研发强度增长态势比较

资料来源：历年北京统计年鉴；历年上海统计年鉴；历年深圳统计年鉴。

---

① 北京统计年鉴 2022。

② 同上。

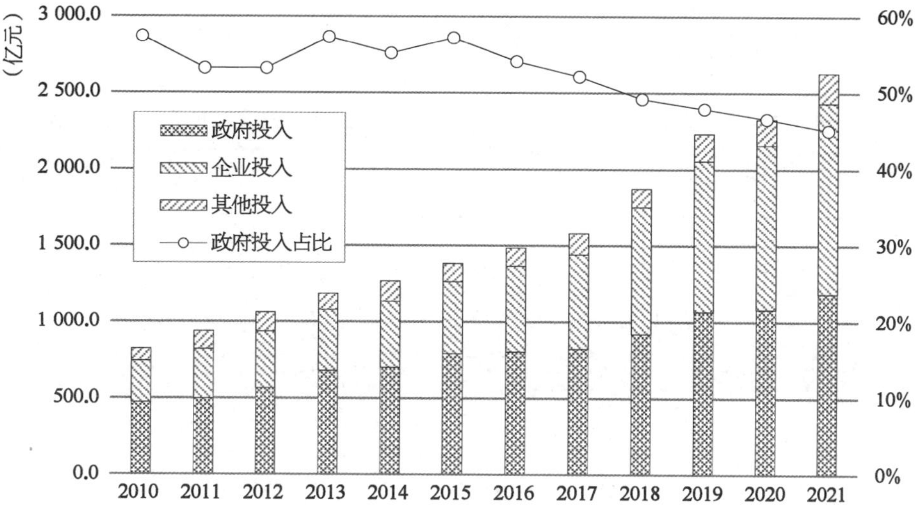

图 9.2　北京研发经费投入来源及占比

资料来源：历年北京市统计年鉴。

在 2014 年，北京就根据中央部署，确立了建设“全国科技创新中心”战略定位，发布实施《关于进一步创新体制机制加快全国科技创新中心建设的意见》。2016 年，根据《国家创新驱动发展战略纲要》提出的“推动北京、上海等优势地区建成具有全球影响力的科技创新中心”的部署，国务院和北京市政府相继发布实施《北京加强全国科技创新中心建设总体方案》《北京市“十三五”时期加强全国科技创新中心建设规划》《北京系统推进全面创新改革试验加快建设全国科技创新中心方案》。2021 年，根据《中华人民共和国国民经济和社会发展第十四个五年规划和 2035 年远景目标纲要》提出的“支持北京、上海、粤港澳大湾区形成国际科技创新中心”战略规划，市政府颁布实施《北京市“十四五”时期国际科技创新中心建设规划》。2023 年，科技部等 12 个部门联合发布《加快推动北京国际科技创新中心建设的工作方案》，进一步明确了北京国际科技创新中心建设的总体思路、发展目标、主要任务和保障措施。根据中央对北京确立的“具有全球影响力的科技创新中心”和“国际科技创新中心”的功能定位和战略部署，北京各级政府部门先后制定出台数百项政策措施，形成完整的科技创新政策体系，成为北京科技创新中心建设的基本遵循和保障。

二、内生型为主的创新机构

从创新机构的来源考察，北京属于典型的内生型科技创新中心，形成了以企业、科研机构和高校三足鼎立的创新主体格局。从研发人员和研发经费支出规模来看，2021 年企业的研发人员超过 19 万，研发经费支出超过 1 100 万元，两者占全市的比重都在 40%以上（表 9.2）。科研机构的研发人员接近 14 万，占比不到 30%，但研发经费支出超过 1 100 万元，占比超过 40%，与企业旗鼓相当。高校的研发人员超过 13 万人，与科研机构接近，但研发经费支出只有 292 多亿元，只及企业和科研机构的 1/4，表明北京高校的创新实力整体上弱于企业和科研机构。三类创新主体中，北京的科研机构和高校几乎全部属于内生型，企业创新机构绝大部分也属于内生型。

表 9.2　北京研发活动的执行部门构成（2021 年）

执行部门	研发人员		研发经费支出	
	数量（万人）	占比（%）	数量（亿元）	占比（%）
企　业	19.1	40.5	1 136.7	43.2
科研机构	13.8	29.2	1 146.2	43.6
高等学校	13.2	28.0	292.2	11.1
事业单位	1.1	2.3	54.2	2.1
合　计	47.2	100.0	2 629.3	100.0

资料来源：北京统计年鉴 2022。

北京作为中国政治、文化、科技和重要的经济中心，对外资具有强大吸引力。改革开放以来，外商在北京设立企业累计超 4.5 万家，利用外资额超过全国的 12%。2021 年利用外资超过 140 亿美元，约占全国的 8%，其中，科学研究和技术服务业吸收外资额占全市吸收外资总额的 41%，信息传输、软件和信息技术服务业占 27.1%。据《2021 胡润在中国的外资及港澳台企业百强》，总部在北京的外资及港澳台企业有 32 家，在全国仅次于上海（60 家），约占全国的 1/3。北京是外商在华设立研发机构和从事研发活动的首选城市之一。外商在北京设立研发中心始于 1994 年加拿大北方电讯公司与北京邮电大学联合成立的研发中心，此后，世界著名跨国公司纷纷在京设立研发中心或从事研发活动。2021 年，北京规模以上工业企业中，外商投资企业 514 家，港澳台商投资企业达 131 家，其中开展研发活动的外商投资企业有 163 家，研发人员近 1 万人，研发经费支出接近 45 亿元；开展研发活动的港澳台商投资企业 53 家，研发人员 5 681 人，研发经费支出超过 36 亿元[①]。2022 年北京市政府启动了外资研发中心的认定工作，首批认定 29 家，第二批认定 20 家，其中有 13 家属于 2022 年世界《财富》500 强跨国企业设立的研发机构，包括微软（中国）有限公司、北京宝洁技术有限公司、西门子（中国）有限公司、北京西门子西伯乐斯电子有限公司、日立（中国）有限公司、英特尔（中国）研究中心有限公司、空客（北京）工程技术中心有限公司、默沙东研发（中国）有限公司、赛诺菲（中国）投资有限公司、北京费森尤斯卡比医药有限公司、阿斯利康医药（北京）有限公司、富士通研究开发中心有限公司和北京 ABB 电气传动系统有限公司。

但是，无论从经济实力还是科技实力来看，北京本土企业占绝对优势。2021 年，北京规模以上企业中，内资企业 32 642 家，占比 90%以上[②]；规模以上工业企业中，内资企业的数量占比超过 80%，内资企业中有研发活动的企业数量、研发人员、研发经费支出占比都接近 80%（表 9.3）。北京本土企业中，国有企业实力雄厚，民营企业力量相对薄弱。以最能代表国家和地区经济实力的《财富》500 强为例，2022 年北京上榜企业达 54 家，在全球各大城市中居于首位，其中除京东、小米、泰康、建龙、龙湖 5 家民营企业外，其余均为国有企业。2022 年，北京仅 21 家企业入选《2022 中国民营企业 500 强榜单》，在全国各省市中排名第五[③]。不过，同国内其他城市相比，北京民营企业虽然数量不多、规模不大，但科技创新实力依然不俗。例如，百度、京东、字节跳动、小米 4 家民营企业均进入世界 PCT 专利受理量前 100 强，其中京东 2021 年 PCT 专利受理量达 1 980 件，排世界第 7 位。从国内专利授权量来看，三快在线科技、泰康保险、大北农科技、东方雨虹 4 家企业进入中国民营企业发明专利前 30

① 北京统计年鉴 2022。

② 同上。

③ 2022 中国民营企业 500 强调研分析报告. https://www.acfic.org.cn/ztzlhz/2022my5bq/2022my5bq_4/202208/W020221008343019801385.pdf.

强，其中，三快在线科技 2022 年达 1 178 件，位居全国第 10 位。从科技创新实力来看，北京的民营企业正在加速赶超国有企业。

表 9.3　2021 年北京规模以上工业企业的类型结构及研发活动情况

企业类型	数量及占比	企业数（个）	有研发活动的企业（个）	研发人员（人）	研发支出（亿元）
内资企业	数量	2 428	1 027	46 106	233.3
	占比（%）	79.0	82.6	75.0	74.4
外资企业	数量	514	163	9 703	44.1
	占比（%）	16.7	13.1	15.8	14.1
港澳台资企业	数量	131	53	5 681	36.1
	占比（%）	4.3	4.3	9.2	11.5
合　计	数量	3 073	1 243	61 490	313.5
	占比（%）	100.0	100.0	100.0	100.0

资料来源：北京科技统计年鉴 2022。

北京虽然拥有一大批实力雄厚的国有企业和快速发展的民营科技企业，但同硅谷、纽约、东京等世界著名科技创新中心相比，作为科技创新核心主体的引擎企业相对匮乏。例如，从单个企业的研发投入来看，截至 2021 年，北京还没有 1 家企业进入世界研发投入前 40 强，而硅谷有 8 家，纽约有 5 家，东京有 3 家，深圳有 2 家（华为和腾讯），杭州也有 1 家（阿里巴巴）①。从研发投入前 10 强企业的研发投入总额来看，北京远低于硅谷、纽约、东京等城市，也低于深圳。硅谷前 10 强的研发投入额超过北京的 3 倍，仅字母公司的研发投入额接近北京前 10 强的投入总额（表 9.4）。从单个企业的 PCT 专利受理量看，北京仅有 1 家进入世界前 40 强，东京有 9 家，深圳有 7 家，硅谷和首尔各有 4 家②。从企业市值来看，北京仅 2 家进入世界 100 强，而硅谷有 24 家，纽约有 16 家，伦敦有 8 家，巴黎和东京各有 5 家③。因此，北京全球科技创新中心的

① The 2022 EU Industrial R&D Investment Scoreboard. https://iri. jrc. ec. europa. eu/scoreboard/2022-eu-industrial-rd-investment-scoreboard.

② WIPO PCT Statistics. https://www.wipo.int/ipstats/en/.

③ 同①。

表 9.4　2021 年北京、上海、深圳、硅谷、纽约、东京研发投入前 10 强企业(亿欧元)

北京		上海		深圳		硅谷		纽约		东京	
企业	研发投入	企业	研发投入	企业	研发投入	企业	研发投入	企业	研发投入	企业	研发投入
中建集团	55.1	上汽	28.5	华为	195.3	字母	278.6	强生	129.9	本田汽车	86.0
百度	34.5	宝钢	14.4	腾讯	71.9	脸书	217.7	辉瑞	102.4	NTT	57.3
中国铁路	34.3	上海建工	13.6	中兴	24.9	苹果	193.5	百时美	92.8	索尼	49.0
中国交建	31.1	携程	12.5	比亚迪	14.6	英特尔	134.1	默克	91.3	日产汽车	37.4
中国铁建	28.0	拼多多	12.4	顺丰	4.3	甲骨文	63.7	IBM	52.5	日立	26.5
美团	22.5	复星	7.6	中国广核	4.0	高通	63.3	碧迪医疗	11.8	佳能	22.2
中国电建	22.3	上海电气	7.2	迈瑞	3.4	思科	57.8	康宁	7.1	第一三共	20.1
中国冶金	21.8	中芯国际	6.7	恒生	2.9	吉利德	47.3	ADP	7.1	安斯泰来	19.1
中国石油	21.1	中国船舶	4.2	创维	2.9	英伟达	46.5	百事可乐	6.6	大冢制药	17.9
快手	20.6	哔哩哔哩	3.9	欣旺达	2.8	博通	42.9	硕腾	5.1	软银	15.5
合计	291.3	合计	111.0	合计	327.0	合计	1 047.3	合计	506.6	合计	351.0

资料来源：The 2022 EU Industrial R&D Investment Scoreboard. https://iri.jrc.ec.europa.eu/scoreboard/2022-eu-industrial-rd-investment-scoreboard。

未来发展战略，应重视引导本土企业加大研发投入，加快培育一批具有行业带动力和全球影响力的科技引擎企业。

三、高技术服务业主导的产业类型

北京作为中国的政治、文化和科学中心，是一个以服务业为主导的城市。2021 年，北京第三产业的就业人口和地区生产总值占比均超过 80%，前者达 81.0%，后者占 81.7%，而第二产业中两者的占比分别只有 13.8%和 18.0%[①]。北京服务业(第三产业)的就业人口和产值占比高于中国其他所有大城市，已接近一些西方大城市的水平。从北京研发活动的分布来看，也高度集中于科学研究和技术服务业、信息传输/软件和信息技术服务业以及教育等服务部门。2021 年，上述三个部门的研发人员和研发经费支出合计占全市全部行业的比重均超过 80%，其中科学研究和技术服务业的研发人员占比 37%，研发经费支出占比超过 50%；信息传输、软件和信息技术服务业的研发人员占比 18.2%，研发经费占比超过 20%；教育部门的研发人员占比超过 1/4，研发经费超过 10%。相反，制造业行业的研发人员总计不到 6 万人，占比只有 12.5%；研发经费只有 300 多亿元，占比只有 11.6%，不及中国建筑集团有限公司(中建集团)1 家企业同年的研发支出(表 9.5)。可见，北京的科技创新活动具有高度的服务业属性，这与北京的产业结构是完全一致的。

表 9.5 北京研发支出的行业与执行部门组成(2021 年)

行业门类	研发人员		研发经费支出	
	万人	占比(%)	亿元	占比(%)
制造业	5.9	12.5	304.0	11.6
信息传输、软件和信息技术服务业	8.6	18.2	611.6	23.2
科学研究和技术服务业	17.5	37.0	1 329.9	50.6
教 育	13.2	27.9	292.2	11.1
其 他	2.1	4.4	91.6	3.5
合 计	47.3	100.0	2 629.3	100.0

资料来源：北京统计年鉴 2022。

① 北京统计年鉴 2022。

北京制造业的研发活动规模相对较小，但行业分布相对集中。从规模以上工业企业的情况来看，北京制造业的研发活动涉及 30 个行业，但研发经费支出在 20 亿元以上的行业只有 5 个，包括计算机/通信和其他电子设备制造业、汽车制造业、医药制造业、专用设备制造业、铁路/船舶/航空航天和其他运输设备制造业；研发经费支出在 3 亿～20 亿元之间的包括电气机械和器材制造业、通用设备制造业、仪器仪表制造业、非金属矿物制品业、金属制品业（表 9.6）。以上 10 个行业 2021 年的研发经费支出为 289.9 亿元，占全部制造业研发经费的 95.3%；研发人员约 5.3 万，占全部制造业的 89.2%，发明专利的申请量占 94.0%，新产品出口额占 93.9%。因此，这 10 个行业基本反映了北京制造业的整体研发活动情况。其中，计算机/通信和其他电子设备制造业是研发活动规模最大的行业，研发支出占全部制造业的 30%以上，研发人员占 25%以上，新产品销售额占 30%以上，新产品出口值 80%以上。医药制造业、专用设备制造业以及铁路/船舶/航空航天和其他运输设备制造业三个行业的研发支出占比都在 10%以上。

表 9.6　北京规模以上研发支出最多的 10 个制造业行业（2021 年）

产业类别	研发支出		研发人员		发明专利申请量		新产品销售额	
	亿元	占比（%）	人	占比（%）	件	占比（%）	亿元	占比（%）
计算机、通信和其他电子设备制造业	91.2	30.0	15 039	25.4	6 247	44.3	2 549.7	32.6
医药制造业	65.4	21.5	7 607	12.9	693	4.9	2 511.9	32.1
铁路、船舶、航空航天和其他运输设备制造业	34.1	11.2	4 341	7.3	903	6.4	185.1	2.4
专用设备制造业	31.8	10.5	7 404	12.5	1 804	12.8	364.2	4.7
汽车制造业	21.4	7.0	5 577	9.4	912	6.5	556.6	7.1
通用设备制造业	16.7	5.5	4 336	7.3	404	2.9	345.8	4.4
电气机械和器材制造业	12.4	4.1	3 048	5.2	816	5.8	447.1	5.7
仪器仪表制造业	8.7	2.9	2 751	4.7	773	5.5	123.9	1.6

续 表

产业类别	研发支出		研发人员		发明专利申请量		新产品销售额	
	亿元	占比(%)	人	占比(%)	件	占比(%)	亿元	占比(%)
金属制品业	4.4	1.4	1 197	2.0	269	1.9	59.3	0.8
非金属矿物制品业	3.8	1.2	1 493	2.5	435	3.0	199.9	2.5
合　计	289.9	95.3	52 793	89.2	13 420	94.0	7 409.9	93.9

资料来源：北京统计年鉴 2022。

北京制造业企业的研发活动大部分集中在高技术制造业，涉及 5 个高技术制造业门类，形成了以电子及通信设备制造业为主，以医药制造业、医疗仪器设备及仪器仪表制造业、航空/航天器及设备制造业和计算机及办公设备制造业为辅的高技术产业科技创新格局（表 9.7）。研发活动规模最大的高技术产业是电子及通信设备制造业，研发经费支出和研发人员全时当量占制造业 1/4 以上，发明专利申请数和新产品销售额约占 1/3，其中规模最大的部门是通信设备/雷达及配套设备制造和电子器件制造，这两个部门的创新投入和产出占该行业的 60%以上。其次是医药制造业，包括化学药品制造和生物药品制造，研发经费支出规模占制造业的比重在 20%以上，研发人员全时当量占制造业的比重在 10%以上，新产品销售额占比在 30%以上，但发明专利申请量占比不到 5%。再次是医疗仪器设备及仪器仪表制造业，研发经费支出和研发人员全时当量占全部制造业的比重均超过 7%，发明专利申请数占比超过 10%，但新产品销售额占比不到 3%。航空/航天器及设备制造业的研发活动规模相对较小，四项指标的占比均不足 10%，新产品销售额仅占1.1%。计算机及办公设备制造业的规模最小，研发经费支出、研发人员全时当量和新产品销售额占比均不足 5%，但发明专利超过 9%。上述高技术制造业的研发经费支出、研发人员规模、发明专利申请数和新产品销售额占全部制造业的比例都在 60%左右，这说明北京的高技术制造业创新活动规模与传统制造业基本相当，制造业科技创新活动具有高技术产业与传统技术产业并重的特点。

表 9.7　北京高技术制造业企业的研发活动情况(2021 年)

项　目	研发经费支出		研发人员全时当量		新产品销售收入		发明专利申请数	
	亿元	占比(%)	人	占比(%)	亿元	占比(%)	件	占比(%)
电子及通信设备制造业	82.7	27.2	10 049	25.3	2 273.8	29.1	5 081	36.0
通信设备制造、雷达及配套设备制造	22.9	7.5	3 739	9.4	1 685.7	21.6	1 802	12.8
电子器件制造	28.1	9.2	3 260	8.2	262.4	3.4	1 842	13.1
电子元件及电子专用设备制造	4.5	1.5	727	1.8	102.0	1.3	338	2.4
其他电子设备制造	22.2	7.3	1 477	3.7	73.6	0.9	597	4.2
医药制造业	65.4	21.5	5 108	12.9	2 511.9	32.1	693	4.9
化学药品制造	14.7	4.8	1 684	4.2	99.4	1.3	282	2.0
生物药品制造	16.2	5.3	2 053	5.2	168.3	2.1	185	1.3
医疗仪器设备及仪器仪表制造业	23.3	7.7	3 715	9.3	206.8	2.7	1 465	10.4
医疗仪器设备及器械制造	14.6	4.8	1 857	4.7	84.3	1.1	692	4.9
通用仪器仪表制造	5.1	1.7	1 077	2.7	84.0	1.1	431	3.1
航空/航天器及设备制造业	30.2	9.9	2 535	6.4	88.6	1.1	660	4.7
航空航天器修理	0.9	0.3	38	0.1	—	—	12	0.1
计算机及办公设备制造业	10.0	2.3	1 697	4.3	306.7	3.9	1 332	9.4
高技术制造业合计	211.9	69.7	23 104	58.2	5 388.1	68.9	9 231	65.5
全部制造业	304.0	100.0	39 709	100.0	7 818.1	100.0	14 104	100.0

资料来源：北京统计年鉴 2022。

综上可知，北京科技创新活动的产业优势在科技服务业，制造业相对薄弱，且制造业中高技术产业的优势不突出。科学研究和技术服务业与信息传输、软件和信息技术服务业是北京两大科技创新活动的优势产业，研发人员占全市研发人员总数的50%以上，研发经费支出更占70%以上。这两个产业基本属于国家统计部门划定的高技术产业(服务业)，如果加上高技术制造业部分，北京高技术产业的研发人员的占比则超过了60%，研发经费支出的占比更超过80%，专利、新产品销售收入等创新产出指标的占比均超过70%。因此，从产业类型上，北京是一个典型的以高技术服务业为主导的科技创新中心城市。未来的发展方向，在科技服务业方面，应不断提升科学研究和技术服务等质量和能级，不断增强科技创新活动的国际影响力；在制造业方面，应进一步拓展科技创新活动的产业领域，不断通过技术创新推动传统产业转型升级、促进新兴产业发展壮大。

第二节　上海：政府驱动+混合创新机构+多元化产业

上海是中国最大的综合性经济中心，重要的国际经济、金融、贸易、航运和科技创新中心。《全球科技创新中心发展指数2022》(GSTICI2022)显示，上海综合得分位居全球第10位，其中创新要素全球集聚力排名第10位，科学研究全球引领力排名第11位，技术创新全球策源力排名第15位，产业变革全球驱动力单项上排名第7位，创新环境全球支撑力单项上排名第15位。此外，上海在《自然指数—科研城市2022》排名中位居全球第3位，在《2022全球科技创新中心指数》排名中也是位居第10位。对上海科技创新中心发展模式的考察，同样需要理清其发展驱动力、创新机构外源和产业类型，从而直观清晰地呈现其发展优势、短板和未来方向。

一、源于政府的发展驱动力

作为中国最大的综合性经济中心城市，上海建设全球科技创新中心的优势，不仅在于其本地汇聚和沉淀的丰富资源，更在于其开放的历史文化传统，以及长三角区域一体化的协同效能。

上海经济实力雄厚，产业体系完整，具有建设全球科技创新中心的综合经济优势和产业基础。上海 GDP 长期稳居全国各大城市首位，2021 年达到 4.32 万亿元，跻身全球城市第四位；人均 GDP 从 2011 年的 1.42 万美元增加到 2021 年的 2.69 万美元，达到上中等发达国家水平[①]。在工业和先进制造业方面，上海不但形成了电子信息制造、汽车制造、石油化工及精细化工、精品钢材制造、成套设备制造、生物医药制造等重点发展行业，而且拥有诸如上汽、宝武等一批实力较雄厚的制造业企业。在金融、贸易、航运等现代服务业方面，上海的优势更加突出，众多国内外知名金融机构云集，各类市场主体超过 7 000 家，其中，上市公司 390 多家，科创板上市企业 59 家[②]。上海的风险投资也比较活跃，集聚了 10%以上国内风险投资主体的公司总部[③]。据创业基金会报告，2021 年上海吸引风险投资占全国交易量的比重达 22%，首次超过北京（21%），跃居全国第一[④]。

上海人才资源集聚，对海外人才尤具吸引力。2021 年，上海人才总量达 675 万人，其中，两院院士 185 人，持永久居留证外籍人才数量约占全国的1/3，连续 11 年入选“外籍人才眼中最具吸引力的中国城市”[⑤]。爱思唯尔（Elsevier）等机构发布的《国际科技创新数据与观察——全球 20 个城市比较研究报告（2012—2022）》显示，基于斯科普斯（Scopus）收录期刊的论文作者数量统计，上海研究人员（Researchers）的绝对数量达 232 201 人，仅次于北京，位居全球第 2 位；研究人员的年均增长率达 13%，不仅大大超过伦敦、纽约、东

---

① 中华人民共和国国务院新闻办公室.中共上海市委举行“中国这十年”主题新闻发布会. 2022-08-09. http://wwww.scio.gov.cn/xwfbh/xwbfbh/wqfbh/47673/48738/wz48740/Document/1728467/1728467.htm.

② 中国人民银行上海总部货币政策分析小组.上海市金融运行报告(2022). http://shanghai.pbc.gov.cn/fzhshanghai/113589/4599988/2022070814444473871.pdf.

③ 智研研究院. 2021 年中国 CVC 主体公司发展规模及 CVC 主体公司对外投资情况分析. 2021-11-29. https://xueqiu.com/5887218516/204419319.

④ 创业基金会.“创心之路”研究报告（下）：后疫情时代的创业. 2022-03-08. https://www.stefg.org/new/newDetail.aspx?id=622&cid=73184593456398336.

⑤ 部阳.连续 11 年入选“外籍人才眼中最具吸引力的中国城市”，上海科技全球影响力显著提升.新民晚报，2022-09-20.

京、波士顿、旧金山的增长速度，也略高于北京，仅低于深圳，位居全球第 2 位①。2021 年，上海共有研发人员 34.5 万人，占全国的 4.0%，在中国各大城市中，数量仅少于北京。不过，上海的卓越科技研发人才相对不足，不仅在顶尖科技奖（诺贝尔奖、菲尔兹奖、沃尔夫数学奖、普利兹克奖等）方面还没有实现“0”的突破，而且在高被引科学家人数方面也比较落后，2021 年仅 82 人，远低于波士顿（408 人）、北京（302 人）、硅谷（291 人）等科技创新中心②。

上海高等教育和科研机构较多，拥有本科院校 40 所，其中 4 所为 985 工程大学（上海交通大学、复旦大学、同济大学、华东师范大学），15 所 211 大学和“双一流”建设高校，2 所 C9 高校联盟大学（上海交通大学和复旦大学）。在世界各个大学排行榜上，复旦大学、上海交通大学、同济大学、华东师范大学、上海大学、华东理工大学 6 所高校，进入了国内综合排名前 100 强。上海拥有国家重点实验室 45 家，国家工程技术研究中心 21 家，国家企业技术中心 92 家，上海市重点实验室 160 家，在建国家实验室 3 家（张江国家实验室、临港国家实验室和浦江国家实验室）。一批聚焦世界科技前沿的新型研发机构，如李政道研究所、量子科学研究中心、脑科学与类脑研究中心等正在建设中。但是，同国际著名科技创新中心相比，上海高等学校的学术水平相对较低。以软科 2022 世界大学学术排名为例，上海还没有 1 所大学进入世界前 50，仅 2 所进入世界前 100（上海交通大学和复旦大学），而波士顿、硅谷、纽约和伦敦各有 2 所大学进入前 10。上海也缺少顶级科研机构，尚无一家机构进入世界科技机构 100 强③。

上海的科技基础设施较为发达，科技资源长三角区域共享基本实现。已建和在建的国家重大科技基础设施有 14 个，全球规模最大、种类最全、综合能力最强的光子大科学设施群初现雏形。上海的科技服务业进入快速发展阶

---

① Data and Insights on International Science, Technology, and Innovation—Comparative Research Report of 20 Global Cities（2016 – 2020）. https://assets. ctfassets. net/o78em1y1w4i4/3SHxnp86SvJgJAOCLdQQJG / cd18e748df3199815b3b64acd9744d5d/20-Global-Cities-Research-Report Elsevier202106FINAL.pdf.

② https://clarivate.com.

③ Nature index 2022 tables: Institutions-government. https://www. nature. com/nature-index/annual-tables/2022/institution/government/all/global.

段，2021 年规模以上企业科技服务业的从业人员规模已超过 100 万，其中企业信息传输、软件和信息技术行业的就业人数达 68.2 万，比 2020 年增加近 10 万；科学研究和技术服务业的从业人员达 40.2 万，比 2020 年增加近 5 万，这两个行业从业人员合计占规模以上服务业企业就业人数的比例超过 20%①。

随着科创中心建设的深入推进，上海科技创新投入和产出稳步增加，科技总体实力显著提升。从创新投入来看，近 10 多年来，上海的研发人员和研发经费均保持较快的增长速度，研发人员从 17.7 万人增加到 34.5 万人，增长近 1 倍；研发经费支出从 481.7 亿元增长到 1 819.8 亿元，增长近 3 倍。与创新投入增长同步，上海的各项创新产出也稳步增长(图 9.3)。2010—2021 年，全市发明专利申请量从 26 000 多件增加到 92 527 件，增长了 2.6 倍；发明专利授权量从 6 800 多件增加到 32 860 件，增长了 3.8 倍；PCT 国际专利受理量从 700 件增加到 4 830 件，增长了近 6 倍(图 9.3)。2021 年，上海发明专利申请量、发明专利授权量和 PCT 专利受理量分别占中国的 6.4%、4.7%和 6.9%②。不过，同北京和深圳相比，上海在创新投入和创新产出方面都存在一定差距。上海的研发人员规模低于北京和深圳，只有北京的 70%，不到深圳的 80%(图 9.4)，且

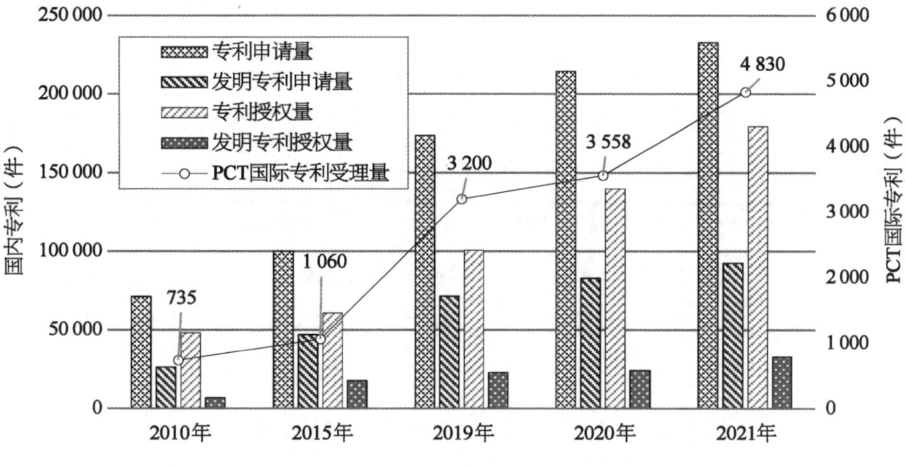

图 9.3　上海各项专利申请量、授权量或受理量增长情况

资料来源：历年上海统计年鉴。

① 上海统计年鉴 2022。

② 中国统计年鉴 2022。

研发人员的增长速度明显低于深圳。研发经费虽然略高于深圳，但只有北京的 70%，且与深圳的差距也在不断缩小（图 9.1）；发明专利授权量不到北京的一半，只有深圳的 70%稍多；PCT 国际专利受理量只有深圳的 1/4，不到北京的 1/2（图 9.4）。

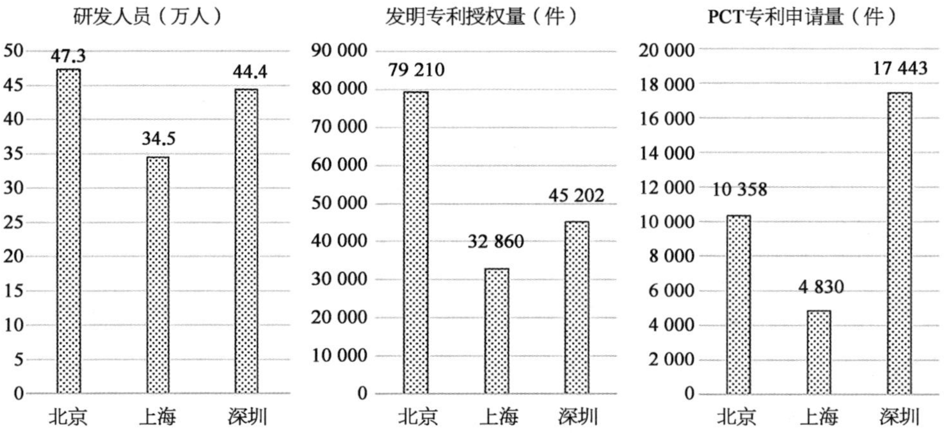

图 9.4　上海与北京、深圳研发人员、发明专利授权量及 PCT 专利申请量比较（2021 年）

资料来源：2022 年上海统计年鉴；2022 年北京统计年鉴；2022 年深圳统计年鉴。

上海虽然创新资源丰富，创新基础设施完善，创新资本活跃，市场机制健全，但同北京一样，上海的科技创新发展很大程度上来自政府的政策驱动和资金驱动，属于典型的政府推动型创新模式[3]。2015 年 5 月，上海市发布《关于加快建设具有全球影响力的科技创新中心的意见》（以下简称“科创 22 条”），这是上海城市发展史上具有里程碑意义的重大战略决策。“科创 22 条”确立了上海科创中心建设的战略目标和具体任务，使上海的城市功能从“四个中心”向“五个中心”拓展。建设具有全球影响力的科技创新中心和建设国际经济、金融、贸易、航运中心都是中央对上海的战略部署，如果说“四个中心”的战略定位顺应了 20 世纪 80 年代特别是 90 年代经济全球化和国家对外开放的历史要求，那么科技创新中心的战略追求则契合了 21 世纪以来知识经济全球勃兴、创新驱动在国内深入推进的时代条件，是上海在新的大背景下承接国家使命、因应新的国际竞争和科技革命的重大战略选择。2021 年 1 月发布的《上海市国民经济和社会发展第十四个五年规划和二〇三五年远景目标纲要》提出，“五个中心”功能实现整体提升，基本建成国际经济中心、国际金融中心、国际贸易中心、国际航运中心，形成具有全球影响力的科技创新中心基本框架。2021年9月出台的《上海市建设具有全球影响力的科技创新中心“十四五”规划》，明确了到2035年具有全球影响力的科技创新中心功能全面升级的战略目标。上海在推进科创中心建设过程中，坚持科技创新与体制机制创新“双轮驱动”，以体制机制改革激发创新活力，出台了一系列“硬核”科技政策组合拳，为科技创新提供了有力支撑。在体制机制层面，市委于2016年4月成立了由主要领导担任组长的推进科技创新中心建设领导小组，下设张江综合性国家科学中心建设推进组和人才发展推进组，形成了“2＋X”工作推进机制；后又成立了上海推进科技创新中心建设办公室，负责科创中心建设的顶层设计和统筹管理，从组织层面保障了科创中心建设的快速推进。在政策层面，市政府围绕创新主体、成果转化、政府管理、人才引育、科技金融等关键环节，制定一系列发展规划，出台了一系列改革举措，强有力地从政策层面驱动了城市科技创新发展。

在科技创新投入方面，政府也一直是上海研发投入的重要来源，政府研发投入占全社会研发投入总额的比例一直在30％以上（图9.5）。2021年，上海

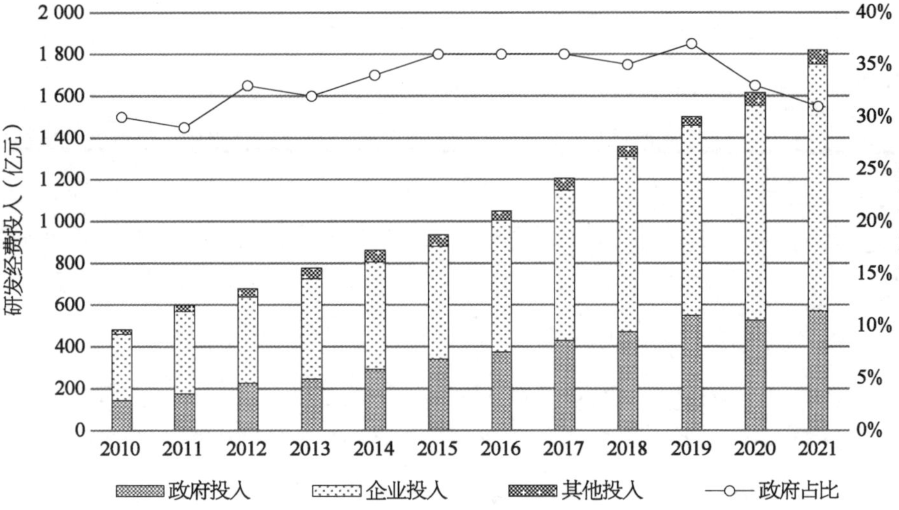

图9.5　上海研发投入来源构成及占比

资料来源：历年上海统计年鉴。

全社会研发经费支出中，来自政府投入的资金达 570.6 亿元，占 31.4%。这一比例虽然低于北京，但远高于全国 19.8%的平均水平，也高于世界主要发达国家的水平，如日本只有 14.7%，韩国只有 20.7%，美国和英国均为 25.9%，这表明政府在上海科技创新发展中的驱动作用更加重要。

二、从外源型到混合型的创新机构

上海的研发投入来源中，政府投入占比虽然较高，但企业仍然是研发投入的最大来源，无论从经费的投入部门还是执行部门来看，企业都占绝大部分。从创新机构特别是企业的来源来看，上海具有从外源型向混合型模式过渡的特点。上海不仅集聚了大量本土科技企业（包括国有和民营），同时也吸引了大量跨国科技企业。

上海作为中国改革开放的前沿阵地和中国最大制造业基地长三角的龙头城市，具有优越的区位条件、丰富的人才储备和良好的创新生态环境，因此成为外商投资企业在中国开展生产和研发活动的首选城市。改革开放 40 多年来，上海累计吸引外资超过 3 000 亿元，实际使用外资金额占全国的 1/10 以上。截至 2021 年，上海拥有外商投资企业 9 万多万家，累计引进跨国公司地区总部 900 多家、研发中心 500 多家，在上海投资的国家和地区 190 多个[①]。但从发展趋势来看，外资企业的占比处于下降态势，这反映出上海本土企业的力量在不断壮大。如，上海规模以上外资企业的工业产值占比在 2004 年达到 63%的高峰，此后逐渐下降；2021 年，上海规模以上工业企业中，外资企业就业人数已从 2008 年的 160 万人减少到 89 万人，占比从 2011 年 60%的最高峰下降到不足一半（49.9%）；工业产值则保持增长态势，占比虽然有所下降，但依然超过内资企业（图 9.6）。

外商在沪设立研发中心已有 20 多年的历史，早期大致经历了从试探进入（20 世纪 90 年代初至 90 年代中期）、缓慢扩展（20 世纪 90 年代中期至 90 年代末）和“爆炸式”增长（21 世纪初至 2005 年）到功能提升（2006 年之后）四个

---

① 中华人民共和国国务院新闻办公室.中共上海市委举行“中国这十年”主题新闻发布会. 2022-08-09. http://wwww.scio.gov.cn/xwfbh/xwbfbh/wqfbh/47673/48738/wz48740/Document/1728467/1728467.htm.

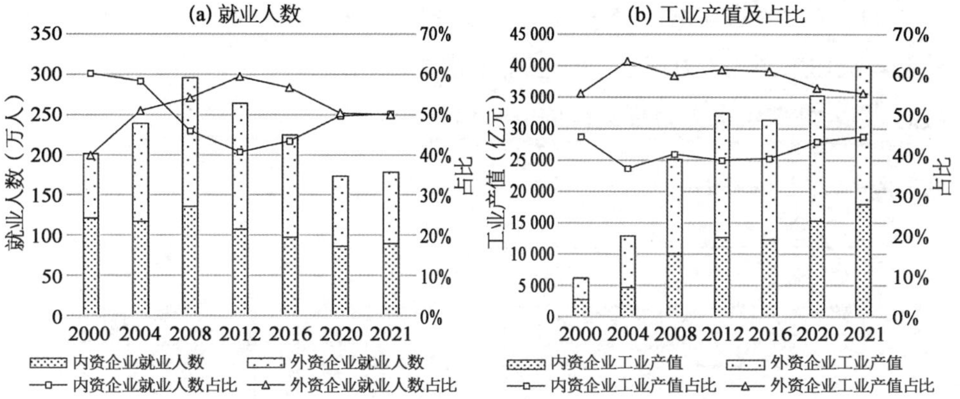

图 9.6　上海规模以上内资与外资企业就业人口和工业产值及占比

资料来源：历年上海统计年鉴。

发展阶段[4]。随着外资研发机构功能的不断提升，其业务活动性质也不断从“D”(Development)向“R”(Research)发展，研发活动的服务市场已从“服务中国”向“服务亚太”和“服务全球”转变。2018 年以来，随着国际形势的变化，外商投资企业在上海的研发活动受到一定影响，出现部分外资研发机构撤离的现象[5]。不过，无论从机构数量还是产出来看，外资研发中心依然是上海科技创新发展的一支重要力量。上海集中了跨国公司在华研发机构总数的 1/4 和世界 500 强所设研发机构的 1/3，大型跨国公司在华的全球性和区域性研发中心绝大部分位于上海[6]。特别是随着在沪跨国公司研发机构的功能跃迁，上海已成为跨国公司全球研发网络的关键节点和重要枢纽，在全球创新网络中“卓越中心”地位日益凸显。

从研发投入来看，上海规模以上工业企业中，外商投资企业(含港澳台资，以下简称外资企业)的研发投入占全市企业研发总投入的比重长期保持在 50%以上。2005 年，外资企业的研发投入占上海企业研发投入的比例曾高达 75%，占上海全社会研发投入的比例高达 43%[4]。此后，随着本土企业科技创新能力的提高和研发投入的增加，外资研发投入占比有所下降，但一直维持在 50%～60%(图 9.5)。近 10 年来规模以上外资企业的研发人员一直保持 4 万～6 万人，占全市规模以上工业企业研发人员的比例保持在 40%～50%(表 9.8)。2019 年以来，外资研发人员和研发投入均呈下降趋势，占比迅速下降，至2021年，两者占比均下降至40%左右(图9.7，表9.8)。由此可以判定，上海的创新机构来源正在从外源型向混合型模式转化。上海本土科技创新力量的崛起，是上海多年来大力推进科创中心建设的结果。

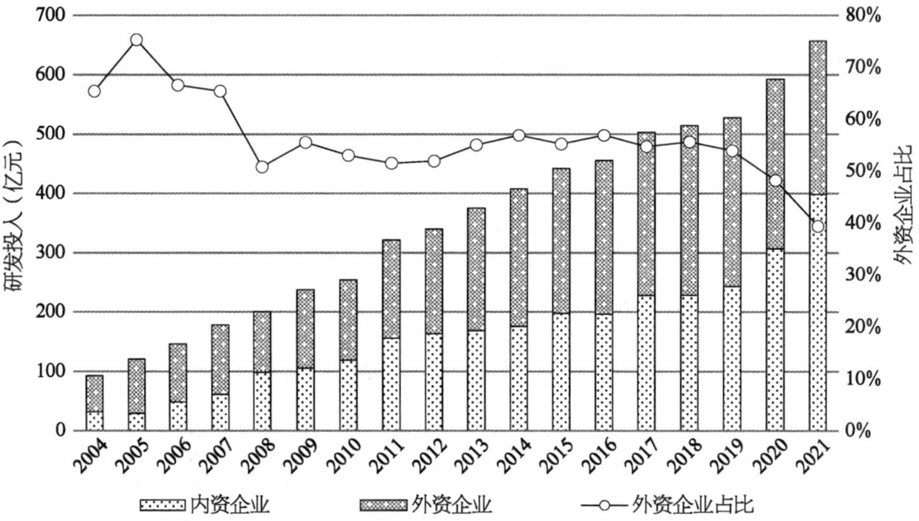

图9.7　上海规模以上内资与外资企业研发投入变化情况

资料来源：历年上海统计年鉴。

表9.8　上海规模以上工业企业研发人员构成情况

企业类型	类　别	2010年	2015年	2020年	2021年
内资企业	研发人员(万人)	3.8	6.6	7.0	8.2
	占比(%)	46.4	53.0	58.9	60.1
外资企业	研发人员(万人)	4.4	5.9	4.8	5.5
	占比(%)	53.6	46.9	41.0	40.0
全市总计	研发人员(万人)	8.2	12.5	11.8	13.7
	占比(%)	100.0	100.0	100.0	100.0

资料来源：历年上海统计年鉴。

外资企业大规模的进入为上海经济发展做出了巨大贡献，贡献了全市超过1/4的GDP、约1/3的税收、近2/3的外贸进出口额，以及超过1/2的规模以上工业总产值和1/2左右的就业人数。在科技创新方面，外资企业也产生一定的溢出效应，不仅带来了先进的技术管理理念，也为本地培育了大批技术人才，但外资企业对本地科技创新发展也存在“挤出”效应。同国际著名科技创新中心相比，上海至今缺少具有强大国际影响力的科技引擎企业。从单个企业的研发投入来看，2021 年，上海仅有 1 家企业进入世界前 100 强，而硅谷有 16 家，北京有 10 家，东京有 9 家，纽约有 5 家，首尔有 4 家，深圳和奥斯汀各有 3 家，巴黎和芝加哥各有 2 家[①]。从研发投入前 10 强企业的研发投入总额来看，上海远远低于硅谷、纽约、东京、北京、首尔、深圳等城市，硅谷地区前 10 强的研发投入额约为上海的 10 倍多，仅字母公司的研发投入即约上海前 10 强企业研发投入总额的 3 倍（表 9.4）。从 2022 年单个企业的 PCT 专利受理量看，上海没有 1 家进入世界前 100 强，东京有 22 家，深圳有 9 家，硅谷和首尔分别有 5 家[②]。从 2021 年企业市值来看，上海只有 1 家企业进入世界 100 强，而硅谷有 19 家，纽约有 9 家，巴黎有 6 家，北京有 5 家[③]。上海之所以缺乏具有国际影响力的企业，与长期过于重视外资企业的政策导向不无关系。

不过，近年来上海涌现出一大批快速成长的科技型中小企业。《2022 欧盟产业研发投资记分牌》显示，中国共有 680 家企业上榜，其中北京有 133 家，上海有 67 家，深圳有 60 家；这些企业的平均研发强度，北京只有 2.5%，深圳为 9.3%，上海介于两者之间，为 4.0%。这两组数据说明，上海虽然缺少科技龙头企业，但成长中的创新企业在数量上具有一定优势，发展的潜力和成长空间都比较大。另据《2023 胡润全球未来独角兽》，2022 年上海的瞪羚企业数达 63 家，在全球仅次于旧金山（67 家），多于北京（49 家）[④]。瞪羚企业是指创业后跨过死亡谷以科技创新或商业模式创新为支撑进入高成长期的中小企业，这表明上海已营造出有利于中小科技企业成长的良好创新生态环境，为未来科技引擎企业的出现奠定了良好的基础。

---

① The 2022 EU Industrial R&D Investment Scoreboard. https://iri. jrc. ec. europa. eu/scoreboard/2021-eu-industrial-rd-investment-scoreboard.

② WIPO PCT Statistics. https://www.wipo.int/ipstats/en/.

③ 同①。

④ 2023 年胡润全球未来独角兽榜. https://www. hurun. net/zh-CN/Rank/HsRankDetails?pagetype=ggazelle.

三、传统产业主导的多元化产业类型

科技创新依托于产业，特别是制造业等实体经济部门。上海曾经是中国最大的工业中心，拥有雄厚的制造业技术基础。20 世纪 90 年代初，上海制定了“四个中心”的发展目标，服务经济快速发展，第三产业的产值和就业人口占比迅速上升，第二产业占比快速下降，至 2020 年，第二产业产值占比已下降至 26%左右，其中工业增加值占比已低于 25%（图 9.8）。不过，上海工业生产一直保持稳定增长态势，2021 年工业增加值首次超过 1 万亿元，达 10 739 亿元；工业总产值首次超过 4 万亿元，达 42 014 亿元。上海工业门类企业齐全，其中制造业涉及 30 多个门类，产值占工业总产值的 95%以上。从 20 世纪 90 年代开始，上海集中发展电子信息、汽车、石油化工、精品钢材、成套设备、生物医药 6 个重点行业，产业结构不断优化。从规模以上制造业企业来看，2021 年，产值超过 1 000 亿元的有 11 个门类，包括汽车制造业、计算机/通信和其他电子设备制造业、化学原料和化学制品制造业、通用设备制造业、电气机械和器材制造业、专用设备制造业、黑色金属冶炼和压延加工业、石油/煤炭及其他燃料加工业、金属制品业、医药制造业、橡胶和塑料制品业，这 11 个门类的产值占

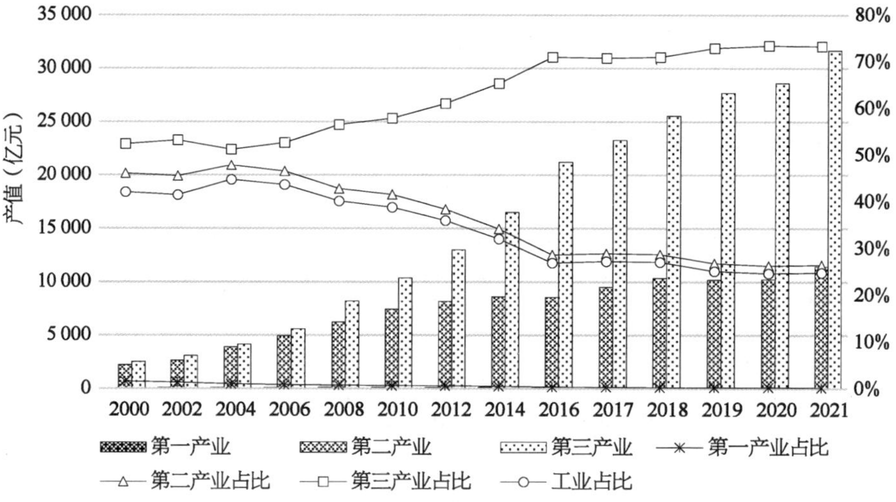

图 9.8　上海生产总值及部门结构的变化

资料来源：上海统计年鉴 2022。

制造业的80%以上。汽车制造业企业是上海产值最大的制造业门类，2021年规模以上企业总产值超过7 000亿元，约占规模以上制造业企业总产值的20%；其次是计算机/通信和其他电子设备制造业的产值超过5 000亿元，约占15%；化学原料和化学制品制造业的产值3 700多亿元，占比约10%；通用设备制造业的产值约3 500亿元，占比9%；电气机械和器材制造业的产值2 600多亿元，占比7%。

制造业是上海科技创新活动依托的重要产业部门，创新投入和产出占全市的40%左右，其中2/3以上的制造业创新活动集中在上述6个重点产业。从全市规模以上工业企业的发展情况来看，6个重点产业研发人员超过10万名，占规模以上工业企业全部研发人员的比例达73%；研发经费支出597亿元，占比达85.5%；新产品销售收入1 700多亿元，占比超过80%(表9.9)。这说明这6个重点行业在上海工业科技创新中居绝对优势地位。从具体行业来看，汽车制造、石油化工及精细化工制造、精品钢材制造三大传统产业的研发人员和研发经费分别约占6个重点产业总和的1/4和1/3，新产品销售收入占比更超过45%，这说明这三大传统行业依然是上海科技创新发展的重要依托。其中，汽车制造业一直是上海的支柱产业，也是科技创新活动的重点领域，其研发人员占全市规模以上工业企业的比例从2010年13.8%增长到2021年16.8%，研发经费占比更是从17.8%增长到23.3%，新产品销售额占规模以上全部工业企业的比重接近40%。石油化工及精细化工制造业和精品钢材制造业的创新活动规模较小，且处于下降状态，研发人员分别只有8 000人和3 000人，研发经费均不到30亿元，新产品销售收入分别只有490多亿元和300多亿元，占比不到5%。6个重点产业中，电子信息产品制造业的研发人员和研发投入规模都是最大的，2010—2021年，研发人员规模从2.1万增加到3.1万人，但占比从25.5%略微下降到22.8%；研发经费从65亿美元增加到约223亿元，占比从23.9%大幅上升到31.9%。规模其次的是成套设备制造业，研发人员超过2万人，占规模以上全部工业企业的17%；研发经费支出接近100亿元，占比接近14%；新产品销售收入超过1 600亿元，占比超过15%。生物医药制造业是6个重点行业中增长最快的，但该行业的研发投入规模较低，2021年研发人员仅1.23万人，研发经费只有60多亿元，新产品销售收入仅250多亿元(表9.9)。

表 9.9　上海 6 个重点制造业的科技创新活动情况(2021 年)

行　业	研发人员		研发经费		新产品销售额	
	万人	占比(%)	亿元	占比(%)	亿元	占比(%)
电子信息产品制造业	3.1	22.8	222.7	31.9	1 758.8	16.6
汽车制造业	2.3	16.8	162.5	23.3	4 002.3	37.8
石油化工及精细化工制造业	0.8	5.8	26.7	3.8	490.6	4.6
精品钢材制造业	0.3	2.0	28.3	4.1	323.9	3.1
成套设备制造业	2.3	17.0	96.0	13.7	1 645.2	15.6
生物医药制造业	1.2	9.0	61.1	8.7	258.8	2.4
6 个重点产业小计	10.0	73.4	597.3	85.5	8 479.5	80.2
规模以上工业企业总计	13.7	100.0	635.0	100.0	10 574.9	100.0

资料来源：上海统计年鉴 2022。

再从高技术产业的科技创新活动情况来看，上海形成了以电子及通信设备制造业为主导，以医药制造、航空航天器制造业、电子计算机及办公设备制造业和医疗设备及仪器仪表制造业为辅助的产业结构形态。2021 年，上述五大高技术产业的研发人员、研发经费支出和新产品销售收入占规模以上全部制造业的比重分别约为 30%、40%和 17%，这说明高技术产业在上海制造业科技创新活动的优势地位并不突出。电子及通信设备制造业作为上海最大的高技术制造业部门，研发人员仅有 2.2 万人，占全市规模以上企业研发人员的比例也只有 16.2%；研发经费不足 200 亿元，但占比接近 30%；新产品销售收入超过 1 200 亿元，占比接近 12%。医疗设备及仪器仪表和医药制造业是上海第二和第三大高技术产业，2021 年这两个行业的研发人员规模合计约 1.5 万人，约占全市规模以上工业企业全部研发人员的 11%；研发经费合计约 70 亿元，占比约 10%；新产品销售收入合计接近 280 亿元，占比不足 3%。电子计算机及办公设备制造业和航空航天器制造业的研发规模均较小，前者 2021 年的研发人员不足 3 000 人，后者不足 2 000 人；研发经费均不足 10 亿元(表 9.10)。其实，从制造业产值、营业收入和利润总额等生产来看，上海高技术产业的优势也不太明显，2021 年上述 6 个高技术产业部门的工业总产值不到 8 000 亿元，只占全市全部工业总产值的 20%，营业收入和利润占比更低，分别只有 18.5%和 17.3%。从具体行业来看，产值超过 1 000 亿元只有电子及通信设备制造业(3 860 亿元)、计算机及办公设备制造业(1 938 亿元)和医药制造业(1 097 亿元)，航空航天器及设备制造业的产值只有 300 多亿元，医疗设备及仪器仪表制造业只有 775 亿元，信息化学品制造业仅 11 亿元[①]。

表 9.10　上海规模以上高技术制造业的科技创新活动情况(2021 年)

行　业	研发人员		研发经费		新产品销售收入	
	万人	占比(%)	亿元	占比(%)	亿元	占比(%)
医药制造业	0.7	5.3	40.0	5.7	136.3	1.3
航空航天器制造业	0.2	1.2	9.7	1.4	102.3	1.0
电子及通信设备制造业	2.2	16.2	192.4	27.6	1 242.4	11.7
电子计算机及办公设备制造业	0.3	2.1	9.3	1.3	187.7	1.8
医疗设备及仪器仪表制造业	0.8	5.5	29.3	4.2	141.8	1.3
以上五大高技术产业小计	4.1	30.2	280.6	40.2	1 810.5	17.1
规模以上工业企业总计	13.7	100.0	698.3	100.0	10 574.9	100.0

资料来源：上海统计年鉴 2022。

同深圳和北京比较，上海高技术产业的科技创新优势也不明显。从规模以上高技术制造业企业的研发活动情况来看，上海的研发人员、研发经费支出和新产品销售收入分别只有深圳的 1/6、1/4 和 1/7 左右；在研发人员和研发经费支出方面虽然高于北京，但新产品出口值只有北京的 65%。从具体行业来看，电子及通信技术制造业作为上海最大的高技术制造业部门，其研发人员、研发经费支出和新产品销售额分别只有深圳的 1/10、1/5 和 1/9；研发人员和研发经费支出虽然远高于北京，但新产品销售额只有北京的 75%。在医药制造业领域，上海的研发人员不到深圳的 1/2，与北京相当；研发经费支出约为

① 上海统计年鉴 2022。

深圳的2倍，也略高于北京，但新产品销售额只有北京的1/2，不足深圳的80%。电子计算机及办公设备制造业的研发人员只有深圳的1/5，与北京相当；研发经费超过北京的20%，但只有深圳的1/6；新产品销售额只有深圳的1/5、北京的80%。医疗设备及仪器仪表制造业的研发人员只有深圳的1/2，与北京相当；研发经费高出北京的20%，只有深圳的3/5，销售收入只有北京的70%、深圳的1/4。航空航天器制造业是上海相对北京和深圳唯一具有一定比较优势的高技术制造业部门，研发人员、研发经费和新产品销售额这三个创新指标均远超深圳，研发人员和研发经费虽然不及北京，但新产品销售收入高于北京。不过，由于北京和深圳在航空航天器制造业领域的创新投入和产出均十分有限，上海在该行业的创新投入和产出也不高，创新能力和产业规模都有很大提升空间。

以上通过对上海规模以上6个重点工业行业和5个高技术产业的研发人员、研发经费支出和新产品销售收入结构的分析，可以发现，上海制造业科技创新活动的产业类型具有多样性，既依托于汽车制造等传统产业，也依托于电子及通信设备制造等高技术产业，但传统制造业的优势更加突出，高技术产业的优势不明显。由此可以判定，上海科技创新中心的产业结构模式属于以传统产业为主导、传统产业与高技术产业并存的混合型模式。这种产业结构模式的形成与上海曾经作为中国最大的传统制造业中心的发展历史和过去长期的产业政策导向不无关系。

综上，从全球科技创新中心的三维发展模式考察，上海属于“政府驱动+混合机构+多元化产业”发展模式。未来上海科技创新发展，一是要聚焦重点行业、优势产业，培育一批拥有自主知识产权和知名品牌、具有核心竞争力和较强国际影响力的本土科技引擎企业，增强对全球创新活动和产业价值链的主导性和掌控力。二是在产业发展方向上，应在继续巩固传统制造业优势的同时，重点加大对高技术产业科技创新发展的政策力度和投入强度；在高技术产业领域，应在继续巩固电子及通信设备制造业等优势领域的同时，尤其要重视航空航天制造等薄弱领域的创新发展，可依托大飞机产业链的技术研发与制造，做大做强航空航天产业创新链，以航空航天产业需求为导向，带动人工智能等战略新兴产业的大发展。

第三节　深圳：企业驱动＋内生创新机构＋单一高新技术产业

深圳被称为“中国的硅谷”，是中国规划建设的三大国际科技创新中心——粤港澳国际科技创新中心的主引擎。在世界知识产权组织（WIPO）发布的全球科技集群100强排名中，以深圳为核心的“深圳—香港—广州”科技集群已连续多年排名全球第二。《全球科技创新中心发展指数2022》（GSTICI2022）显示，深圳的综合得分排名全球第12位，其中创新要素全球集聚力排名全球第24，科学研究全球引领力排名全球第46，技术创新全球策源力排名全球第5位，产业变革全球控制力排名全球第9位，创新环境全球支撑力排名全球第35位。深圳的科技创新中心发展模式，在中国城市中相当特别，不仅突破了发展中国家城市在发展初期阶段以政府驱动、外源机构为主的模式，还在制造业的基础上形成了科技创新的优势产业，在很短时间内已基本形成企业驱动＋内生机构＋高新技术产业的全球科技创新中心发展模式。

一、企业驱动的动力模式

深圳是人类历史上发展速度最快的城市，仅仅40年时间就从一个小渔村一跃成为一个具有全球影响力的巨型城市和科技创新中心。从1979年至2021年，深圳人口从31万增加到1 788万，42年增加了56倍，年均增长速度为10.1%，其中常住非户籍人口年均增长速度达23.9%；与此同时，城市的经济规模年均增长速度达20.7%，其中第二产业的年均增长速度高达25.8%。“深圳奇迹”是多种力量相互作用的结果。在深圳早期的开发开放和后来的转型升级过程中，政府扮演了关键性的角色，但随着市场机制的逐步完善和一批拥有自主知识产权科技型公司的崛起，企业越来越成为驱动城市科技创新发展的主导力量，一个以企业为核心、以政府和大学等机构为辅助的良性创新生态系统逐步形成，华为、比亚迪、腾讯和大疆是这个创新生态系统中的四家代表性企业（图9.9）。

相对于北京和上海等中国其他城市，深圳的政府是一个小而有为的政府[7]。政府的作用主要在于，为企业发展创造了优质高效的制度环境，始终围绕企业创新需求提供创新服务，持续为科技产业发展提供新的政策设计、体制机制解决方案；在科技资金配置、科技管理服务、科技项目实施监管等方面进行改革和探索；建设和完善产学研深度融合的科技创新体系，不断提高科技创新治理效能和组织效率；畅通科技创新循环，促进"科学发现、技术发明、产业发展"联动发展，产业链与创新链互为支撑。在深圳，不存在游离于经济系统之外的科研系统，资源配置和政策设计均围绕市场主体进行，以产业创新牵引科技创新，以科技创新推动产业创新，发挥市场机制的关键作用，构建了技术方向企业决定、要素配置市场决定、科研成效用户评价、创新服务政府提供的活力创新体系。

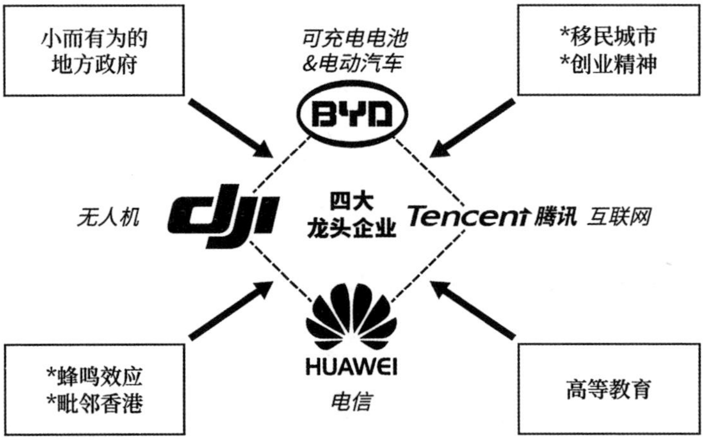

图 9.9　深圳的创新生态系统

资料来源：参考文献[7]。

深圳的高等教育经历了与经济同步发展的过程，原有基础十分薄弱，但发展势头迅猛。高等教育与城市功能转型升级相辅相成、相得益彰[8]。20 世纪 80 年代，深圳的经济以劳动密集型为特征，主要依靠香港发展来料加工、来件装配、来样加工和补偿贸易以及转口贸易。面对当时城市发展的需求，高等教育发展的重点是继续教育和职业技术教育，以面向产业工人的职业技能培训和面向需要学历升级的政府工作人员的继续教育为主。这一时期，深圳建立了两所市属公办高校，即 1983 年成立的深圳大学和 1993 年成立的深圳高等职业技术学院。90 年代，深圳的产业结构开始向资本和技术密集型产业转型，城市经济转型对高等教育提出了新的需求，相继建立深圳虚拟大学园和深圳大学城，引入北京大学、清华大学和哈尔滨工业大学 3 所国内一流高校设立研究生院，发展高质量的研究生教育。2000 年以来，深圳城市发展从"深圳制造"迈向"深圳创造"，对高等教育的质量和规模提出了更高要求，高等教育进入快速发展阶段。2010 年，成立南方科技大学；2017 年，成立深圳技术大学。同时，不断探索和拓展中外办学合作模式，组建香港中文大学（深圳）和深圳北理莫斯科大学，设立清华伯克利深圳学院和天津大学佐治亚理工深圳学院，建立中山大学深圳校区。截至 2021 年底，深圳已开办普通高等学校 14 所，在校学生接近 15 万人。当然，深圳的大学与世界一流大学相比还有很大的差距，深圳所拥有的高等教育资源，不仅与纽约、伦敦、硅谷、波士顿等著名科技创新中心存在巨大差距，与北京、上海甚至武汉、广州、西安、南京等国内城市相比，依然存在较大差距。

作为中国最大的"移民"城市，深圳特有的创业氛围和企业家精神，在城市科技创新发展中起到重要作用。深圳的高速发展很大程度上得益于其开放包容的创新制度和创新文化对海内外各类人才形成的"强磁场"效应。"来了，就是深圳人"是深圳开放和包容文化的最好写照，它吸引了无数人将深圳作为创新创业和人生发展的落脚点。自 1989 年开始，深圳的常住非户籍人口开始超过常住户籍人口，1991 年以后常住非户籍人口占常住人口的比例始终保持在 2/3 以上。2021 年，深圳 1 768 万人口中，常住非户籍人口超过 1 200 万，常住户籍人口仅 550 多万，这在中国所有城市中是绝无仅有的。移民是创业精神和创新动力的重要来源[7]，吸引外来人口是聚集人才的重要途径。例如，上述四家企业的创始人无一例外的都是来自外地，华为的创始人任正非于 1983 年从部队复员后来到深圳，1987 年开始创业；比亚迪的创始人王传福 1993 年从北京来到深圳，1995 年开始创业；腾讯的创始人马化腾于 1983 年随父母从海南来到深圳，1997 年从深圳大学毕业后开始创业；大疆创始人汪滔于 2006 年从香港科技大学毕业后来到深圳创业。近年来，深圳研发人员的增长速度明显快于常住人口的增长速度，反映出人口集聚带领的人才集聚叠加效应开始显现(图 9.10)。2021 年,深圳拥有各类研发人员达 44.4 万,在中国各大城市中仅略少于北京,远高于上海及全国其他城市;每万人拥有的研发人员数超过 250 人,居中国各城市之首。截至 2022 年底,深圳共有海外归国人员 19 万人,高层次人才超过 2.2 万人,全职院士 77 位①。《2022"理想之城"全球高水平科学家分析报告》显示,2021 年深圳高水平科学家人数总量居全球第 14 位,其中世界前 2 000 顶尖科学家人数排名全球第 17 位,2012—2021 年高水平科学家增加人数与北京、上海并列第 5 位②。另据爱思唯尔(Elsevier)等机构发布的《国际科技创新数据与观察——全球 20 个城市比较研究报告(2012—2022)》,基于斯科普斯(Scopus)收录期刊的论文作者数量统计,深圳的研究者虽然仅有 55 508 人,不及北京 47 万余人的零头,距上海的 23 万人也远远落后,但从增长速度看,深圳以 34.1%的复合年增长率位居全球第 1 位,且远超世界其他城市;在人才引进方面,深圳也展现出明显的优势,"流入"科研人才比例达到 13.2%,在全球仅次于首尔,排名第 2 位③。

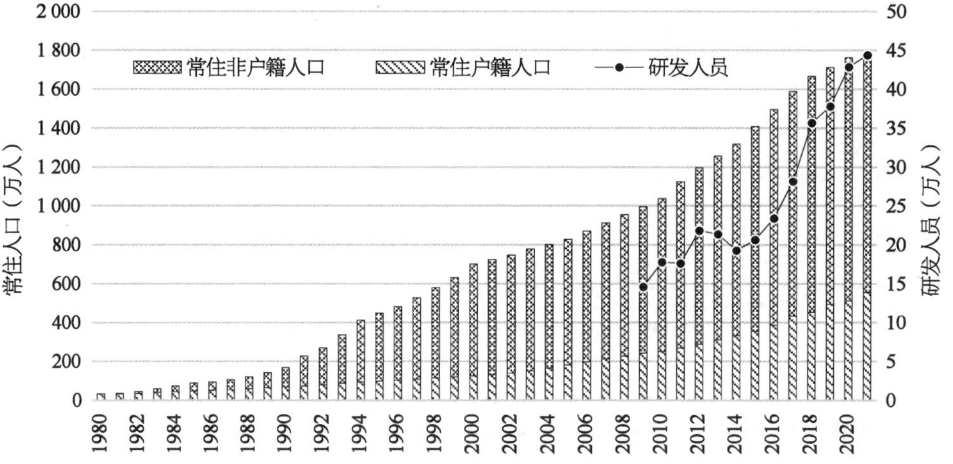

图 9.10　深圳常住人口与研发人员增长态势

资料来源:2021 深圳统计年鉴;2022 深圳统计年鉴。

① 尹传刚.城市和人才"双向奔赴"共创深圳精彩. 深圳特区报,2022-9-15.

② 上海市科学学研究所. 2022"理想之城"全球高水平科学家分析报告.

③ Data and Insights on International Science, Technology, and Innovation—Comparative Research Report of 20 Global Cities (2016-2020). https://assets.ctfassets.net/o78em1y1w4i4/3SHxnp86SvJgJAOCLdQQJG/cd18e748df3199815b3b64acd9744d5d/20-Global-Cities-Research-ReportElsevier202106FINAL.pdf.

毗邻香港这一国际金融和贸易中心的地缘优势所产生的“蜂鸣”效应对深圳的发展也发挥了重要作用[7]。如果没有从香港转移出来的大量低端工厂(玩具、服装)，深圳早期的制造业就无法发展起来。深圳向高科技产业的战略转型，也得益于与香港邻近的地理位置带来的知识和技术溢出效应。2006 年，香港科技大学毕业的汪滔和他的同学一起在深圳创办了大疆公司。2016 年 9 月，大疆在香港开设旗舰店，除了作为零售点外，还提供了一个让世界各地人士分享飞行经验和探索无人机和航空摄像技术的重要空间。香港高等教育发达，国际金融和市场评估能力也相当成熟，不仅为深圳的发展输送了人才、技术，也带来了先进的创新理念，促进了资金和其他商业活动的国际流动。

企业是深圳科技创新的绝对主体。与北京和上海由政府驱动的创新模式不同，深圳是典型的市场驱动型科技创新中心，6 个“90%”是深圳“企业驱动”科技创新中心发展模式的高度概括：90%以上的创新型企业是本土企业、90%以上的研发机构设立在企业、90%以上的研发人员集中在企业、90%以上的研发资金来源于企业(图 9.11)、90%以上的职务发明专利出自企业、90%以上的重大科技项目发明专利来源于龙头企业。2021 年，深圳全市拥有的 44.4 万名研发人员中，企业研发人员 42.0 万人，占比达 94.8%。同年，深圳全社会

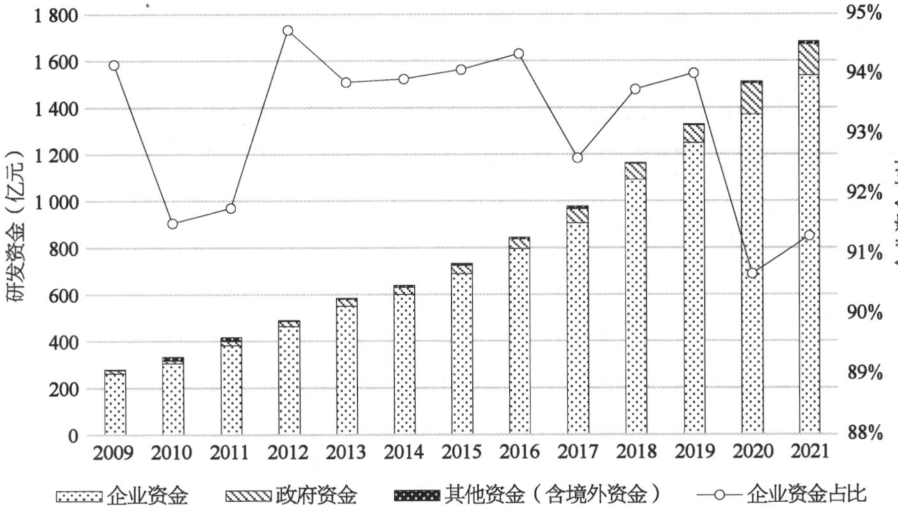

图 9.11　深圳研发投入增长及来源构成

资料来源：2021 深圳统计年鉴；2022 深圳统计年鉴。

研发支出 1 682 亿元，在中国各大城市中仅次于北京和上海，其中企业投入 1 536 亿元，占 91.3%，远高于中国其他任何城市；企业执行的研发经费达 1 582 亿元，占全部研发经费支出的 93.2%；而政府投入的研发经费仅 136 亿元，仅占 8.0%。6 个“90%”是深圳科技创新发展最鲜明的特点，也是深圳科技创新的密码①。

二、内生型创新机构

从机构来源考察，深圳是典型的内生型的科技创新中心。作为中国改革开放的“窗口”，外商和港澳台投资企业在深圳城市发展中扮演了重要角色，但这些外源型机构在科技创新的投入和产出规模都相对有限。如前所述，深圳 90%以上的创新型企业是本土企业。2021 年深圳企业总数近 241 万家，其中内资企业 234 万家（含私营企业 233 万家），占深圳企业总量的 97%②。从规模以上工业企业的结构来看，内资企业的数量占比也超过 80%，开展研发活动的内资企业占比更达 87.6%，研发人员和研发经费支出占比也都在 80.0%以上（表 9.11）。

表 9.11　深圳规模以上工业企业研发活动情况（2021 年）

企业类别	企业数		有研发活动的企业		研发人员		研发支出	
	个	占比（%）	个	占比（%）	万人	占比（%）	亿元	占比（%）
内　资	10 817	83.0	5 714	87.6	28.8	81.0	1 083.0	85.9
港澳台资	1 616	4.6	551	8.4	4.5	12.8	101.7	8.1
外　资	594	12.4	256	3.9	2.2	6.3	76.0	6.0
合　计	13 027	100.0	6 521	100.0	35.6	100.0	1 260.7	100.0

资料来源：2022 深圳统计年鉴。

深圳本土企业（内资企业）以民营企业（私营企业）为主体。从企业数量上，深圳的内资企业中，民营（私营）企业数量约占 97%③。2022 年《财富》世界

① 孙飞，荆淮侨. 企业唱主角——深圳“6 个 90%”的创新密码. 新华网，2020－9－21.

② 2022 深圳统计年鉴。

③ 同上。

500 强榜单中，深圳有平安、正威、华为、腾讯、招商银行、万科、中国电子、深投控、比亚迪、顺丰 10 家企业上榜[①]，除中国电子和深投控之外，其他 8 家入围企业基本是民营企业，只有招商银行和万科有国有股东背景，这与北京和上海以国有为主的企业结构完全不同。中华全国工商业联合会发布的《2022 中国民营企业 500 强榜单》中，深圳有 25 家企业上榜，数量超过北京和上海，正威、华为、腾讯、万科分别排在中国民营企业 500 强第 4、5、6、9 位；正威、华为分别排在中国民营制造业企业 500 强第 2、3 位；腾讯、万科、顺丰分别排在中国民营服务业企业 100 强第 3、5、10 位[②]。

本土企业（内资企业），尤其是本土民营企业（私营企业）始终是深圳科技创新的核心力量。全球顶尖咨询机构波士顿咨询公司（BCG）发布的《2023 年全球最具创新力的 50 家公司榜单》显示，中国上榜的 7 家企业中（华为、比亚迪、小米、字节跳动、阿里巴巴、中石油、联想），深圳占 2 家，华为和腾讯分别列第 8 位和第 9 位[③]。福布斯评出的 2023 世界最大的科技公司中，腾讯位列第 6 位，是中国大陆唯一上榜的公司[④]。《2022 年欧盟工业研发投资记分牌》显示，深圳有 61 家企业进入全球研发投入 2 500 榜单，其中华为的研发投入为 195.34 亿欧元（约合人民币 1433 亿元），位列第 4 位；腾讯的研发投入为 71.9 亿欧元，位列全球第 18 位；中兴的研发投入为 25.0 亿欧元，位列全球第 70 位；比亚迪的研发投入为 14.6 亿欧元，位居全球 129 位（表 9.12）。《华为 2022 年年度报告》显示，2022 年华为研发费用支出为人民币约 1 615 亿元，研发强度高达 25.1%，近 10 年累计投入的研发费用超过人民币 9 773 亿元[⑤]。持续高强度的研发投入是深圳本土企业保持旺盛创新力的根本保障。多年来，华为的研发投入一直位居中国首位、世界前列，研发强度保持在 15%左右，PCT 专利

① 2022 年《财富》世界 500 强排行榜. https://www.fortunechina.com/fortune500/c/2022-08/03/content_415683.htm.

② 2022 中国民营企业 500 强榜单. https://www.acfic.org.cn/ztzlhz/2022my5bq/2022my5bq_4/202209/t20220906_111965.html.

③ BCG. Most Innovative Companies 2023: Reaching New Heights in Uncertain Times. May 2023.

④ The World's Largest Tech Companies In 2023. https://www.datawrapper.de/_/m1R2z/.

⑤ 华为 2022 年年度报告. https://www-file.huawei.com/minisite/media/annual_report/annual_report_2022_cn.pdf.

受理量多年位居世界首位。世界知识产权(WIPO)统计显示，2021 年华为的 PCT 专利受理量高达 6 952 件，约占同年中国 PCT 专利申请总量的 10%，占深圳的 40%。此外，深圳还有 9 家企业的 PCT 专利受理量进入世界排名前 100 强(表 9.12)。

表 9.12　深圳研发投入和 PCT 专利受理量前 10 企业及世界排名(2021 年)

世界排名	企　业	研发支出(亿欧元)	世界排名	企　业	PCT 申请量(件)
4	华　为	195.3	1	华　为	6 952
18	腾　讯	71.9	11	平安科技	1 564
70	中　兴	25.0	13	中　兴	1 493
129	比亚迪	14.6	20	大　疆	1 042
414	顺　丰	4.3	29	瑞声科技	679
446	中国广核	4.0	33	华星光电	647
531	迈　瑞	3.4	42	腾　讯	511
580	恒　生	2.9	54	华星 CSOT	392
582	创　维	2.9	67	汇顶科技	319
584	中集集团	2.9	75	金融壹账通	298

资料来源：① The 2022 EU Industrial R&D Investment Scoreboard。
② WIPO PCT Statistics. https://www.wipo.int/ipstats/en/。

正是由于这些本土企业持续高强度的研发投入，使深圳成为中国和世界创新产出的高地。近 20 年来，深圳的 PCT 专利受理量持续增长，占全国 PCT 专利受理量的比重多数年份保持在 30%～50%(表 9.13)。2021 年，全市 PCT 专利受理量为 17 443 件，虽然比上一年有大幅减少，但仍然占全国的 1/4 以上。从全球范围来看，深圳已经成为次于日本东京大都市区的世界第二大 PCT 专利产出区。深圳国内各类专利申请量和授权量的增长更加迅猛。如，直到 2003 年，深圳的发明专利授权量尚不足 100 件，2008 年超过 5 000 件，占全国的比例保持在 4%～7%，2021 年超过 4.5 万件，占全国的 6.5%(表 9.13)，在全国各大城市中仅次于北京。

表 9.13　深圳发明专利授权量和 PCT 国际专利申请量的增长及占比情况

年　份	发明专利授权量		PCT 专利受理量	
	件	占全国之比(%)	件	占全国之比(%)
2004 年	864	1.8	331	19.4
2005 年	917	1.7	789	31.5
2006 年	1 361	2.4	1 661	42.3
2007 年	2 257	3.3	2 170	39.8
2008 年	5 409	5.8	2 709	44.3
2009 年	8 132	6.3	3 800	48.1
2010 年	9 615	7.1	5 584	45.4
2011 年	11 826	6.9	7 933	48.4
2012 年	13 068	6.0	8 024	43.1
2013 年	10 987	5.3	10 049	46.7
2014 年	12 040	5.2	11 639	45.6
2015 年	16 957	4.7	13 308	44.6
2016 年	17 666	4.4	19 648	45.6
2017 年	18 926	4.5	20 457	41.8
2018 年	21 309	4.9	18 081	33.9
2019 年	26 051	5.8	17 459	29.6
2020 年	31 138	5.9	20 209	29.4
2021 年	45 202	6.5	17 443	25.1

资料来源：2021 深圳统计年鉴；2022 深圳统计年鉴；2022 中国科技统计年鉴。

三、单一高新技术产业型

从产业结构考察，深圳是典型的高新技术产业型科技创新中心，即在城市发展中高新技术产业占据优势地位并主导着城市科技创新的方向。深圳的科技创新高度依托于制造业，又极大地促进了制造业本身特别是高技术制造业的发展。深圳的发展是从制造业起步的，通过科技创新实现了制造业的转型升级，制造业始终是深圳经济的支柱。直到 2021 年，深圳第二产业的就业人数和地区生产总值占比分别为39.1%和36.5%(图9.12)。全市500多家深圳上市公司中,有一半以上为制造业企业。深圳这种以实体经济占优势的产业结构,在世界著名科技创新城市中是非常独特的。2022年,深圳规模以上工业企业总产值超过45 500亿元,连续4年居中国城市首位;全部工业增加值11 357亿元,总量首次跃居中国城市第一,首次成为规模以上工业总产值、全部工业增加值"双第一"中国城市[①]。

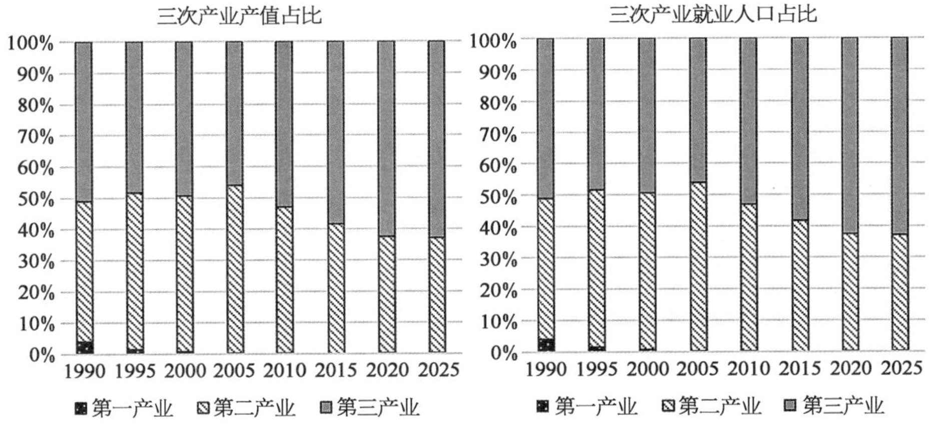

图9.12 深圳三次产业就业和地区生产总值结构的变化

资料来源：2022深圳统计年鉴。

深圳的制造业涉及众多行业,但以高技术制造业占绝对优势,形成了以计算机、通信和其他电子设备制造业为"独大"的结构特点。规模以上工业企业总产值构成中,计算机、通信和其他电子设备制造业、电气机械和器材制造业、专用设备制造业、通用设备制造业、汽车制造业等10个行业的工业产值占80%以上,其中仅计算机、通信和其他电子设备制造业一个行业的产值即占57%,而且研发支出更占80%以上,研发人员也占到60%以上。相反,其他行业无论哪一项指标均没有超过10%(表9.14),反映出计算机、通信和其他电子设备制造业在深圳的生产和研发创新活动中的核心地位。

① 李旖露.深圳工业实现全国"双第一",产业新动能增长强劲.深圳新闻网,2023-01-30.

表 9.14　深圳规模以上工业企业研发支出最多的 10 个行业(2021 年)

行　　业	研发支出		研发人员		工业总产值	
	亿元	占比(%)	人	占比(%)	亿元	占比(%)
计算机、通信和其他电子设备制造业	934.9	74.6	218 513	61.7	24 361.0	57.4
电气机械和器材制造业	79.3	6.3	31 463	8.9	3 646.9	8.6
专用设备制造业	63.6	5.1	23 618	6.7	1 234.9	2.9
通用设备制造业	38.2	3.0	16 844	4.8	1 245.9	2.9
汽车制造业	24.6	2.0	13 008	3.7	939.1	2.2
仪器仪表制造业	23.3	1.9	10 070	2.8	624.6	1.5
医药制造业	20.4	1.6	2 764	0.8	504.7	1.2
橡胶和塑料制品业	15.6	1.2	8 952	2.5	873.6	2.1
金属制品业	12.3	1.0	6 193	1.7	747.3	1.8
化学原料和化学制品制造业	7.0	0.6	2 904	0.8	386.4	0.9
以上 10 行业小计	1 219.1	97.2	334 329	94.3	34 564.4	81.4
规模以上制造业合计	1 253.8	100.0	354 381	100.0	42 454.0	100.0

资料来源：2022 深圳统计年鉴。

再从规模以上高技术制造业企业的行业结构来看，电子及通信设备制造业、计算机及办公设备制造业、医疗仪器设备及仪器仪表制造业、医药制造业、航空航天器及设备制造业、信息化学品制造业等 6 个高技术产业的研发人员、研发经费支出和新产品销售收入分别占规模以上全部制造业的 70%、82%和 75%，说明高技术产业的创新活动在深圳制造业中居绝对优势，充分反映出深圳作为高技术产业科技创新和生产中心的功能属性。在上述 6 个高技术制造业中，电子及通信设备制造业占绝对优势地位。2021 年，该行业的研发活动人员超过 21 万人，占全部高技术制造业的比重超过 85%，占规模以上全部制造业的比重接近 60%；研发支出接近 900 亿元，占高技术制造业的比重超过 87%，占全部制造业的比重接近 72%；新产品销售收入超过 1 万亿元，占全部高技术制造业的比重接近 90%，占全部制造业的比重达 66%。该行业中，又以通信设备制造、雷达及配套设备制造占绝对优势，研发人员超过13万人，约占规模以上全部制造业研发人员的38%，研发支出占比超过50%，新产品销售收入占比接近40%。计算机及办公设备制造业和医疗仪器设备及仪器仪表制造业的研发人员分别有1.6万人和1.7万人，研发投入都在50亿元以上。医药制造业、航空航天器及设备制造业和信息化学品制造业的研发规模很小，多个指标占比几乎为零(表9.15)。可见，无论是从整个制造业的行业结构，还是高技术制造业行业结构来看，深圳的科技创新活动都高度集中在电子及通信设备行业，科技创新活动在行业结构上具有高度集中性和相对的单一性，优势产业十分突出。

表9.15　深圳规模以上高技术制造业研发活动情况(2021年)

行　　业	研发人员		研发经费支出		新产品销售收入	
	人	占比(%)	亿元	占比(%)	亿元	占比(%)
电子及通信设备制造业	211 639	59.7	899.3	71.7	11 232.7	65.8
#通信设备制造、雷达及配套设备制造	134 969	38.1	668.3	53.3	6 701.4	39.3
#电子器件制造	23 287	6.6	90.9	7.2	1 485.0	8.7
#电子元件及电子专用设备制造	21 668	6.1	52.2	4.2	988.3	5.8
医疗仪器设备及仪器仪表制造业	17 097	4.8	50.6	4.0	503.7	3.0
计算机及办公设备制造业	16 372	4.6	58.4	4.7	938.4	5.5
医药制造业	2 764	0.8	20.4	1.6	176.3	1.0
航空航天器及设备制造业	51	0.0	0.12	0.0	4.6	0.0
信息化学品制造业	7	0.0	44(万元)	0.0	2.7	0.0
高技术制造业小计	247 930	70.0	1 028.7	82.0	12 858.5	75.3
规模以上全部制造业合计	354 381	100.0	1 253.8	100.0	17 072.0	100.0

资料来源：2022深圳统计年鉴。

电子及通信设备制造业已成为深圳战略性、基础性、主导性和支柱性产业，是深圳科技创新的产业依托。深圳电子及通信设备制造业的发展经历了从“三来一补”“规模扩张”“完善结构”“技术优化升级”和“自主创新”的演化过程[8]，这也是整个深圳发展的历史演化过程。20世纪70年代，在世界范围内国际产业转移的大趋势下，电子信息产业的低端产业链从日本逐渐向韩国、新加坡、中国台湾、中国香港等成本较低的“四小龙”转移，香港迅速成为一个相对于中国内地的电子工业和电子产品贸易高地。凭借毗邻香港的地缘优势，加之成立“特区”后的政策优势，深圳成功抓住了承接国际产业转移的机遇，成为吸收国际电子产业新技术和零部件生产的最佳集合地。从1979年开始，一大批电子信息技术工厂在深圳相继设立，形成了庞大的电子及通信设备制造业集群。“特区”成立之初，深圳的经济基础薄弱，科技资源匮乏，技术创新能力低下，而电子信息技术企业的核心竞争力在于技术创新，因此为了获得生存与发展，也同时为了积累知识与资金，深圳大多数电子信息技术企业都从“代工”或者“代理”起步，即利用深圳地区租金低廉的土地、工资低廉的劳动力以及改革开放的优惠政策在深圳建厂，为国际知名企业代为生产加工零部件（代工），或是为其在大陆地区代为销售产品（代理），从中赚取差额利润。该行业中的两大引擎企业——华为和中兴都经历了从代工起步、从低端市场切入，再逐步走向高端市场的演化路径。通过代工或代理路径，使深圳本土中小企业学习到了国际科技企业的先进技术和管理经验，也获得了为之后走上技术创新道路的“第一桶金”。80年代末至90年代初，本土企业逐年加大研发投入，开始走上“自主创新”之路。1987年，中兴首个自主创新产品——ZX-60模拟空分用户小型交换机问世。1990年，华为研制出首台小容量交换机BH03。之后，越来越多的中小企业，从“代工”者转型为“自主创新”者，通过拥有核心技术和自主品牌，实现低端市场路径突破，向价值链高端市场挺进。

依托电子及通信设备制造业等产业，深圳崛起了一大批高技术企业。截至2021年底，深圳有超过2.1万家国家高技术企业，总数仅次于北京，位居全国第二，平均每平方千米高技术企业超过10家，密度全国第一。截至2022年，深圳拥有国家级“小巨人”企业445家，省级专精特新企业超过870家，

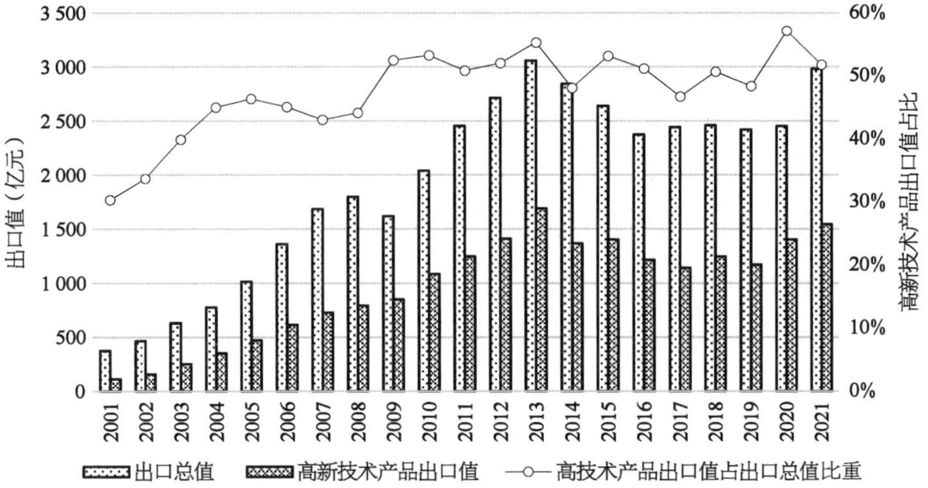

图 9.13　深圳高新技术产品出口值及占比增长情况

资料来源：2022 深圳统计年鉴。

2021 年首次评定的市级专精特新企业 2 928 家①。在这些众多高技术企业中，华为、腾讯、比亚迪、大疆、中兴、正威、中国电子、瑞声科技、华星光电、迈瑞医疗等一批科技引擎企业脱颖而出。正是由于这些科技引擎企业高强度的研发投入，极大地推动了深圳高新技术产业的创新和发展。2021 年，深圳规模以上高新技术制造业的研发支出达 1 028.7 亿元，占当年全社会研发支出总额的比例超过 60%，占规模以上全部制造业研发支出的比例超过 80%；高新技术制造业的新产品销售收入占全部制造业的比重超过 75%。高技术产业的发展也极大地推动了深圳高技术产品的出口。2009 年以来，深圳的高技术产品出口值一直占到全市商品出口总额的 50%左右(图 9.13)。近 20 多年来，深圳也一直是中国最大的高技术产品出口基地，占全国高技术产品出口值的比重一直保持在 15%～20%。2021 年，深圳的高技术产品出口值达 1 543.5 亿美元，占深圳全部出口值的 51.8%，占中国高技术产品出口值的 15.8%。

综上，深圳的科技创新活动高度依托于制造业，而且高度集中于电子及通信设备等高技术制造业，是一个典型的具有单一性产业结构的高新型科技创新中心，不仅不同于北京、上海、东京这些综合性的科技创新中心城市，与硅谷

① 袁斯茹. 国家级“小巨人”企业 445 家　专精特新榜单：深圳护幼苗成大树. 深圳商报，2022 - 9 - 28.

这类多样性的高新型科技中心城市也有较大区别，与波士顿、班加罗尔等科技创新城市具有相似性。深圳这种单一性高科技产业结构的形成与其早期工业发展路径有关。不过，深圳的高科技产业类型正在向多样化发展，医疗设备及仪器仪表制造业、计算机及办公设备制造业和医药制造业等高技术制造业已经具有一定规模，电气机械和器材制造业、专用设备制造业、通用设备制造业、汽车制造业等传统制造业的科技创新发展势头也十分迅猛。深圳未来多样化的科技创新发展路径，应在继续强化优势高新技术产业的同时，通过优势产业的新技术来带动其他高技术产业发展和传统产业的技术转型升级，不断形成大中小企业共生和多种产业共荣的格局。

参考文献

[1] 杜德斌，祝影.全球科技创新中心：发展模式与中国实践.科学，2022，74(4)：11－15.

[2] Florida R，Hathaway I. Rise of the global startup city：the new map of entrepreneurship and venture capital. The Center for American Entrepreneurship，October，2018.

[3] 张永凯，薛波.上海与深圳城市科技创新能力差异及创新模式比较分析.科技管理研究，2017(11)：73－77.

[4] 杜德斌.建设全球科技创新中心，上海与长三角联动发展.张江科技评论，2019(1)：16－19.

[5] 黄宁，等.外资研发中心为什么大规模撤离中国？科技中国，2021(3)：1－3.

[6] 杜德斌.全力打造浦东自主创新新高地.解放日报，2020－11－27.

[7] Chen X M，Ogan T L. China's emerging Silicon Valley：how and why has Shenzhen become a global innovation centre. European Financial Review. December，January 2017.

[8] 刘绪，高媛.深圳高等教育创新发展的成就和挑战.深圳特区报，2023－5－23.

[9] 王磬竹.创新引擎企业的识别与演化研究——以深圳为例(硕士学位论文).上海：华东师范大学，2015.

杜德斌

华东师范大学经济地理学教授，教育部“长江学者”特聘教授，国家“万人计划”教学名师，享受国务院政府特殊津贴专家，教育部和上海市课程思政教学名师。担任教育部战略研究基地华东师范大学全球创新与发展研究院院长，上海市人民政府决策咨询研究基地杜德斌工作室首席专家，上海市科学学研究会理事长，中国科学学和科技政策研究会常务理事，中国地理学会常务理事，《世界地理研究》杂志主编。长期从事科技创新战略和世界政治经济地理等领域的研究，先后主持完成国家软科学研究计划重大项目、教育部哲学社会科学重大攻关项目、国家社科基金重大项目等各类科研项目 60 余项。代表著作有《跨国公司 R&D 全球化的区位模式研究》《跨国公司在华研发：发展、影响及对策研究》《科学研究与高等教育深度融合的知识创新体系研究》《全球科技创新中心：动力与模式》等。主讲国家一流课程“世界经济地理”、教育部课程思政示范课程“世界变局与中国发展”等课程。